普通高等教育
人工智能专业系列教材

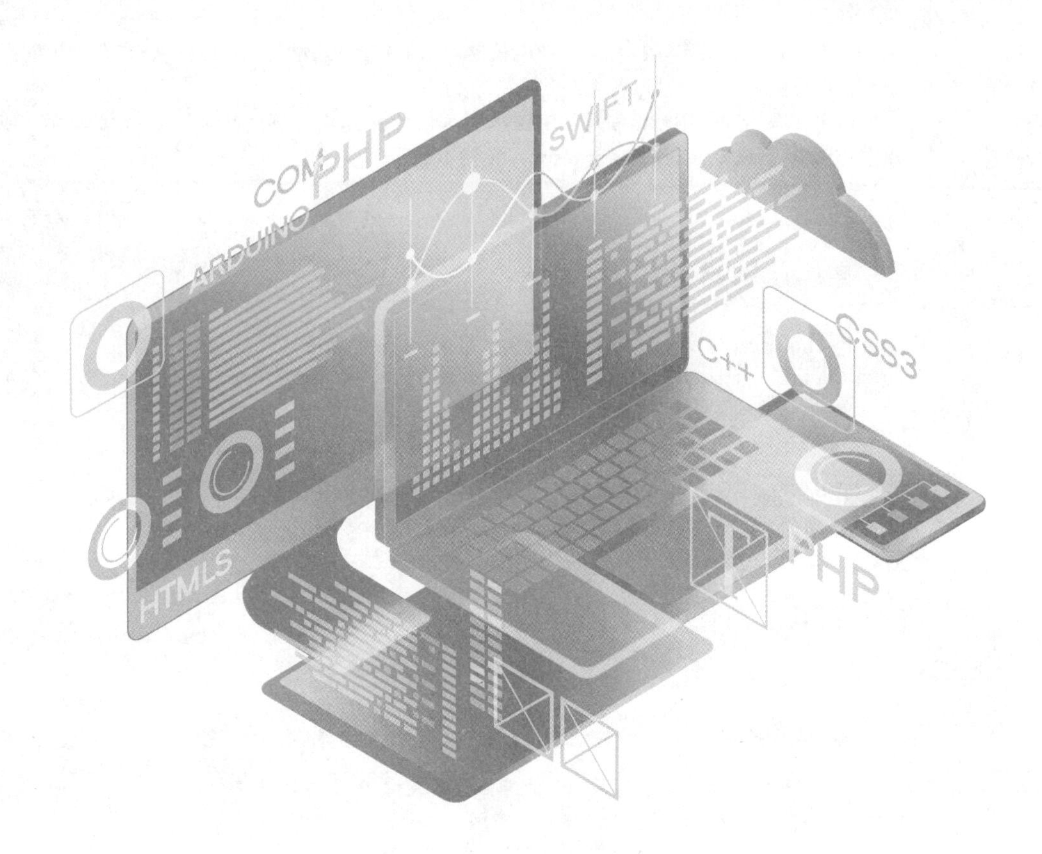

Python 机器学习技术与应用

主　编　王路漫　齐惠颖
副主编　张爱桃　王　静
　　　　殷蜀梅　周　瑜

·北京·

内 容 提 要

本书以机器学习初学者为教学对象，通过讲解机器学习的常用方法及实际应用，培养读者机器学习应用技能及计算思维能力。本书共12章，主要内容包括机器学习概述、Python语言基础、网络爬虫、数据预处理与特征工程、多元回归分析、分类方法、支持向量机、朴素贝叶斯方法、聚类分析方法、人工神经网络与深度学习、数据可视化、基于Pyecharts的大数据可视化图表。

本书内容丰富、图文并茂，以数据分析流程为主线，算法与应用相结合，系统讲解常用的机器学习理论和分析方法，通过案例帮助读者快速掌握机器学习相关技术，以实现理论与实践的紧密结合。

本书可以作为高等学校各类专业的机器学习通识课程教材，或计算机类专业学生的必修课教材，也可供对机器学习感兴趣的相关人员阅读。

本书配有习题答案，读者可从中国水利水电出版社网站（www.waterpub.com.cn）或万水书苑网站（www.wsbookshow.com）免费下载。

图书在版编目（CIP）数据

Python机器学习技术与应用 / 王路漫，齐惠颖主编
. -- 北京 : 中国水利水电出版社，2022.11
普通高等教育人工智能专业系列教材
ISBN 978-7-5226-1100-6

Ⅰ. ①P… Ⅱ. ①王… ②齐… Ⅲ. ①软件工具－程序设计－高等学校－教材②机器学习－高等学校－教材
Ⅳ. ①TP311.561②TP181

中国版本图书馆CIP数据核字(2022)第215974号

策划编辑：周益丹　　责任编辑：赵佳琦　　加工编辑：白绍昀　　封面设计：梁燕

书　名	普通高等教育人工智能专业系列教材 Python 机器学习技术与应用 Python JIQI XUEXI JISHU YU YINGYONG
作　者	主　编　王路漫　齐惠颖 副主编　张爱桃　王　静　殷蜀梅　周　瑜
出版发行	中国水利水电出版社 （北京市海淀区玉渊潭南路1号D座　100038） 网址：www.waterpub.com.cn E-mail：mchannel@263.net（答疑） sales@mwr.gov.cn 电话：（010）68545888（营销中心）、82562819（组稿）
经　售	北京科水图书销售有限公司 电话：（010）68545874、63202643 全国各地新华书店和相关出版物销售网点
排　版	北京万水电子信息有限公司
印　刷	三河市德贤弘印务有限公司
规　格	210mm×285mm　16开本　15印张　384千字
版　次	2022年11月第1版　2022年11月第1次印刷
印　数	0001—2000册
定　价	49.00元

编 委 会

主　编　王路漫　齐惠颖

副主编　张爱桃　王　静　殷蜀梅　周　瑜

编　者（按姓氏笔画排序）

王　晨	北京大学
王路漫	北京大学
王　静	北京大学
齐惠颖	北京大学
杨　莉	云南中医药大学
张爱桃	河北医科大学
周　瑜	大连民族大学
殷蜀梅	北京大学

秘　书　焦影倩

前　言

机器学习是人工智能的一个重要分支，被广泛应用于大数据相关的诸多领域，深入推动了各个行业的创新与变革。对于当今的高校学生，全面理解且有效运用机器学习方法是十分必要的。面对新时代的发展需求，为培养学生应对时代变革所需的能力，从2015年开始北京大学医学部面向本科生和研究生开设多门机器学习相关选修课，同时将机器学习的相关内容融入到本科生的“大学计算机”这门必修课中。多位老师花费大量时间和精力进行课程的建设和改革，形成完整的教学内容及丰富的案例式教学课程资源，这些课程深受学生的喜爱。因此我们反复对课程实施过程中的教学资源及教学经验进行梳理总结，并编写整理成书，为更多高校的教育教学提供参考。

本书面向各领域的实际问题需求，以培养学生的计算思维能力为目标，以全新的视角组织内容，按照数据分析的流程，通过机器学习方法和应用实践相结合的方式深入讲解常用算法。

本书既注重思维培养，又兼顾应用需求，在通俗易懂的前提下，追求知识体系的系统性，尽可能全面展示机器学习的方法及应用。

本书具有以下特点：

1. 内容全面。以机器学习的角度，按照数据分析的流程组织内容，循序渐进地引导读者掌握机器学习的常用方法，逐步培养读者的数据素养。

2. 案例实用。本书选用实际问题作为案例，以Python语言为载体，让读者通过简单的代码轻松实现机器学习的整个过程，解决实际问题，快速获得计算思维能力的提升。

3. 资源丰富。本书提供重点例题的讲解视频、程序源码、习题等多种教学资源，扫描书中相应位置的二维码可以在线观看、学习。

4. 作者团队优秀。编写本书的教师都具有多年的一线教学经验，本书重难点突出，能够激发学生的学习热情。

本书由王路漫、齐惠颖任主编，张爱桃、王静、殷蜀梅、周瑜任副主编。参编人员撰写任务情况如下：第1、6、11章由王路漫编写，第2章由王晨编写，第3章由齐惠颖编写，第4章由杨莉编写，第5、8章由张爱桃编写，第7、10章由王静编写，第9章由周瑜编写，第12章由殷蜀梅编写。王路漫、周瑜和焦影倩共同完成本书的统稿和定稿工作。

此外，中国水利水电出版社的有关负责同志对本书的出版给予了大力支持，特别是周益丹副编审，在本书的策划和写作中，提出了宝贵的意见，在此深表感谢。

由于编者水平有限，书中难免出现遗漏和不当之处，敬请读者提出宝贵建议，批评指正！

王路漫

2022年6月

目　录

第 1 章　机器学习概述

本章导读

机器学习是一门多领域的交叉学科，主要研究如何使计算机具有学习能力，像人一样“思考”。机器学习应用范围广泛，并且有巨大的发展潜力。本章主要介绍了机器学习的概念、特点、分类、应用等最基本的入门知识。通过本章的学习，读者可以了解机器学习的重要作用，并对机器学习有清晰的认识，有助于学习后续章节关于算法的知识。

本章要点

- 机器学习的概念
- 有监督学习和无监督学习的区别与联系
- 机器学习的开发流程
- 机器学习的主要应用

1.1　机器学习的概念

随着互联网、可穿戴设备、移动智能终端、物联网、云计算等新一代信息技术的快速发展和普及，数据正在以前所未有的速度和规模增长。数据已经成为一种重要的资源，蕴含着前所未有的社会价值和商业价值。对数据资源的研究模式从传统的基于样本的随机抽样模式逐渐转变为全数据模式，这个重要转变大大促进了机器学习的发展。机器学习与多个学科领域密切相关，如统计学、人工智能、控制理论、信息论、神经学等。

机器学习是一种实现人工智能的方法，它使计算机模拟人的学习行为，不断获得新的知识，从而让机器像人一样思考和学习。具体学习过程如图 1-1 所示，通过观察数据集的特征获取其中隐含的规律，利用该规律（模型）对新数据进行预测。机器学习研究的主要内容是模型的构建，即机器学习算法的实现。

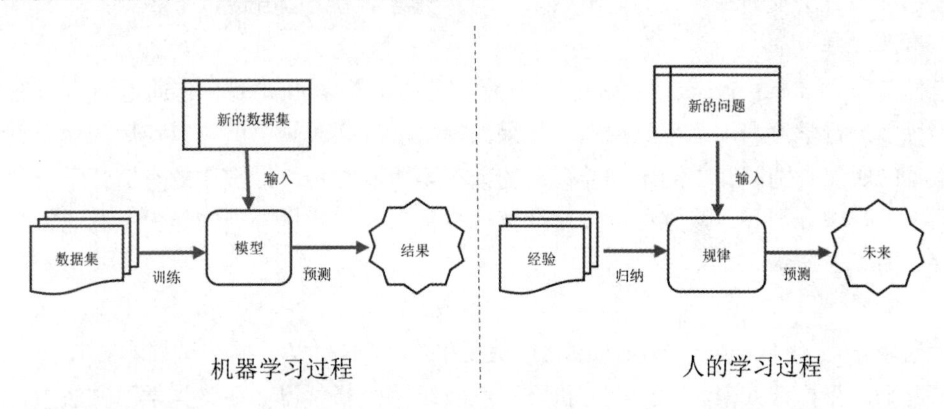

图 1-1　机器学习过程与人的学习过程

1.2 机器学习的分类

1.2.1 实际问题的分类

机器学习具有解决数据科学问题的能力，在不断学习数据的基础上增加经验，从而使计算机不依赖人来解决复杂问题。在介绍机器学习算法之前，必须对实际数据科学问题进行分类，以便选择合适的算法进行问题求解。数据科学中的主要问题可以分为以下四类。

1. 分类问题

分类问题是回答数据集中样本的所属类别，即将样本划分为 A 类还是 B 类。分类问题是按照数据的特征将数据集中的数据映射到给定的类别中，是机器学习需要解决的非常重要的一类问题，它的类别可以是二分类也可以是多分类。

2. 回归问题

回归问题主要回答数据集中样本的属性值特征。该类问题与分类问题类似，区别在于映射到因变量的类型不同。分类问题的因变量为定性变量，而回归问题的因变量为数量变量。回归算法是用于处理连续值的数据，通常是使用函数表达数据集中数据的映射关系，获得连续值的预测结果。

3. 聚类问题

聚类问题是预先不知道数据集的所属类别或特征值，但是需要根据数据本身的特征，对数据集进行分类。聚类分析是使用“距离”来度量数据之间的相似性，根据相似性大小进行数据集的划分。经过聚类分析后，数据集被分成几类，同一类样本之间相似性较大，不同类样本之间相似性较小。

4. 异常检测问题

异常也被称为离群值、噪声、偏差等。异常检测问题是指检测特定模式中的变化或模式中的异常数据。经常解决的异常检测问题有欺诈检测、故障监测、系统监测、网络监测等。例如：使用异常检测算法发现银行卡用户的异常行为并发出警报提示。

以上是真实世界中包含的主要数据问题，随着数据科学的不断发展，需要面临和解决的问题在变化，其包含的范围也在逐渐扩大，例如关联问题、强化问题等，根据产生的新问题，也会促进机器学习算法的发展。

1.2.2 根据训练方法进行分类

根据训练方法及训练模型的输出结果不同，机器学习可以分成以下 3 类：

1. 有监督学习

有监督学习（Supervised Learning）是最常见的机器学习类型。它通过对大量有类标记的训练集进行学习、训练得到模型，如果该模型准确率较高，就可以使用该模型判断现实中数据的所属类别，即预测未知类标记的数据集所属类别。最常用的有监督学习包括分类、回归、图像分割等，该方法可以使计算机具备对未知数据分类的能力。有监督学习实施流程如图 1–2 所示。

2. 无监督学习

无监督学习（Unsupervised Learning）是无训练样本，仅根据测试样本在特征空间的分布情况来进行标记或聚簇，聚类分析方法就属于无监督学习。在该类学习方法中，样本的所属类别未知，需要根据样本的特征进行分类，最终目标是最大化类内相似性，最小化类间差异性。由于在很多实际应用中，无法预先知道数据集的类标签，换句话说没有已经标好的类标签训练样本，因此只能使用无监督学习方法根据数据本身的特性进行分类。常用的无监督学习包括聚类、降维等。无监督学习实施流程如图 1-3 所示。

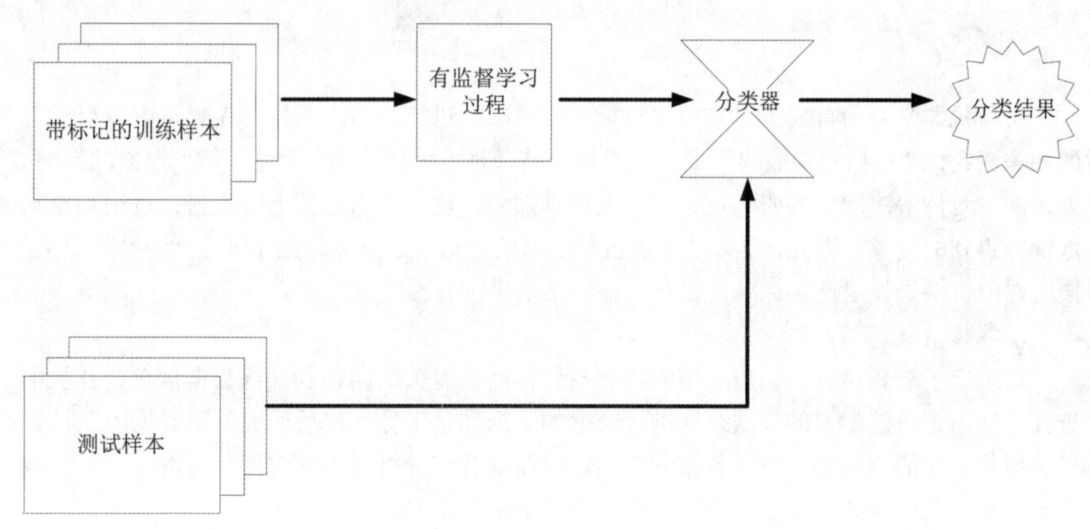

图 1-2 有监督学习实施流程

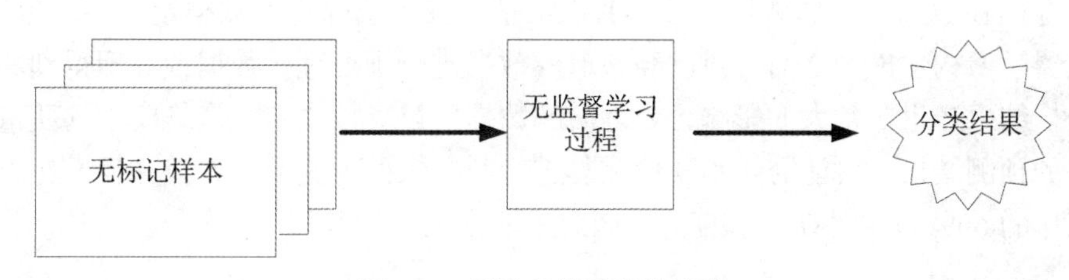

图 1-3 无监督学习实施流程

3. 半监督学习

半监督学习（Semi-supervised Learning）是有监督学习和无监督学习相结合的一种学习方法，主要针对如何利用少量的标注样本和大量的未标注样本进行训练和分类的问题。半监督学习对于减少标注代价、提高机器学习性能具有非常重大的实际意义。半监督学习可用于分类、回归和预测等问题。

4. 强化学习

强化学习（Reinforcement Learning）把学习看作试探评价的过程，不是告诉强化学习系统如何产生正确的动作，而是让智能体以“试错”的方式进行学习，通过与环境进行交互获得奖赏指导行为。它的目标是使智能体获得最大的奖赏，通过行动与评价获得知识，改进行动方案以适应环境。

1.3 机器学习的开发流程

机器学习的开发流程一般由 6 个阶段组成，包括确定目标、数据准备、数据预处理、模型构建、模型评价、模型的应用，如图 1-4 所示。这些阶段之间的顺序并不是线性的，为了取得好的预测结果常常重复某些阶段，根据上一阶段的结果来决定是否要进行下一个阶段。

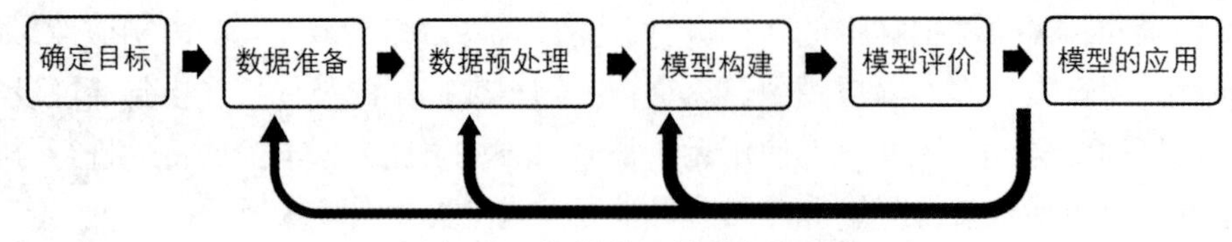

图 1-4　机器学习的开发流程

1. 确定目标

进行机器学习的首要工作是确定目标。在对数据进行分析之前，首先要了解分析对象的相关资料，理解相关领域的知识。虽然最终结果是不可预测的，但可以预见探索的问题。如果缺少对待解决问题的明确定义和相关背景知识，就不能为挖掘准备资料，也很难正确地解释得到的结果。因此，要充分发挥机器学习的价值，必须要对目标有清晰明确的定义，同时对分析结果设定衡量标准，以及对整个结果进行合理性的解释。

2. 数据准备

在确定了分析目标后，需要搜索所有与目标对象有关的内部和外部数据信息，并从中选择出适用于机器学习的数据，即进行合适的数据准备工作。然后研究所选数据的属性含义、单位、取值范围等，确保数据的真实性以及适合于分析目标的应用，为进一步分析做准备。经过数据的准备工作，我们可以得到满足用户需求的原始数据。

3. 数据预处理

由于存储在数据库中的数据一般具有缺失值、冗余、噪声、数据定义不一致等问题，所以在机器学习构建模型之前要对已经获取的数据进行预处理。数据预处理得到的数据会对最终分析结果产生非常大的影响，处理后的数据质量直接决定了最终模型的质量。为了得到更好的预测结果，可能需要不断地反复进行数据预处理这个过程，并且要花去整个机器学习工作的 60% 以上的时间和精力，因此是非常关键的步骤。

4. 模型构建

根据确定的目标以及经过数据预处理后得到的数据特点，选择适合的机器学习算法，并使用该算法进行模型的构建。这个过程可以使用机器学习软件工具自动完成，也可以针对分析目标以及数据的特点，采用编程的方法对机器学习算法进行改进，以提高算法效率。

5. 模型评价

通过机器学习得到的模型并不能直接应用于预测，还需要对模型进行评价。如果模型评价结果没有达到预期，则需要对模型参数进行调整，甚至有时需要重新寻找合适的机器学习算法重新构建模型。如果模型的评价达到预期，则需要进一步对该模型进行解释并使用可视化技术对分析结果进行呈现。可视化方式既有利于分析结果的展示，也可以清晰地发现数据中隐含的未知信息。

6. 模型的应用

如果模型的评价质量较好，就可以使用该模型进行预测，为相关领域的决策者提供理论依据，辅助决策。

1.4　机器学习的应用

机器学习可以解决现实世界中的复杂问题，因此该方法可以应用于各个计算领域。例如：垃圾邮件过滤、社交网络欺诈检测、人脸识别、汽车自动驾驶等。机器学习的广泛应用为很多行业带来了巨大的变化，加速了行业的变革，下面针对机器学习的主要应用领域和典型案例进行介绍。

1. 精准医疗

精准医疗是使用机器学习、大数据、生物信息等技术手段对患者的临床数据、组学数据、检验数据、个人生活习惯和环境因素等信息进行分析并构建模型，为患者“量身定制”个性化的疾病诊疗和预防方案，使患者获得最适宜的治疗效果和最低副作用的一种医疗服务模式。机器学习为精准医疗提供了科学依据与强有力的技术支持。目前我国将精准医疗上升为国家战略，在“十三五”期间批准了“精准医疗重点科技研发计划”，并计划在全国具备条件的医院和社区建设个性化医疗的示范中心。

2. 图像识别

图像识别是机器学习的一个重要领域，它通过机器学习等技术对图像进行处理、对图像特征进行提取，最后进行图像分析和理解。图像处理是对收集的数据进行统一预处理，去除噪声，保证图像数据具有同质性。特征提取是从图片中提取相关特征信息，是计算机描述图片的方式，是图像识别的基础。合适的特征选择才能达到预期目标，因此针对不同的分析需求需要选择不同的图像特征。图像分析和理解是图像识别的重要步骤，使用机器学习方法对提取的图片特征进行分类，并有效排除无用的多余特征，达到图像识别的目的。图像识别技术应用非常广泛，逐渐扩大到解决诸多领域中图像分类问题，例如文字识别、人脸图像识别、指纹图像识别、商品条码识别、车牌识别、路况识别、地形勘探、军事领域中的飞行物识别等。

3. 语音识别

语音识别技术主要是指将语音指令转化为文字的过程。机器学习的算法被很好地运用到语音识别应用中，促进语音识别迅猛发展，使识别准确率达到 95% 以上。我们日常生活中经常会使用语音识别技术，例如苹果公司的 Siri 助手、小米智能音箱、科大讯飞语音输入、语音搜索等。用户只需要通过语音就可以很轻松地发送指令，省去输入文字等操作，方便用户的使用。语音识别的广泛应用提高了我们的生活质量。

4. 推荐系统

推荐系统是通过机器学习方法分析用户的偏好，为用户精准推送感兴趣的内容，满足用户个性化的需求，也为公司带来可观的经济效益。例如机器学习被淘宝、京东等电子商务公司广泛用于向用户推荐产品。这些商务平台会根据用户的消费习惯、住址、喜好等进行用户特征画像，当用户浏览商品时，根据用户的兴趣推荐产品。百度公司使用机器学习技术进行文章推送，当用户在百度中进行搜索时，该网站就会记录用户的搜索习惯、搜索内容、搜索类型等，对这些数据进行分析，从而进行相关推荐，提高用户的满意度。

5. 垃圾邮件过滤

信息技术的高速发展为我们的生活带来了便利，但也带来了很多负面影响，例如垃圾邮件的泛滥。垃圾邮件一般是指未经用户请求，个人或公司强行发到用户邮箱中的广告、宣传资料、病毒等内容的电子邮件，一般具有批量发送的特征。由于用户收到的垃圾邮件数量日益增多，垃圾邮件给用户带来很大困扰。利用机器学习方法如多层感知器、决策树和朴素贝叶斯分类等对邮件内容、标题、发件人、用户权限等数据进行垃圾邮件的识别，区分正常邮件与垃圾邮件，对垃圾邮件进行过滤，从而缓解用户的困扰。

6. 在线欺诈检测

互联网技术和信息技术的普及，促使越来越多的犯罪从线下转移到线上进行，威胁我们的日常生活安全。利用机器学习方法可以对线上行为进行检测，例如通过分析实时的交易流水相关信息，发现欺诈交易的行为模式和行为特征，监测交易数据，发现异常的交易行为，实时进行欺诈预警，减少个人及公司损失，促进规范市场交易。

机器学习方法正在不断地发展与完善，在未来将被运用到更加广泛的领域。同时机器学习算法将面临更加复杂的问题，其应用领域从广度向深度发展，这对机器学习的算法构建提出了更高的要求，使其成为一种推动不同行业发展的动力。

本章小结

本章从机器学习的概念入手，主要介绍了机器学习的基础知识，包括以下几个方面的内容：

（1）机器学习的主要类别。

（2）机器学习的开发流程。

（3）机器学习的主要应用。

通过本章的学习，需要了解机器学习不是一个方法，而是针对不同的数据和实际问题的多种方法的统称。重点需要掌握机器学习的开发流程，即对于实际问题使用机器学习的思想进行求解，这有助于后续算法的学习。

习　题

1. 机器学习方法主要可以分为哪几类？

2. 举出两三个日常生活中运用机器学习的具体例子。

第 2 章　Python 语言基础

本章导读

通过本章的学习，初学者可了解 Python 语言的发展历史、特点及应用范围等基本内容的入门知识。本章主要介绍 Python 语言的特点、Python 环境配置与应用、第三方库的安装方法及数据分析相关库的介绍等内容。读者应在理解相关概念的基础上，掌握 Python 环境的安装、使用方法及相关数据分析库的基本知识等内容。

本章要点

- Python 语言的特点
- Anaconda 环境的安装方法
- Spyder 环境的使用方法
- 第三方库的安装方法
- NumPy、Pandas、Sklearn 库的基础知识

2.1　Python 语言概述

2.1.1　Python 简介

Python 语言是由荷兰国家数学与计算机科学研究会的吉多 · 范罗苏姆（Guido van Rossum）于 1989 年设计发明的，其初衷来源于构思一门功能齐全、易学易用且具有可拓展性的语言。

Python 语言具有很多优点，如免费开源、语法简单易学、可移植、可扩展、可嵌入以及拥有丰富且功能强大的库等。Python 一经推出便受到了各行业的青睐，目前已经成为最受欢迎的程序设计语言之一。2021 年编程语言流行指数评估网站 Tiobe 将 Python 评为最受欢迎的编程语言，近 20 年来首次位于 Java、C 和 JavaScript 之上。

2.1.2　Python 优势

很多编程语言都可以用来进行机器学习，例如 R、MATLAB、Python 等，但 Python 成为近年来机器学习领域的首选语言，其原因如下：

（1）Python 中包含相对较少的关键字，结构清晰，语法简单，代码可读性高，相较于其他编程语言更容易进行阅读、学习和使用。

（2）Python 在数据分析、交互、可视化等方面均有成熟的库和活跃的社区，使得 Python 成为数据处理任务的重要解决方案。在数据处理和分析方面，Python 拥有 NumPy、

Pandas、Scikit-learn 等一系列功能强大的库，可以帮助用户处理数据分析的相关工作。

（3）有别于 R 或者 MATLAB，Python 不仅在数据分析方面具有强大的能力，在网络爬虫、Web 站点开发、自动化运维、游戏开发等领域均有广泛的应用，使得从业者可以使用一种技术完成全部服务，有利于不同模块间的业务融合，从而提高工作效率。

2.2 Python 环境配置与使用

2.2.1 Anaconda 的安装方法

Anaconda 是一个开源的 Python 发行版本，涵盖了数据科学工作需要用到的常见库，因此可以方便地利用 Anaconda 版本进行数据科学研究。

Anaconda 在 Windows、MacOS 和 Linux 系统上均可安装和使用。一般可通过官方网站 https://www.anaconda.com/download/ 下载 Anaconda 版本，下载时需注意计算机的系统位数（32 位或 64 位）。

本书是基于 Windows 系统平台进行 Python 程序编写的，在 Windows 系统上安装 Anaconda 的步骤如下：

（1）前往官方下载网站，选择 Windows 版本下的安装包，根据本机操作系统的情况单击 64-Bit Graphical Installer 或 32-Bit Graphical Installer 进行下载，如图 2-1 所示。

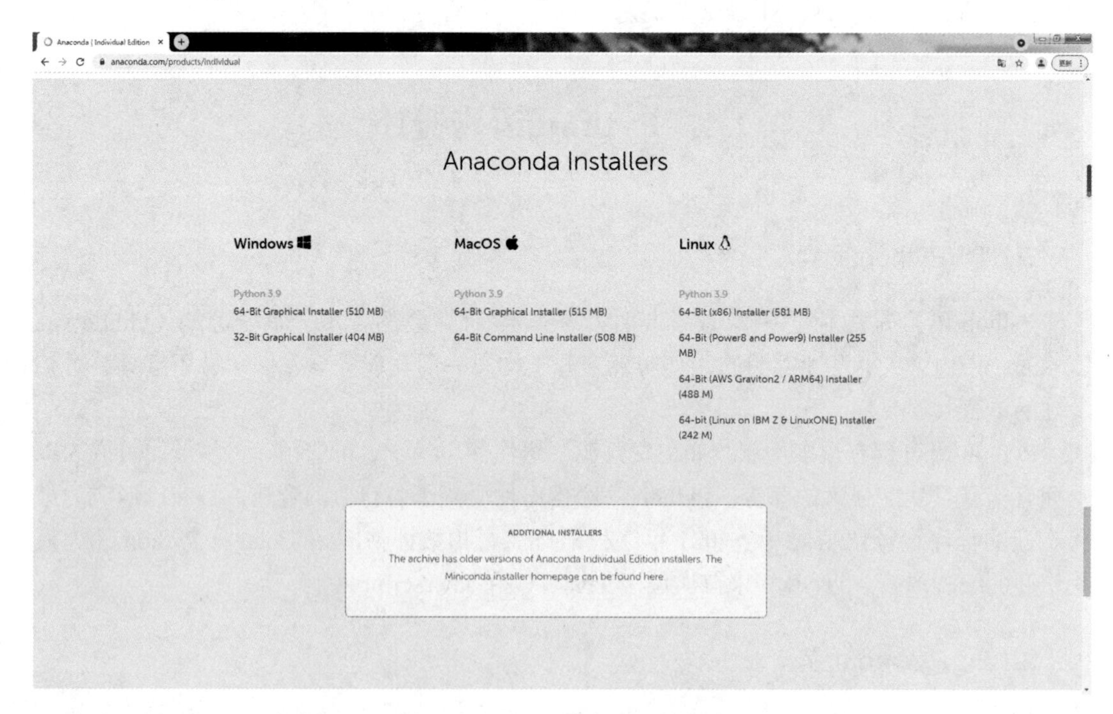

图 2-1 Anaconda 官网下载界面

（2）单击 64-Bit Graphical Installer 进行下载，下载后的文件名为 Anaconda3-2021.11-Windows-x86_64.exe。双击该文件，进入安装界面，如图 2-2 所示。

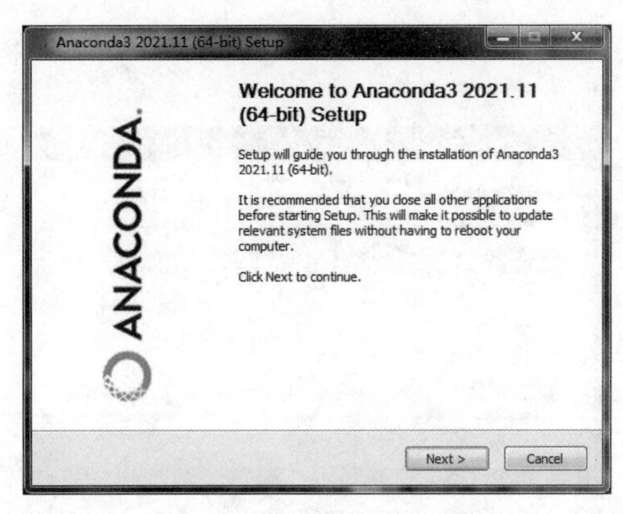

图 2-2　安装界面

（3）单击 Next 按钮，进入许可条款界面。阅读许可条款后单击 I Agree 按钮，如图 2-3 所示。

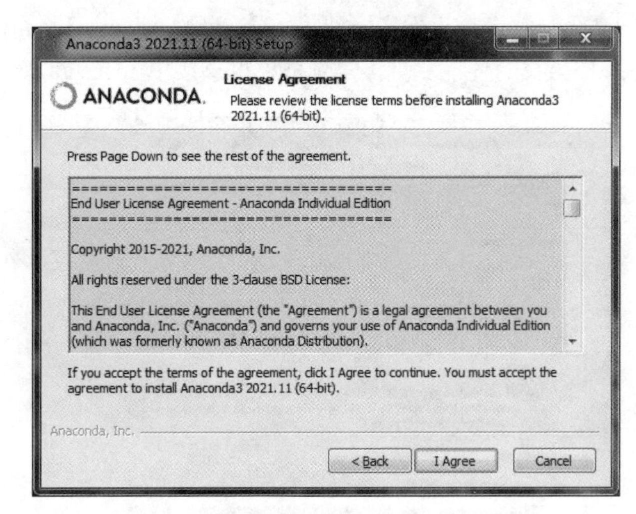

图 2-3　许可条款界面

（4）在图 2-4 的安装方式选择界面中提示有两种安装方式，选择推荐安装方式，即选中 Just Me 单选按钮，之后单击 Next 按钮。

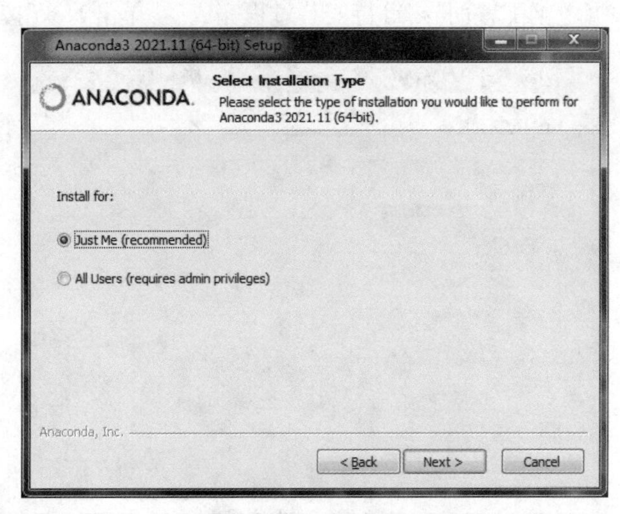

图 2-4　安装方式选择界面

（5）在安装位置选择界面中选择安装路径，建议选择默认安装位置，单击 Next 按钮，如图 2-5 所示。

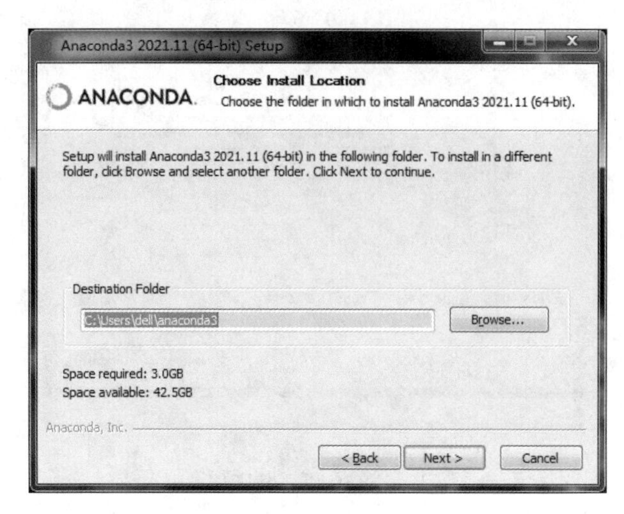

图 2-5　安装位置选择界面

（6）在图 2-6 的高级安装选择界面中不建议勾选 Add Anaconda3 to my PATH environment variable（添加 Anaconda 至我的环境变量）复选框，可直接单击 Install 按钮开始安装。

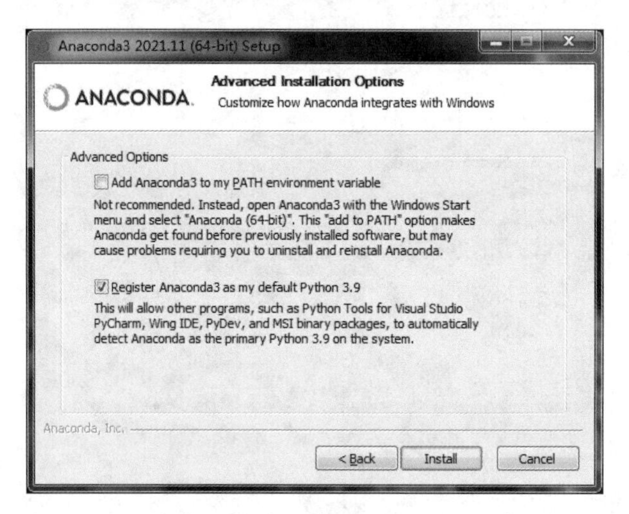

图 2-6　高级安装选项界面

（7）安装时间根据电脑配置而异，等待安装过程完成后，单击 Next 按钮，如图 2-7 所示。

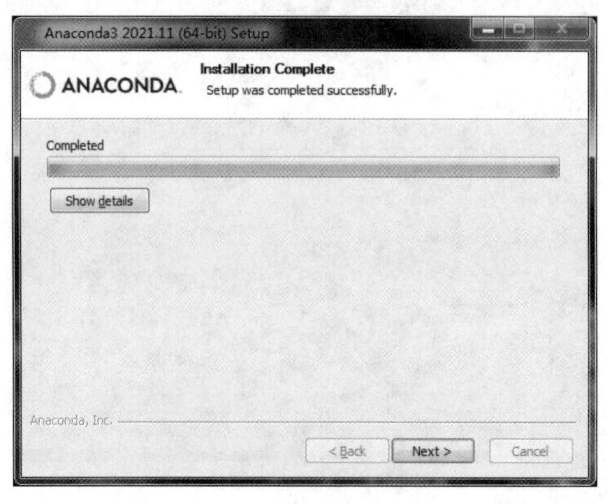

图 2-7　安装结束界面

（8）在图 2–8 所示的界面上，单击 Next 按钮。

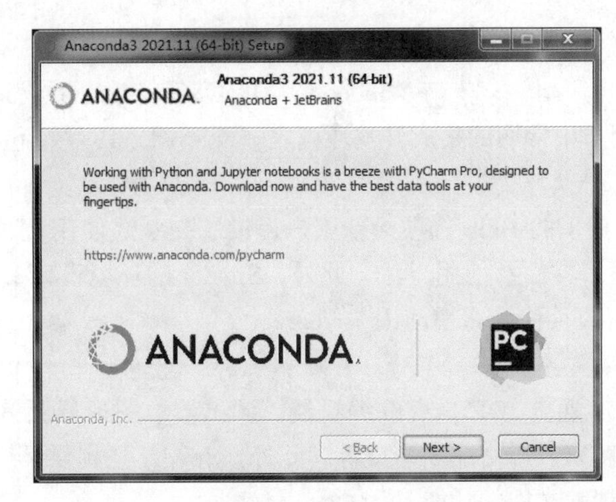

图 2–8　软件介绍界面

（9）若进入图 2–9 所示的界面，则说明安装成功，单击 Finish 按钮完成安装。另外，如果不需要帮助信息，可以不勾选 Anaconda Individual Edition Tutorial 和 Getting Started with Anaconda 复选框。

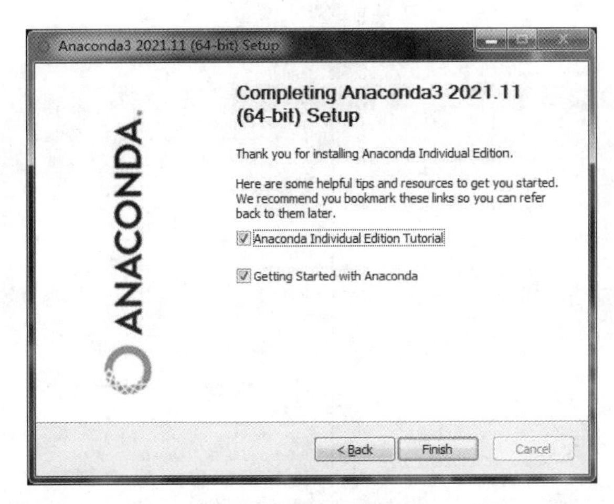

图 2–9　安装成功界面

（10）单击“开始”→ Anaconda3（64–bit）→ Anaconda Navigator 选项，如果可以成功启动并打开图 2–10 所示的界面，则证明安装成功。

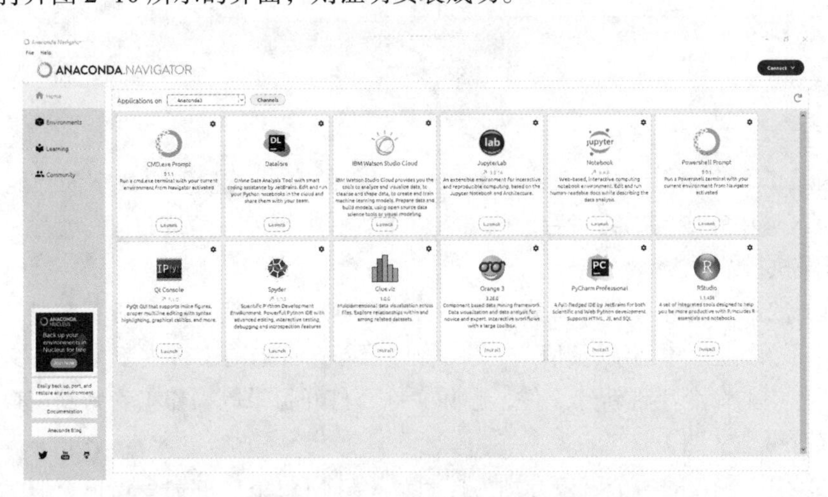

图 2–10　Anaconda Navigator 的界面

2.2.2 Spyder 的环境介绍

Spyder 是一个使用简单且功能强大的 Python 语言开发环境，提供代码的高级编辑、交互执行、调试和分析等功能，支持 Windows、MacOS 和 Linux 系统。

作为在 Python 用户中常用的集成开发环境之一，Spyder 具有如下 3 个特点。

1. 界面友好

Spyder 通过菜单栏里的 Help 选项给新用户提供了交互式使用教程，以帮助新用户直观地了解 Spyder 的用户界面及使用方法。此外，Spyder 的环境设计参考了 MATLAB，熟悉 MATLAB 的用户可以很快地习惯使用 Spyder。

2. 功能强大

Spyder 中不仅拥有通常 IDE 具有的编辑器、调试器、图形界面等组件，还拥有变量管理器、交互式命令窗口、历史命令窗口等。此外，Spyder 还提供了变量自动完成、函数调用提示和随时访问帮助文档的功能。

3. 资源丰富

Spyder 能够访问的资源及文档中包含 Matplotlib、NumPy、Sklearn、Ipython 等多种工具及工具包的使用手册。

启动 Spyder 后，其默认界面如图 2-11 所示。

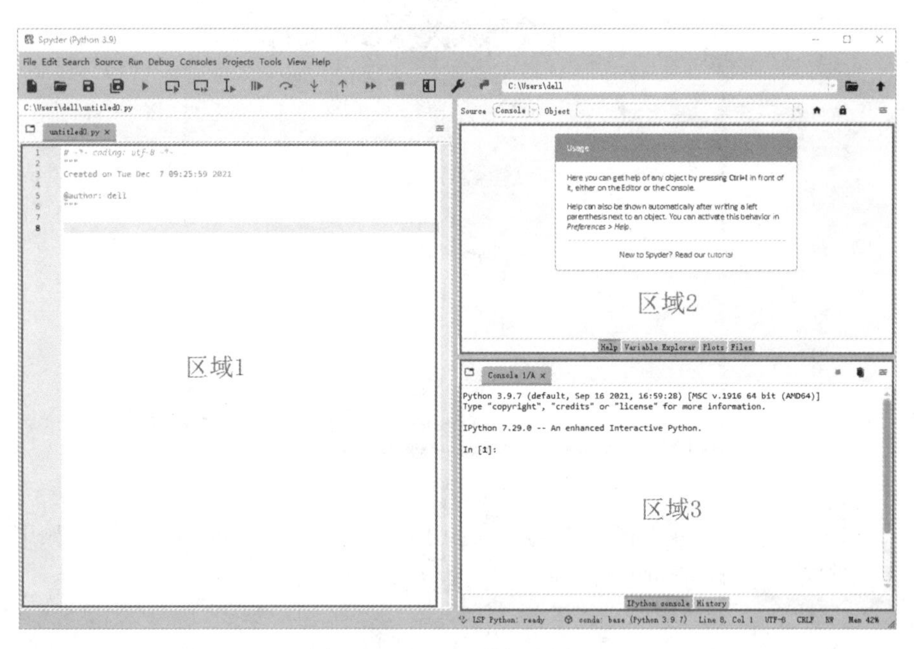

图 2-11 Spyder 的用户界面

该界面主要由三个区域构成。

（1）区域 1。代码编辑区，即编写 Python 代码的窗口，左边的数字为代码所在行的显示。在该区域中完成代码编写后，单击上方工具栏中绿色三角按钮运行程序，并在区域 3 中看到程序执行结果。

（2）区域 2。常用的三个窗口分别为变量管理器（显示程序中的所有变量，并可以查看变量的名称、类型、大小以及值）、文件管理器（查看当前文件夹下的所有文件，并可通过右击菜单中的命令实现新建文件、删除文件、打开目录等操作）和帮助窗口（可以快速便捷地查看帮助文档）。

（3）区域 3。包含的两个窗口分别为控制台（与 Matlab 中的命令窗口类似,实现交互）

和历史窗口（按时间顺序显示输入到 Spyder 控制台的每个命令）。

2.2.3 第三方库的安装方法

Python 的一大优势在于拥有丰富、易用且功能强大的第三方库，可以帮助我们处理各种工作。第三方库的安装方式包括以下几种。

1. 在 Anaconda 中安装

（1）单击“开始”→ Anaconda3（64–bit）→ Anaconda Navigator 选项，在该界面的左侧单击 Environments 选项，如图 2–12 所示。

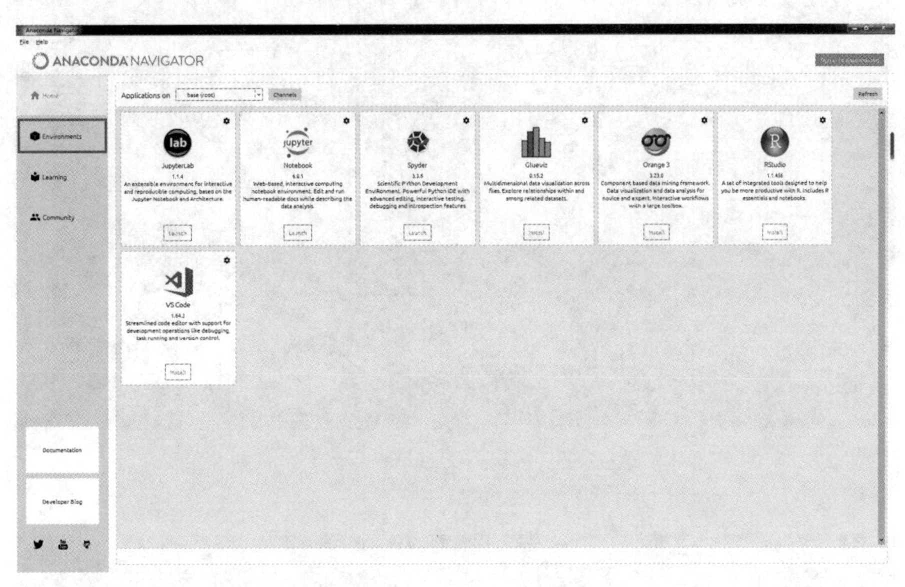

图 2–12 Anaconda Navigator 界面

（2）在打开的 Environments 界面中，通过下拉框选择 Not installed，也可通过右边搜索框搜索需要安装的第三方库名称，之后勾选未安装的第三方库前的复选框，单击界面下方的 Apply 按钮进行安装，如图 2–13 所示。

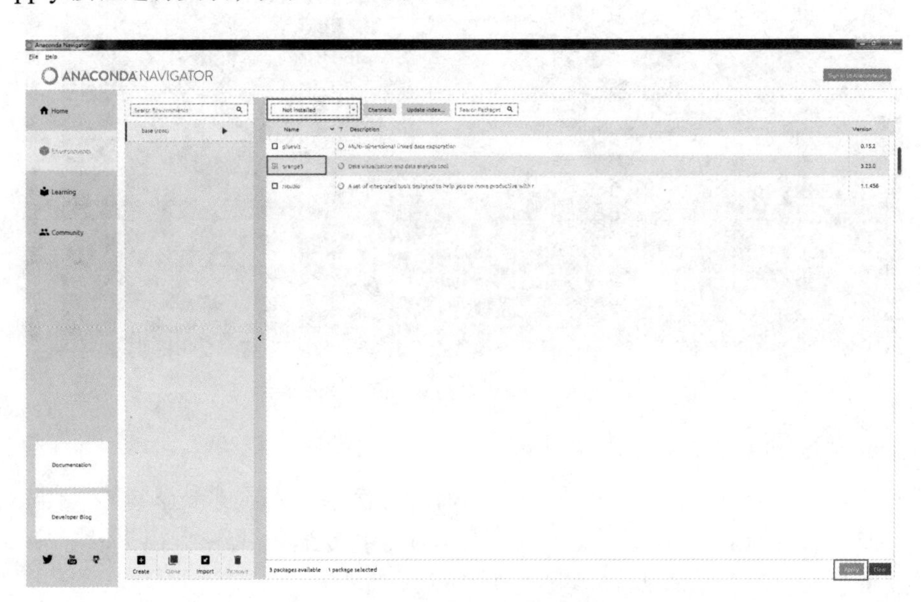

图 2–13 Environments 界面安装第三方库

2. 使用 Prompt 命令行安装

单击“开始”→ Anaconda3（64–bit）→ Anaconda Prompt 选项，在打开界面的光标闪烁处输入 pip install (package) 或者 conda install (package)，括号内为需要安装的第三方库名称，输入完成后按 Enter 键即可完成安装，如图 2–14 和 图 2–15 所示。

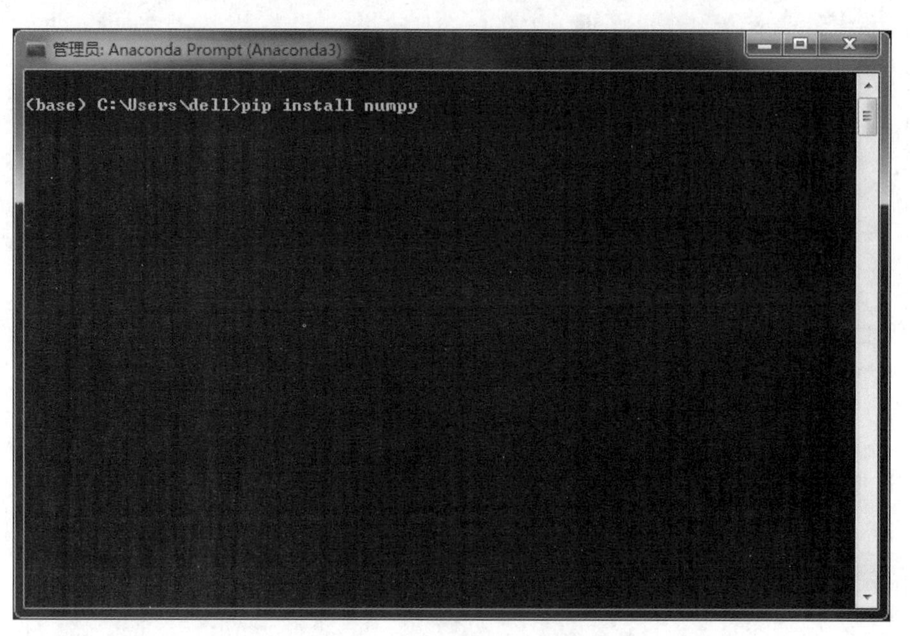

图 2–14 Anaconda Prompt 界面 pip 命令安装第三方库

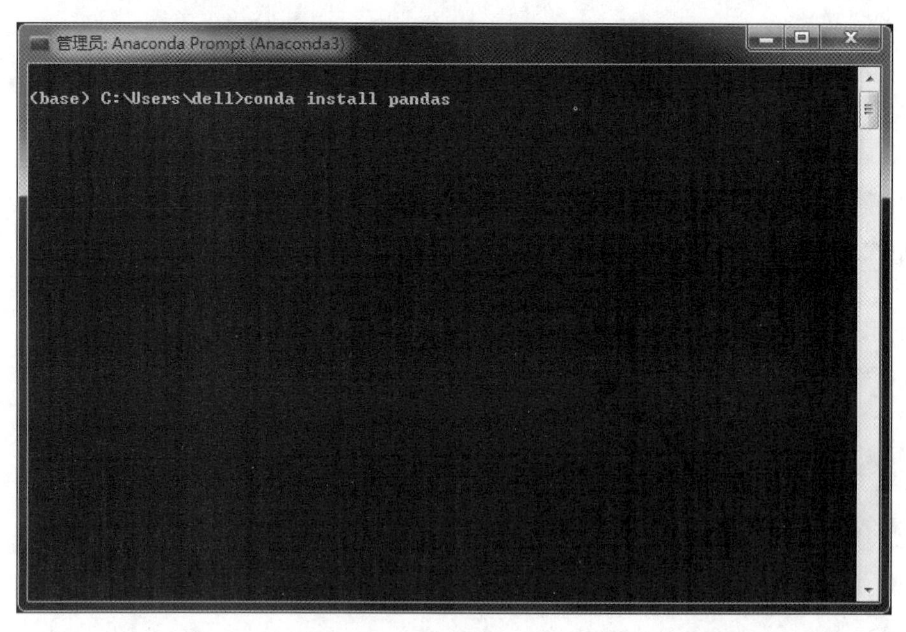

图 2–15 Anaconda Prompt 界面 conda 命令安装第三方库

3. 在 Python 的 IDE 开发环境中安装

打开 Python 语言开发环境之后（以 Spyder 为例），在控制台窗口输入 !pip install (package) 或者 !conda install (package)，括号内为需要安装的第三方库名称，输入后按 Enter 键即可完成安装，如图 2–16 和图 2–17 所示。

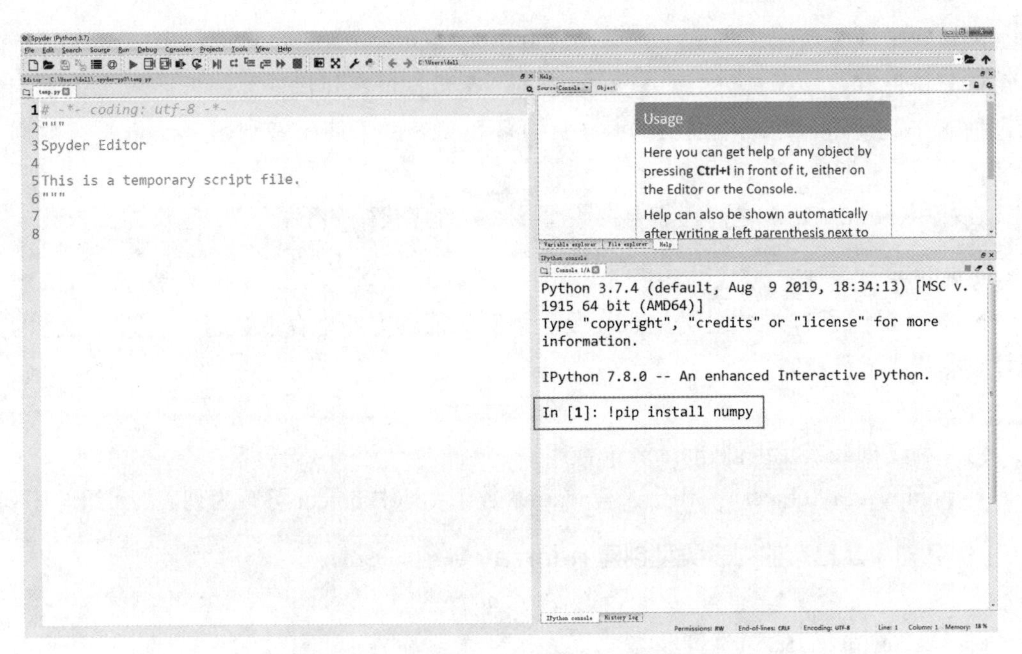

图 2-16 Spyder 界面 !pip 命令安装第三方库

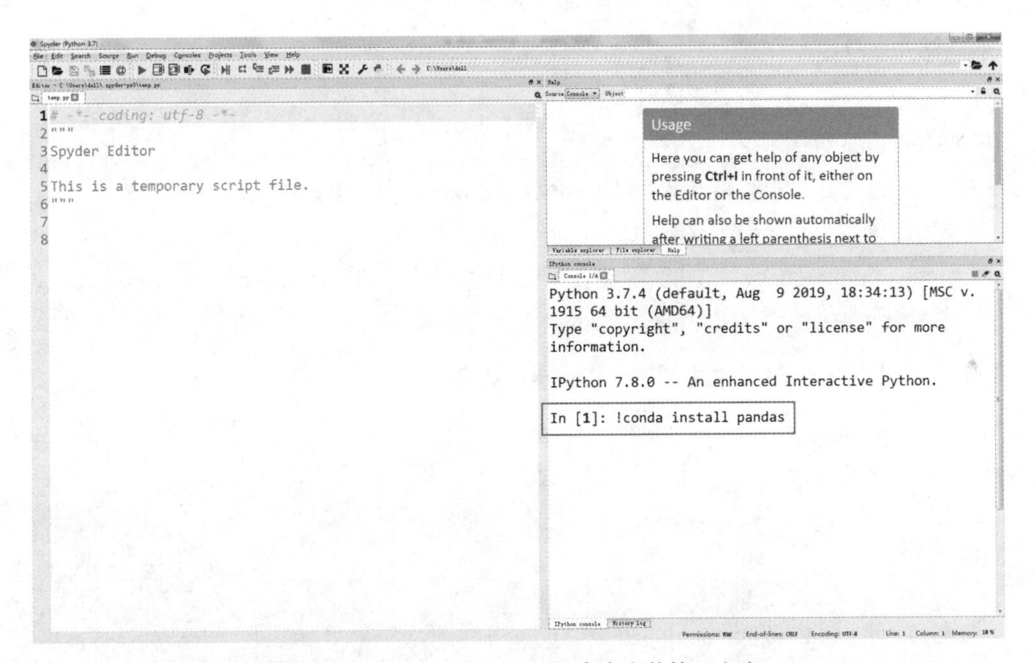

图 2-17 Spyder 界面 !conda 命令安装第三方库

Python 第三方库的安装方法

2.3 数据分析相关库的介绍

2.3.1 NumPy 库

NumPy（Numerical Python）是 Python 语言的一个扩展程序库，支持大量的数据与矩阵运算，同时也针对数据运算提供大量的数学函数库。在 NumPy 中主要包含一个 N 维数组对象 ndarray、广播功能函数、整合 C/C++/Fortran 代码的工具以及线性代数、傅里叶变换、随机数生成等功能。NumPy 通常与 SciPy（Scientific Python，是一个用于科学计算的 Python 算法库和数学工具包）和 Matplotlib（一个数据可视化操作界面，是 Python 常用的绘图库）一起使用，是一个强大的科学计算环境，有助于使用者利用 Python 进行数据分析和预测。

在使用 NumPy 功能之前，需要将该库导入，程序代码如下：

```
Import numPy as np
```

NumPy 提供了 N 维数组对象 ndarray，该对象能够方便地存取数组，且拥有丰富的数组计算函数。

1. 数组创建

（1）利用列表或元组创建 ndarray 数组。

- numpy.array(object)：用于创建 ndarray 数组，其中 object 可以为列表、元组等序列。

【例 2-1】从已有的列表类型创建 ndarray 数组。

```
import numpy as np
age=np.array([6,18,25,36])
print(age)
print(type(age))
```

运行结果如下：

```
[ 6 18 25 36]
<class 'numpy.ndarray'>
```

可见，age 是由列表类型转换的 NumPy 中的 ndarray 对象。

（2）利用函数创建 ndarray 数组。

- numpy.empty(shape)：用于创建一个指定大小但未指定元素值的 ndarray 数组，其中 shape 为数组大小。

【例 2-2】用 empty 方法创建 ndarray 数组。

```
import numpy as np
array=np.empty((2,3))
print(array)
```

运行结果如下：

```
[[4.25e-322 0.00e+000 0.00e+000]
 [0.00e+000 0.00e+000 0.00e+000]]
```

该程序生成 2 行 3 列的二维数组 array，数组元素为随机值，因为未指定元素值，且每次运行生成的值可能不同。

- numpy.zeros(shape)：用于创建一个指定大小且元素值均为 0 的 ndarray 数组，且元素默认为浮点数，其中 shape 为数组大小。

【例 2-3】用 zeros 方法创建全零数组。

```
import numpy as np
array1=np.zeros(3)
print(array1)
array2=np.zeros((2,2),dtype='int')
print(array2)
```

运行结果如下：

```
[0. 0. 0.]
[[0 0]
 [0 0]]
```

该程序分别生成 1 行 3 列且元素值为浮点数 0 的全零数组 array1，以及 2 行 2 列且元素值为整数 0 的全零数组 array2。

- numpy.ones(shape)：用于创建一个指定大小且元素值均为 1 的 ndarray 数组，且元素默认为浮点数，其中 shape 为数组大小。

【例 2-4】用 ones 方法创建全 1 数组。

```
import numpy as np
array1=np.ones((2,3,4))
print(array1)
array2=np.ones(5,dtype='int')
print(array2)
```

运行结果如下：

```
[[[1. 1. 1. 1.]
[1. 1. 1. 1.]
[1. 1. 1. 1.]]

[[1. 1. 1. 1.]
[1. 1. 1. 1.]
[1. 1. 1. 1.]]]
[1 1 1 1 1]
```

该程序分别生成三维浮点型的全 1 数组 array1，以及 1 行 5 列且元素值为整数 1 的全 1 数组 array2。

- numpy.arange(start,stop,step)：用于创建一个指定数据范围内的等差数列 ndarray 数组。其中，start 为等差数列的起始值，默认为 0；stop 指定等差数列的下界，但不包含该值；step 为等差数列的步长，默认为 1。

【例 2-5】用 arange 方法创建等差数列数组。

```
import numpy as np
array1=np.arange(5)
print(array1)
array2=np.arange(1,10,2,dtype='float')
print(array2)
```

运行结果如下：

```
[0 1 2 3 4]
[1. 3. 5. 7. 9.]
```

该程序分别生成从 0 开始到 5 结束，且步长为 1 的等差数组 array1，以及从 1 开始到 10 结束，且步长为 2 的等差浮点型数组 array2。

- numpy.linspace(start,stop,num)：用于创建一个指定数据范围内的等差数列 ndarray 数组。其中，start 为等差数列的起始值；stop 为等差数列的终止值；num 为等差数列的元素个数，默认为 50。

【例 2-6】用 linspace 方法创建等差数列数组。

```
import numpy as np
```

```
array1=np.linspace(10,20,5)
print(array1)
array2=np.linspace(1,1,3)
print(array2)
```

运行结果如下：

```
[10. 12.5 15. 17.5 20.]
[1. 1. 1.]
```

该程序分别生成从 10 开始到 20 结束，共包含 5 个元素的等差数列 array1，以及共包含 3 个元素全部为 1 的等差数列 array2。

2. 数组属性

- ndarray.ndim：返回坐标轴数量，即数组的维度。
- ndarray.shape：返回一个元组，以显示每个维度中数组的大小。例如一个 n 行 m 列的二维数组，其 shape 为 (n,m)。元组的长度即维度的数目。
- ndarray.size：返回数组元素的个数，相当于 shape 中各元素相乘的结果。
- ndarray.dtype：返回数组中的元素类型。
- ndarray.itemsize：返回数组中每个元素的大小（以字节为单位）。例如元素类型为 float64 的数组，其 itemsize 为 8（单个字节长度为 8bits，float64 占用 64bits，即占用 8 个字节）。

【例 2-7】ndarray 类型数组 age 的各属性。

```
import numpy as np
age=np.array([[16,18],[25,28],[60,66]])
print('array dimention:',age.ndim)
print('array shape:',age.shape)
print('array size:',age.size)
print('array dtype:',age.dtype)
print('array itemsize:',age.itemsize)
```

运行结果如下：

```
array dimention: 2
array shape: (3, 2)
array size: 6
array dtype: int32
array itemsize: 4
```

3. 数组访问

ndarray 数组对象可通过索引或切片对其中的特定或部分元素进行访问。

（1）一维数组。与 Python 中列表的相关操作相同，数组中每个元素均有相应的索引，且有正负两种索引方式。如图 2-18 所示，以数组 age 为例，正索引从 0 开始，到 len(age)−1 结束；负索引从 −1 开始，到 −len(age) 结束。

age	6	16	25	28	36	50	63
正索引	0	1	2	3	4	5	6
负索引	−7	−6	−5	−4	−3	−2	−1

图 2-18 ndarray 对象的正负索引方式

如果希望访问数组中的单个元素，需要通过索引提取，其语法格式如下：

```
数组名[索引]
```

例如，访问 age 中的元素 16，其对应的正索引为 1，即可通过 age[1] 获取该元素，也可通过负索引 age[-6] 获取；同理，访问元素 36，可利用 age[4] 或 age[-3] 获取。

如果希望获取数组中的部分元素，可通过切片方式，其语法格式如下：

```
数组名[起始索引: 终止索引: 步长]
```

其中，切片从“起始索引”开始，到“终止索引”的前一位结束（不包含终止索引本身），当步长省略时，默认为 1。起始索引省略时，默认切片从 0 开始；终止索引省略时，默认切片到最后一个元素为止。

【例 2-8】一维数组 age 元素访问。

ndarray 一维数组元素访问

```
import numpy as np
age=np.array([6,16,25,28,36,50,63])
print(age[1:4])                    # 获取索引 1 ~ 3 的元素
print(age[0:6:2])                  # 获取索引 0 ~ 5 且步长为 2 的元素
print(age[3:])                     # 获取索引从 3 开始到末尾的元素
print(age[:5])                     # 获取从头开始到索引 4 的元素
print(age[::2])                    # 获取从头到尾步长为 2 的元素
print(age[2:-1])                   # 获取从 2 开始到倒数第 2 个元素
print(age[::-3])                   # 获取从尾到头步长为 3 的元素
```

运行结果如下：

```
[16 25 28]
[ 6 25 36]
[28 36 50 63]
[ 6 16 25 28 36]
[ 6 25 36 63]
[25 28 36 50]
[63 28 6]
```

（2）多维数组。多维数组访问其中元素时，每个维度需要有相应的索引，索引间用逗号分隔。每个维度的索引与切片方法，与一维数组相同。

【例 2-8】二维数组 array 元素访问。

```
import numpy as np
array=np.array([[1,2,3],[4,5,6],[7,8,9]])
print(array[2,2])                  # 获取第三行第三列的元素
print(array[1,::])                 # 获取第二行所有元素
print(array[2,1:])                 # 获取第三行第二列开始的所有元素
```

运行结果如下：

```
9
[4 5 6]
[8 9]
```

2.3.2 Pandas 库

Pandas 是基于 NumPy 构建的一个 Python 第三方库，提供了高性能和易使用的数据类

型和数据分析工具。Pandas 可从多种文件格式（如 csv、sql、xls 等）中导入数据，并且对数据进行预处理、清洗和分析等操作，广泛应用于各个数据分析领域。与 NumPy 相比，NumPy 更适合处理统一的数值数据，Pandas 则比较适合处理表格和混杂数据。

在使用 Pandas 功能之前，需要将该库导入，程序代码如下：

```
import pandas as pd
```

Pandas 的主要数据类型包括 Series 和 DataFrame，这两种数据类型足以处理各领域中的多数典型用例。

1. Series

Series 类似于一维数组，可以保存任意类型的数据。创建方法如下：

```
pd.Series(data, index)
```

其中 data 代表一组数据，index 为数据索引，省略时默认从 0 开始。可通过索引标签 index 访问 Series 中的元素。

【例 2-9】创建 Series（不指定索引）。

```
import pandas as pd
age1=pd.Series([12,28,36])                    # index 省略
print(age1)
```

运行结果如下：

```
0   12
1   28
2   36
dtype: int64
```

运行结果中的第一列数据代表索引值，第二列数据为存储的一组数据，最后一行代表数据类型。

【例 2-10】创建 Series（指定索引）。

```
import pandas as pd
age2=pd.Series([12,28,36],index=['a','b','c'])
print(age2)
```

运行结果如下：

```
a   12
b   28
c   36
dtype: int64
```

【例 2-11】访问 Series 元素。

```
import pandas as pd
age2=pd.Series([12,28,36],index=['a','b','c'])
print(age2['b'])                              # 访问索引 ' b' 对应的元素
```

运行结果如下：

```
28
```

【例 2-11】利用字典创建 Series。

```
import pandas as pd
```

```
age3=pd.Series({'miao':6,'wang':28,'liu':62})
print(age3)
```

运行结果如下：

```
miao    6
wang   28
liu    62
dtype: int64
```

2. DataFrame

DataFrame 类似于二维数组，包含一组有序的列，每列的值类型可以不同（数值、字符串、布尔型等）。DaraFrame 既有行索引也有列索引，是一个表格型的数据结构。创建方法如下：

```
pd.DataFrame(data,index,columns)
```

其中，data 代表一组数据，index 为数据行索引，columns 为数据列索引，index 或 columns 省略时均默认索引从 0 开始。可通过行索引标签 index 和列索引标签 columns 访问 Series 中的元素。

【例 2-12】利用 ndarrays 创建 DataFrame（不指定索引）。

```
import pandas as pd
import numpy as np
data=pd.DataFrame(np.arange(1,9).reshape(2,4))          # index 和 columns 省略
print(data)
```

运行结果如下：

```
   0  1  2  3
0  1  2  3  4
1  5  6  7  8
```

运行结果中的第一列数据代表 index 行索引，第一行数据代表 columns 列索引。

【例 2-13】利用列表创建 DataFrame（指定索引）。

```
import pandas as pd
data=pd.DataFrame(
   [[' 北京 ','010'],[' 上海 ','021'],[' 广州 ','020']],
   index=[1,2,3],
   columns=[' 城市 ',' 区号 '])
print(data)
```

运行结果如下：

```
  城市  区号
1 北京  010
2 上海  021
3 广州  020
```

【例 2-14】利用字典创建 DataFrame。

```
import pandas as pd
data=pd.DataFrame({'Name':['Amy','Alex','Andy'],'Age':[6,56,32]})
print(data)
```

运行结果如下：

```
  Name  Age
```

```
0  Amy   6
1  Alex  56
2  Andy  32
```

【例 2-15】通过 columns 访问 DataFrame 一列数据。

```
import pandas as pd
data=pd.DataFrame(
    [['北京','010'],['上海','021'],['广州','020']],
    index=[1,2,3],
    columns=['城市','区号'])
print(data['城市'])                    # 访问方法 1，获取城市所在列元素
print(data.区号)                       # 访问方法 2，获取区号所在列元素
```

运行结果如下：

```
1  北京
2  上海
3  广州
Name: 城市, dtype: object
1  010
2  021
3  020
Name: 区号, dtype: object
```

【例 2-16】通过 loc 访问 DataFrame 一行数据。

```
import pandas as pd
data=pd.DataFrame({'Name':['Amy','Alex','Andy'],'Age':[6,56,32]})
print(data.loc[1])                     # 访问索引标签为 1 的一行元素
```

DataFrame
元素访问

运行结果如下：

```
Name  Alex
Age   56
Name: 1, dtype: object
```

2.3.3 Sklearn 库

Sklearn 是 Scikit-learn 的简称，是机器学习中重要的 Python 开源第三方模块。Sklearn 建立在 NumPy、Matplotlib 和 Scipy 的基础上，对常用的机器学习算法进行了封装。在进行机器学习任务时，只需要简单调用 Sklearn 库中提供的模块，即可完成多数机器学习任务，是一组简单有效地进行数据挖掘和分析的工具集。

在使用 Sklearn 功能之前，需要将该库导入，程序代码如下：

```
import sklearn as sk
```

Sklearn 库主要包含六个模块，分别用于完成分类（Classification）、回归（Regression）、聚类（Clustering）、降维（Dimensionality Reduction）、模型选择（Model Selection）、预处理（Preprocessing）等任务，如图 2-19 所示。

使用 Sklearn 库面临机器学习问题时，可参考图 2-20 选择相应的方法。

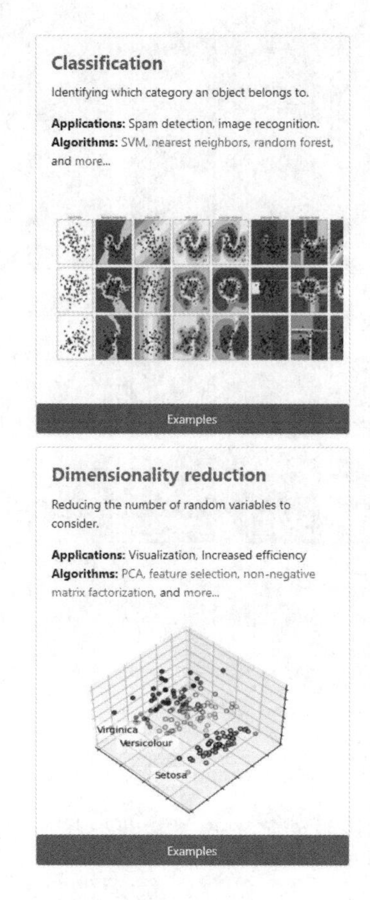

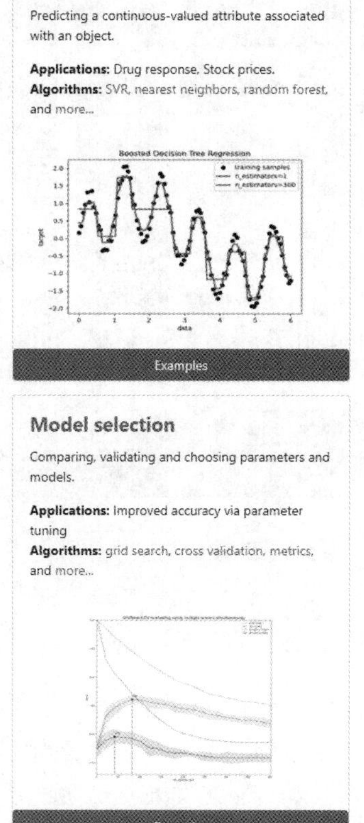

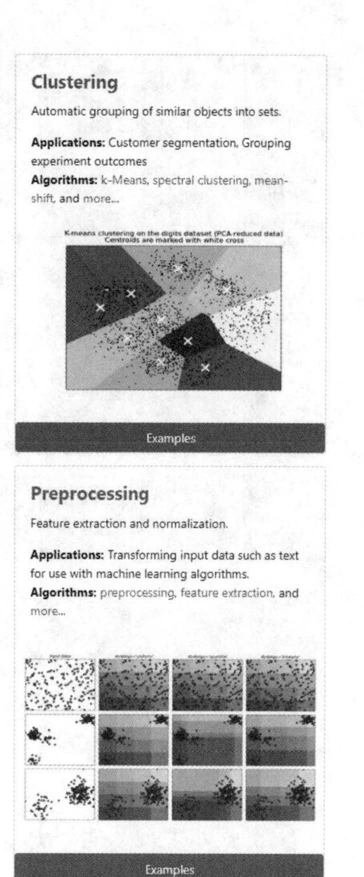

图 2-19 Sklearn 库六大模块

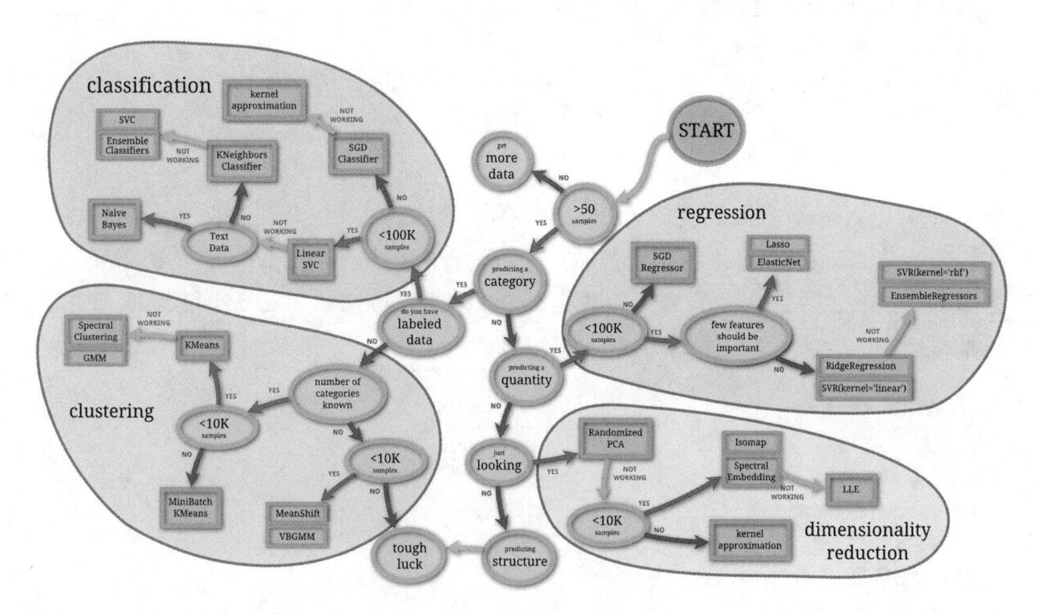

图 2-20 Sklearn 库算法选择路径图

【例 2-17】选择 Sklearn 中的算法进行人脸识别。

Olivetti 人脸数据集包含 40 个不同志愿者在不同时间、不同光照条件、不同面部表情、不同细节、不同角度下采集的 400 张灰度人脸图像，图 2-21 展示了其中 5 个志愿者的 10 张不同照片。利用此数据集进行人脸识别，应如何选用 Sklearn 中的算法。

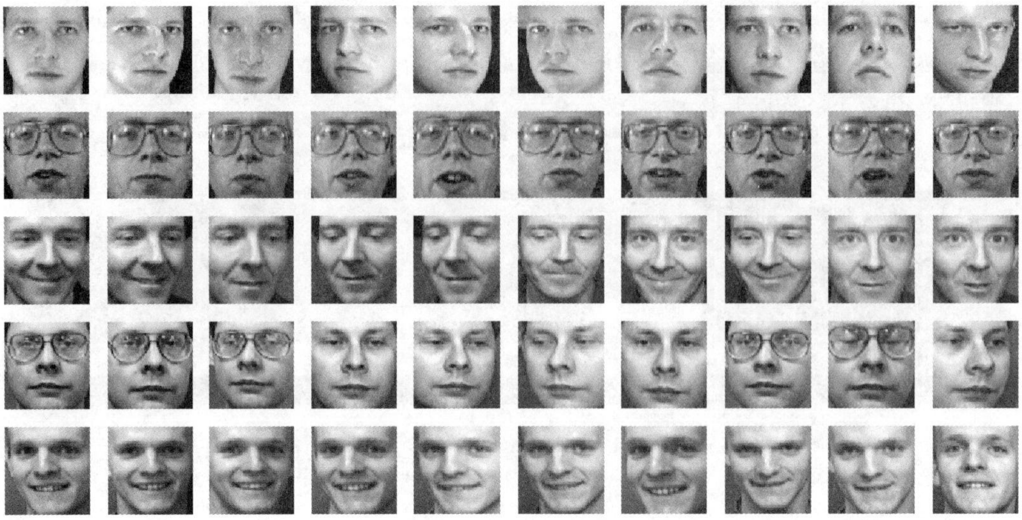

图 2–21　Olivetti 人脸数据集部分人脸图像

参考图 2–20，选择算法流程如下：

（1）从 STRART 处开始。

（2）判断数据是否大于 50 个样本（>50 samples）。

（3）判断为 Yes，进入预测类别（predicting a category）。

（4）此处进行图像分类，判断为 Yes，进入判断数据是否有标签（do you have labeled data）。

（5）判断为 Yes，进入判断数据是否小于 10 万个样本（<100k samples）。

（6）判断为 Yes，进入线性 SVC（Linear SVC）算法。

本章小结

本章从 Python 语言发展背景入手，介绍了选择 Python 语言进行数据分析的原因，以及如何安装 Anaconda 并如何使用其中的 Python 语言开发环境 Spyder，同时说明了安装第三方库的方法；之后，介绍了常用的数据分析相关库 NumPy、Pandas 和 Sklearn 的基础知识和基本操作，为读者后续章节的学习奠定基础。

习　题

一、选择题

1. Python 语言属于（　　）。

A. 机器语言　　　　B. 汇编语言

C. 高级语言　　　　D. 科学计算语言

2. 下列选项中，不属于 Python 语言特点的是（　　）。

A. 运行效率高　　　　B. 可读性好

C. 可扩展　　　　D. 开源

3．下列选项中，不属于 ndarray 对象属性的是（　　）。

A．ndim　　B．shape

C．column　　D．dtype

二、填空题

1．Python 语言是一种面向________的程序设计语言。

2．Pandas 中的 Series 类似于________维数组，DataFrame 类似于________维数组。

3．Sklearn 库包含的六大模块分别是分类、________、聚类、________、模型选择和________。

第 3 章　网络爬虫

本章导读

对于各种类型大数据的获取需要采用专门的数据获取方法，目前根据大数据的来源不同，主要有系统日志采集、数据库采集、网络数据采集三种方式。系统日志采集常用开源日志收集系统实现，例如 Flume、Scribe 等；数据库采集使用数据库系统提供的数据导出功能；网络数据采集主要是通过网络爬虫或网站公开 API 方式实现。在类型众多的大数据中，网络数据是最主要的形式，而网络爬虫是实现网络数据自动采集的有效工具。本章主要介绍网络爬虫的程序实现。

本章要点

- 网络爬虫的基本知识
- 网页内容的获取方法
- 网页内容的解析方法
- 数据的存储

3.1　网络爬虫基本知识

3.1.1　网络爬虫简介

网络爬虫是在搜索引擎发展过程中产生并广泛使用的一种通用信息采集技术，它能够按照一定的规则，自动采集所有其能够访问到的页面内容，为大数据分析提供数据来源。网页中除了包含供用户阅读的文字和图片信息外，还包含超链接信息。网络爬虫通过网页中的超链接信息来不断抓取网络上的网页。

1. 网络爬虫的工作流程

网络爬虫从初始网页的 URL 开始，在采集网页的过程中，不断从当前页面中获取新的 URL，直到满足系统停止条件。具体工作流程如下：

（1）首先选取部分种子 URL，将种子 URL 作为起始 URL 放入待抓取 URL 队列。

（2）从待抓取 URL 队列中取出 URL，解析地址并将 URL 对应的网页下载下来，提取网页中的信息，解析数据，把数据存储起来，同时将网页中的 URL 放到新的采集队列中。

（3）判断新的 URL 队列是否满足采集条件，若不满足重复步骤（2），若满足则结束采集，如图 3-1 所示。

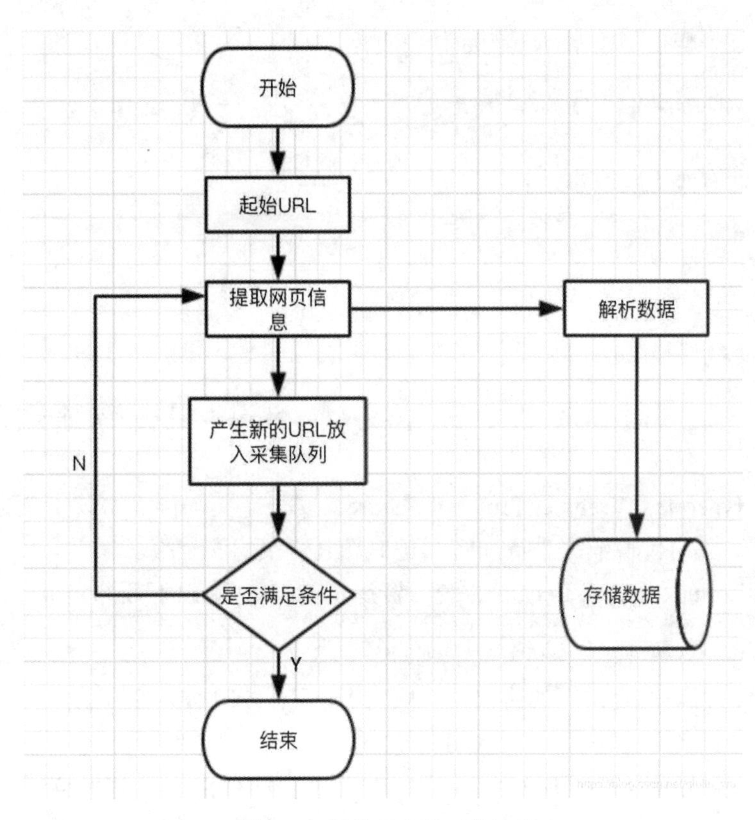

图 3-1　网络爬虫的工作流程

2. Robots 协议

使用网络爬虫时要遵守网络道德规范，保护信息提供者的隐私权，否则可能存在法律风险。Robots 协议（The Robots Exclusion Protocol，网络爬虫排除标准）是国际互联网通行的道德规范，规定着网络爬虫抓取网站内容的范围，包括网站是否希望被抓取，哪些内容不允许被抓取，这些内容放到一个名为 robots.txt 的纯文本文件里，该文件位于网站的根目录下。当爬虫访问一个网站时，应该首先检查该网站中是否存在 robots.txt 文件，如果爬虫找到这个文件，则需要根据这个文件的内容来确定访问权限的范围，确保用户的个人信息和隐私不被侵犯。需要注意的是 Robots 协议只是行业内一个约定俗成的协议，并不是所有网站都有 Robots 协议，如果一个网站不提供 Robots 协议，则说明这个网站对爬虫没有限制。

因为一些系统中的 URL 是大小写敏感的，所以 robots.txt 的文件名应统一为小写字母。Robots 协议的基本语法如下：

```
# * 代表所有，/ 代表根目录
User-agent:*            # User-agent 代表来源
Allow:/                 # 代表运行爬取的内容
Disallow:/              # 代表不可爬取的目录，如果 / 后面没有写内容，便意味着不可爬取所有内容
```

下面是 robots.txt 的一些语法规则的举例：

（1）允许所有爬虫爬取本站：robots.txt 为空就可以，什么都不要写。

（2）禁止所有爬虫爬取网站的某些目录：

```
user-agent: *
disallow: / 目录名 1/
disallow: / 目录名 2/
disallow: / 目录名 3/
```

（3）禁止某个爬虫爬取本站，例如禁止百度：

```
user-agent: baiduspider
disallow: /
```

（4）禁止所有爬虫爬取本站：

```
user-agent: *
disallow: /
```

3.1.2 HTTP 协议

HTTP（Hyper Text Transfer Protocol，超文本传输协议）是一种发布和接收 HTML 页面的方法。

HTTPS（Hyper Text Transfer Protocol Secure，安全超文本传输协议）是在 HTTP 上建立 SSL 加密层，并对传输数据进行加密，是 HTTP 协议的安全版。

URL（Uniform Resource Locator，统一资源定位符），由以下几部分组成：

```
scheme://host:port/path/?query-string=xxx#anchor
```

- scheme：代表的是访问的协议，一般为 http、https 或 ftp 等。
- host：主机名，比如 www.pku.edu.cn。
- port：端口号，HTTP 协议默认使用 80 端口，HTTPS 默认使用 443 端口。
- path：查找路径，比如 https://www.gotopku.cn/programa/article/3/64.html，后面的 programa/article/3/64.html 就是 path。
- query-string：查询字符串，比如 www.baidu.com/s?wd=Python，后面的 wd=Python 就是查询字符串。
- anchor：锚点，后台一般不用管，是前端用来做页面定位的。

在浏览器中请求一个 URL，浏览器会对这个 URL 进行一个编码。除英文字母、数字和部分符号外，其他全部使用百分号（%）加十六进制码值进行编码。

网络爬虫抓取网页的过程可以理解为模拟浏览器访问网页的过程。浏览器访问网页的过程是在浏览器的地址栏中输入要访问的网址，并向服务器发出请求，服务器在浏览器窗口中展示返回的网络资源。HTTP 通信由两部分组成：客户端请求消息和服务器响应消息。

1. 客户端请求消息

客户端浏览器发送消息给该网址所在的服务器，这个过程叫作 HTTP Request，一个 Request 请求分为 4 部分内容：请求的网址（Request URL）、请求方法（Request Method）、请求头（Request Headers）、请求体（Request Body）。

浏览器访问网页的过程解析

下面用 Chrome 浏览器开发者模式下的 Network 监听组件来说明这个过程。打开 Chrome 浏览器，在任意位置右击打开快捷菜单，在其中选择“检查”选项，打开浏览器的开发者工具。这里以访问北京大学网站为例，在浏览器地址栏输入 https://www.pku.edu.cn/ 后按 Enter 键，可以看到这个过程中 Network 页面下方出现了一个个的条目，其中一个条目就代表一次发送请求和接收响应的过程，如图 3-2 所示。

（1）请求的网址。请求的网址即统一资源定位符 URL，它可以唯一确定我们想请求的资源。

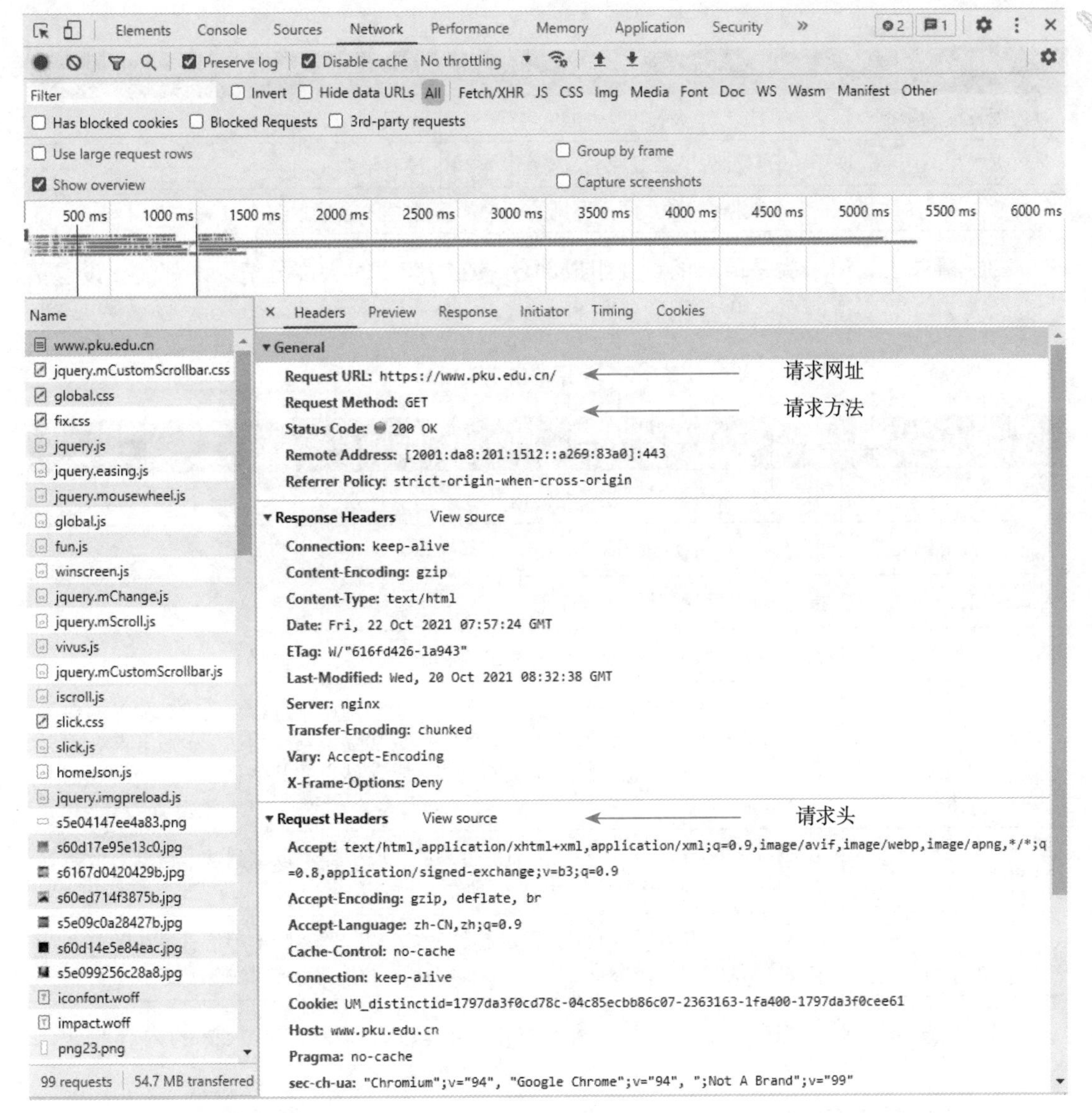

图 3–2 HTTP 的请求过程

（2）请求方法。请求方法（也叫“动作”）是表明 HTTP Request 中指定资源的操作方式。HTTP1.0 定义了三种请求方法：GET、POST 和 HEAD 方法。HTTP1.1 新增了五种请求方法：OPTIONS、PUT、DELETE、TRACE 和 CONNECT 方法。

常见的请求方法有两种：GET 和 POST。在浏览器中直接输入 URL 后按 Enter 键，这里便发起了一个 GET 请求。POST 请求大多在表单提交时发起。例如登录表单输入用户名和密码后，单击“登录”按钮，通常会发起一个 POST 请求，其数据通常以表单的形式传输，不会体现在 URL 中。

表 3–1 比较了 HTTP Request 中 GET 和 POST 的不同。

表 3–1 HTTP Request 中 GET 和 POST 的区别

功 能	GET	POST
缓存	能缓存	不能缓存
书签	可以收藏为书签	不能收藏为书签
历史	参数保留在浏览器历史中	参数不保留在浏览器历史中

续表

功 能	GET	POST
对数据长度的限制	URL 最大长度为 2048 字符	无限制
对数据类型的限制	只允许 ASCII 字符	没有限制
可见性	数据在 URL 中是可见的	数据不会显示在 URL 中

（3）请求头。请求头是请求的重要组成部分，在写爬虫时大部分情况下都需要设定请求头。表 3–2 简要说明了一些常用的头信息。

表 3–2 常用的请求头信息

请求头	说 明
Accept	指定客户端可接受哪些类型的信息
Accept–Language	指定客户端可接受的语言类型
Accept–Encoding	指定客户端可接受的内容编码
Host	接受请求的服务器地址，格式为 IP: 端口号或域名 : 端口号
Cookie	主要功能是维持当前访问会话，是网站为了辨别用户进行会话跟踪而存储在用户本地的数据。例如，输入用户名和密码成功登录某个网站后，服务器会用会话保存登录状态信息，以后每次刷新或请求该站点的其他页面时，会发现都是登录状态
Referer	用来标识这个请求是从哪个页面发过来的，服务器可以拿到这一信息并做相应的处理，如做来源统计、防盗链处理等
User–Agent	是服务器识别客户使用的操作系统及版本、浏览器及版本等信息。在做爬虫时加上此信息，可以伪装为浏览器；如果不加，很容易会被识别为爬虫

（4）请求体。对于 GET 请求，请求体为空；对于 POST 请求，请求体的内容是表单数据。

2. 服务器响应消息

服务器收到浏览器发送的消息后，能够根据消息的内容做相应处理，然后把消息回传给浏览器，这个过程叫作 HTTP 响应（HTTP Response）。响应包括响应状态码（Response Status Code）、响应头（Response Headers）和响应体（Response Body）三部分。

（1）响应状态码。

浏览器收到服务器的响应消息后，首先解析状态行，查看表明请求是否成功的状态代码，常见的状态码见表 3–3。

表 3–3 常见的 HTTP 状态码

状态码	状态码英文名称	中文描述
200	OK	请求成功。一般用于 GET 与 POST 请求
400	Bad Request	客户端请求的语法错误，服务器无法理解
401	Unauthorized	请求用户的身份认证
403	Forbidden	服务器理解请求客户端的请求，但是拒绝执行此请求

续表

状态码	状态码英文名称	中文描述
404	Not Found	服务器无法根据客户端的请求找到资源（网页）。通过此代码，网站设计人员可设置“您所请求的资源无法找到”的个性页面
500	Internal Server Error	服务器内部错误，无法完成请求
503	Service Unavailable	由于超载或系统维护，服务器暂时无法处理客户端的请求

（2）响应头。响应头用于描述服务器的基本信息和数据的描述，服务器通过这些数据的描述信息，可以通知客户端如何处理等一会儿它回送的数据。响应头包含的信息如图3-3所示。

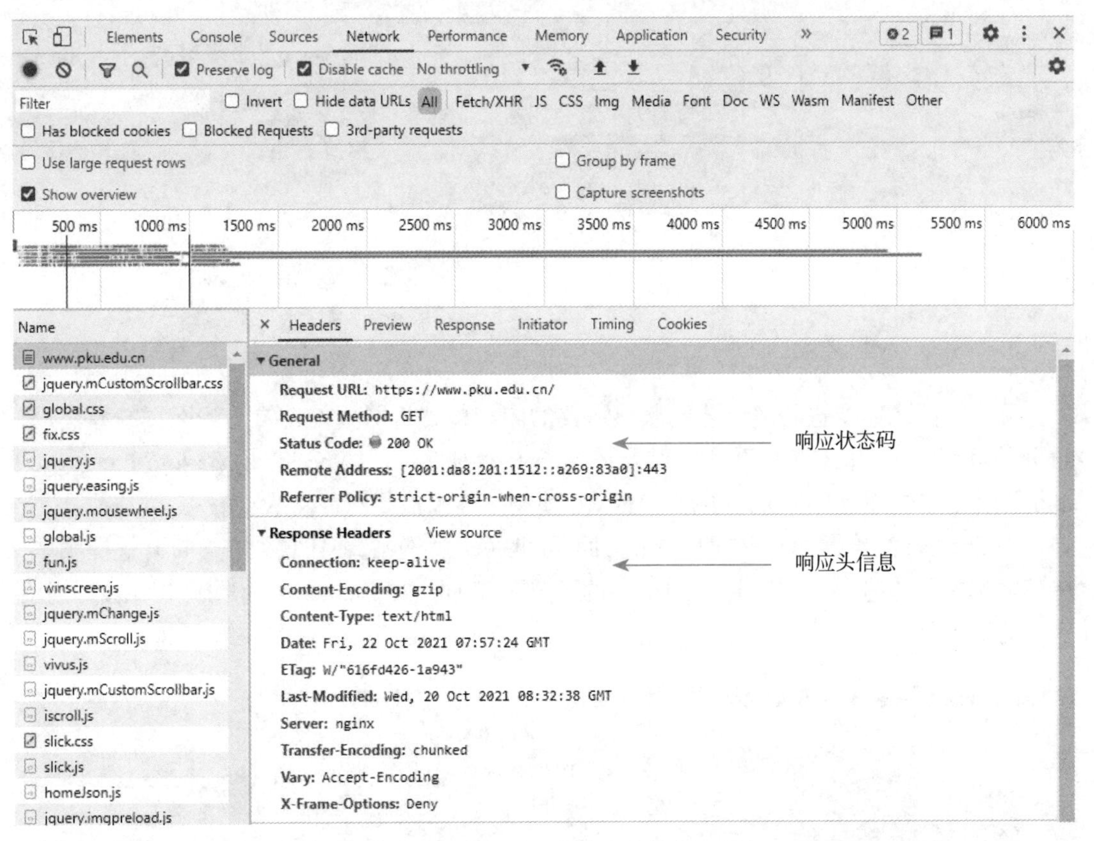

图3-3 HTTP的响应头信息

常用的服务器响应头的信息表示的含义如下：

- Content-Encoding：指定响应内容的编码。
- Content-Type：指定返回的数据类型。
- Date：标识响应产生的时间。
- Expires：指定响应的过期时间。
- Server：包含服务器的名称、版本号信息。
- Set-Cookie：设置Cookie。

（3）响应体。

响应体是服务器回写给客户端的页面正文，浏览器将正文加载到内存，然后解析渲染，显示页面内容。爬虫若请求网页，响应体就是网页的HTML代码；若请求图片，响应体就是图片的二进制数据。网页的响应体信息如图 3–4 所示。

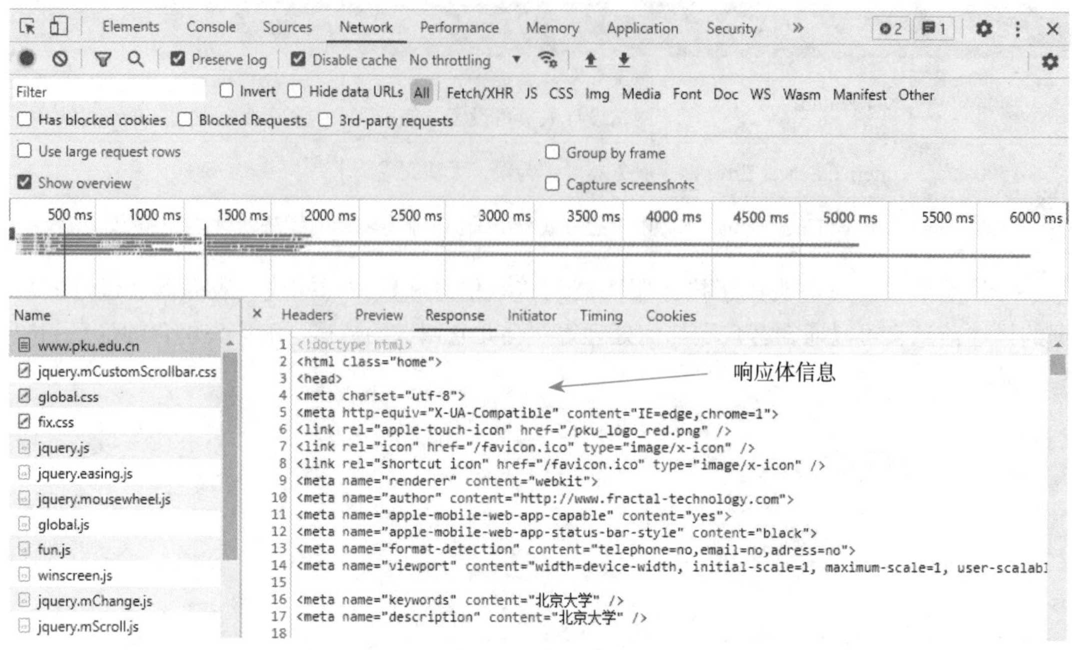

图 3–4　HTTP 的响应体信息

3.1.3　HTML 语言

爬取的网页需要进行解析才能获取需要的内容，解析网页首先要了解网页的源代码，网页的源代码是用 HTML 语言和纯文本构成的。HTML（Hyper Text Markup Language）不是编程语言，而是一种标记语言，HTML 使用标签来描述网页。

在 Chrome 浏览器中任意打开一个页面，如北京大学网站，在任意处右击打开快捷菜单，在其中选择“检查”选项，打开浏览器的开发者工具，在 Elements 选项卡中可看到当前网页的源代码，如图 3–5 所示。

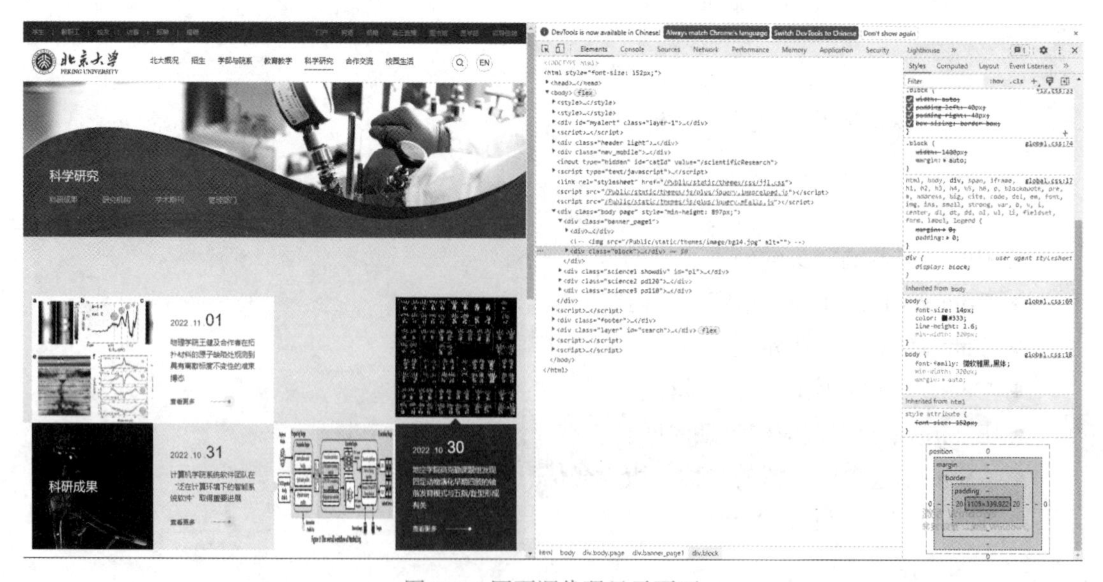

图 3–5　网页源代码显示页面

1. HTML 页面组成

下面先看一个简单的 HTML 页面的组成和该页面在浏览器中的运行效果，如图 3-6 所示。

图 3-6　HTML 代码及运行效果

从图 3-6 中可以看到，在选项卡上显示了“我的 HTML”字样，这是 <head> 中的 <title> 标签里定义的文字，网页正文是由 <body> 标签内部定义的各个元素生成的，可以看到这里显示了一级标题、二级标题、三级标题和段落。

HTML 语句中的标签一般都是成对出现的，一个最基本的 HTML 主要包括以下 3 个部分：

（1）HTML 标签。网页都是以 <HTML> 开始的，在网页最后以 </HTML> 结尾。

（2）head 标签。<HTML> 后接着是 <head> 页头，在 <head ></head > 标签中的内容不在浏览器中显示，该区域主要放置 JavaScript、CSS 样式。<head> 标签里面 <title></title> 中放置的是网页标题，其显示在浏览器标题栏中。

（3）body 标签。<body> 与 </body> 标签之间的文本是可见的页面内容，其内容可以包括：table 表格布局格式内容、DIV 布局的内容、文字。h1、h2、h3 元素分别表示设置页面内容的格式，其含义为一级标题、二级标题和三级标题。<p> 与 </p> 标签之间的文本被显示为段落。

2. HTML 基本语法

所有标记元素都要用两个角括号“<”和“>”括起来，标签有两种格式：双边标记（如 <span></span>）和单边标记（如：
 转成
、<hr> 转成 <hr /> 和 <img src=“URL” />）。

多个标签可以嵌套，但不能交叉嵌套。正确写法：<h1><font></font></h1>。

HTML 属性一般都出现在 HTML 标签中，是 HTML 标签的一部分，标签可以有多个属性，属性由属性名和值成对构成。

所有的属性值必须加引号，如 <h1 id="head"></h1>，其中 id 为属性名，"head" 为属性值。属性必须有值，如 <input type="radio" checked="checked" />。

3.1.4　CSS 样式表

HTML 定义了网页的结构，要想让 HTML 页面的布局美观需要借助 CSS（Cascading Style Sheets，层叠样式表）。CSS 是一种详细记录 HTML 文档样式的语言，描述如何显示 HTML 元素。“样式”指网页中文字大小、颜色、元素间距、排列等。

CSS 在网页中会统一定义整个网页的样式规则，CSS 样式可以写在网页开头 <head></head> 中，也可以放到单独的 CSS 文件中，该文件的扩展名为 .CSS。

例如，定义一个样式，放到 HTML 的 <head></head> 标签内，写在 <style type="text/css"></style> 标签中。在这个样式表中，定义了标题 h1、h2、h3 的颜色是红色，段落 p 的颜色为蓝色。代码如下：

```
<head>
  <title> 我的 HTML 页面 </title>
  <meta charset="utf-8"/>
 <style type="text/css">
    h1,h2,h3 {
      color: red
    }
    p {
      color: blue
    }
  </style>
</head>
……
```

3.1.5 JavaScript 脚本

由 HTML 生成的网页内容可以直接提取，在 HTML 源码中就能找到看到的数据和内容，然而并不是所有的网页都是这样的。有一些网站的内容由前端的 JavaScript 动态生成，因此这部分内容能够在浏览器上看得到，但在 HTML 源码中却发现不了。遇到这种情况，我们应该如何对网页进行爬取呢？有两种方法：一是从网页响应中找到 JavaScript 脚本返回的 JSON 数据；二是使用 Selenium 对网页进行模拟访问。

下面我们以生成 JavaScript 时钟效果为例，看看 JavaScript 是如何生成网页内容的，具体实现代码如下：

```
<html>
<head>
  <title>JavaScript</title>
  <meta charset="utf-8"/>
 <script>
   function myFunction() {
   document.getElementById("demo1").innerHTML = " 我想学网络爬虫 ";
   document.getElementById("demo2").innerHTML = " 我想学大数据分析 ";
   }
 </script>
</head>

<body>
<h2>JavaScript 语句 </h2>
<button type="button" onclick="myFunction()"> 点击我！ </button>
<p id="demo1"></p>
<p id="demo2"></p>
</body>
</html>
```

运行结果如图 3-7 所示。

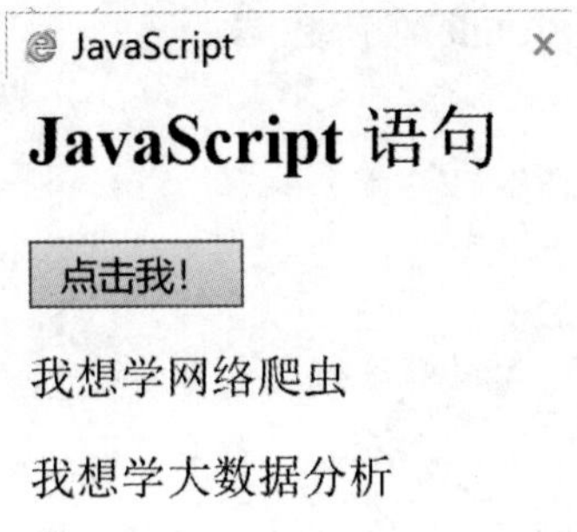

JavaScript ×

JavaScript 语句

点击我!

我想学网络爬虫

我想学大数据分析

图 3-7　Java Script 页面效果

3.2　网页内容获取方法

网页内容的获取就是将网页源代码进行下载的过程。requests 是使用 Python 语言编写的基于 urllib 开源 HTTP 库，它提供访问 URL 的基本功能，能获取 URL 的响应结果，也就是该网页的源代码，然后从网页源代码中通过解析提取需要的数据。requests 比 urllib 更加方便，是最简单易用的 HTTP 库之一。因为是第三方库，所以在使用前需要在 cmd 中使用命令进行安装，安装命令如下：

```
pip install requests
```

如果使用的是 Anaconda 的编程环境，requests 库已经提前安装好了，直接导入使用即可。

3.2.1　requests 主要方法

requests 库的主要方法见表 3-4。

表 3-4　requests 库的主要方法

方　法	解　释
requests.get()	获取 HTML 的主要方法
requests.head()	获取 HTML 头部信息的主要方法
requests.post()	向 HTML 网页提交 post 请求的方法
requests.put()	向 HTML 网页提交 put 请求的方法
requests.patch()	向 HTML 提交局部修改的请求
requests.delete()	向 HTML 提交删除请求

1. requests.get() *方法*

get 方式的基本格式如下：

```
request.get(url,…)
```

其中 url 是获取页面的 url 链接。

最简单的发送 get 请求就是通过 requests.get() 来调用，例如：

```
response = requests.get("https://www.baidu.com/")
```

【例 3-1】爬取指定 URL 页面的源码数据。

实现代码如下：

```
# 导入模块
import requests
# 指定 url
url = "https://www.pku.edu.cn/visit.html"
# 发起请求 get 方法的返回值为响应对象
response = requests.get(url=url)
# 如果中文不能正常显示，修改响应数据的编码格式
response.encoding = "utf-8"
# 获取响应数据，.text: 返回的是字符串形式的响应数据
print(response.text)
```

使用 get 方法获取请求时如果需要传递参数，有两种方式：一种方式是直接将参数放在 url 内，如访问百度贴吧的北京大学吧：r=requests.get("https://tieba.baidu.com/f?kw= 北京大学吧 ")；第二种是将参数填写在字典中，发起请求时将 params 参数指定为字典，如：

```
kv = {
  'kw' : ' 北京大学吧 ',
}
r=requests.get("https://tieba.baidu.com/f",params=kv)
```

有的网站爬虫程序如果没有加浏览器的头部信息，直接访问时会被拒绝，报 400 Bad Request 错误。这种情况通常的解决方案是将 Requests 发起的 HTTP 请求伪装成浏览器，使用 headers 关键字参数，headers 参数同样也是一个字典类型。

【例 3-2】基于搜狗针对指定的关键字将其对应的页面数据进行爬取。

实现代码如下：

```
# 导入模块
import requests
kw = input(" 请输入搜索关键字 :")
headers = {
    "User-Agent": 'Mozilla/5.0 (Windows NT 10.0; Win64; x64) AppleWebKit/537.36 (KHTML, like Gecko) Chrome/84.0.4147.105 Safari/537.36',
}
# 字典格式传递参数
params = {
   'query': kw
}
url = "https://www.sogou.com/web"
# params 保存请求时 url 携带的参数; headers 实现 UA(User-Agent) 伪装
response = requests.get(url=url, params=params, headers=headers)
# 修改响应数据的编码格式为 utf-8
response.encoding = "utf-8"
print(response.text)
```

图片、音频和视频文件都是由二进制代码组成的，爬取这些数据需要获取这些文件的二进制格式，response 的 content 属性返回的是二进制格式。

【例 3-3】爬取百度 logo 图标并保存到本地。

```
import requests
url='https://www.baidu.com/img/PCtm_d9c8750bed0b3c7d089fa7d55720d6cf.png'
response = requests.get(url)
```

```
b = response.content
with open('d://logo.jpg','wb') as f:
    f.write(b)
```

使用 requests 爬取网页源代码是网络爬虫的首要步骤，只有爬取了源代码后才能解析网页内容，获取想要的数据。下面将 requests 爬取网页源代码的功能写为一个函数，代码如下：

```
import requests
def getHTMLText(url):
    try:
        r=requests.get(url,timeout=30)
        r.raise_for_status()                # 如果状态不是 200，引发 HTTPError 异常
        r.encoding=r.apparent_encoding
        return r.text                       # 返回网页的内容
    except:
        return '产生异常'                    # 如果网页有问题，则触发异常
```

其中，r.raise_for_status() 用于判断请求返回的状态信息是否是 200，如果是 200，则不会触发异常；若不是 200，也就是返回不正常的数据或者没有得到请求的数据，就会触发异常。

2. requests.post() *方法*

post 方式的基本格式如下：

```
request.post(url,params=None,**kwargs)
```

各个参数的含义和 get 方法相同，get 和 post 的区别是请求的数据存放位置不同，get 是存放在 url 中，post 则是存放在头部。

向指定资源提交数据使用 post 方法，请求服务器进行处理，如提交表单或者上传文件。通过在发送 post 请求时添加一个 data 参数，该参数通常使用字典构成。

【例 3-4】使用 requests 发送带数据的 post 请求。

```
# 表单数据是字典形式
r1 = requests.post('http://httpbin.org/post', data={'key1': 'value1', 'key2': 'value2'})
# 表单数据是字典形式，一个键对应多个值
r2 = requests.post('http://httpbin.org/post', data={'key1': ['value1', 'value2']})
# 表单数据是元组列表形式，key 可以相同，等价于用 'key1': ['value1', 'value2']
r3 = requests.post('http://httpbin.org/post', data=(('key1', 'value1'), ('key1', 'value2')))
print('r1:', r1.text)
print('r2:', r2.text)
print('r3:', r3.text)
```

显示结果如下：

```
r1: {
  "args": {},
  "data": "",
  "files": {},
  "form": {
    "key1": "value1",
    "key2": "value2"
  },
  "headers": {
    "Accept": "*/*",
    "Accept-Encoding": "gzip, deflate",
```

```
    "Content-Length": "23",
    "Content-Type": "application/x-www-form-urlencoded",
    "Host": "httpbin.org",
    "User-Agent": "Python-requests/2.21.0",
    "X-Amzn-Trace-Id": "Root=1-619a5009-2abc05af07b589e5613bd447"
  },
  "json": null,
  "origin": "223.72.72.115",
  "url": "http://httpbin.org/post"
}

r2: {
  "args": {},
  "data": "",
  "files": {},
  "form": {
    "key1": [
      "value1",
      "value2"
    ]
  },
  "headers": {
    "Accept": "*/*",
    "Accept-Encoding": "gzip, deflate",
    "Content-Length": "23",
    "Content-Type": "application/x-www-form-urlencoded",
    "Host": "httpbin.org",
    "User-Agent": "Python-requests/2.21.0",
    "X-Amzn-Trace-Id": "Root=1-619a5009-4aae09ef63e19c6a6ba26085"
  },
  "json": null,
  "origin": "223.72.72.115",
  "url": "http://httpbin.org/post"
}

r3: {
  "args": {},
  "data": "",
  "files": {},
  "form": {
    "key1": [
      "value1",
      "value2"
    ]
  },
  "headers": {
    "Accept": "*/*",
    "Accept-Encoding": "gzip, deflate",
    "Content-Length": "23",
    "Content-Type": "application/x-www-form-urlencoded",
    "Host": "httpbin.org",
    "User-Agent": "Python-requests/2.21.0",
    "X-Amzn-Trace-Id": "Root=1-619a500a-229ef1fb505300cb333f64a1"
  },
  "json": null,
  "origin": "223.72.72.115",
```

```
    "url": "http://httpbin.org/post"
}
```

3.2.2 response 对象

向服务器发送一个 request 请求，得到响应，即返回一个包含服务器资源的 response 对象。response 对象有很多属性和方法可以用来获取响应信息，比如响应内容、状态码、响应头、Cookies 等，见表 3-5。例如我们在前面的实例中使用 text 和 content 获取了响应的内容。

表 3-5 response 响应属性

属　性	说　明
r.status_code	http 请求的返回状态，若为 200 则表示请求成功，404 表示失败
r.text	http 响应内容的字符串形式，即返回的页面内容
r.encoding	从 http header 中猜测响应内容的编码方式（如果 header 中不存在 charset，则认为编码为 ISO-8859-1）
r.apparent_encoding	从内容中分析出响应内容的编码方式（备选编码方式）
r.content	http 响应内容的二进制形式

通过 response 获得属性的示例如下：

```
import requests
r=requests.get("https://www.baidu.com")
print(r.status_code)
print(r.apparent_encoding)
print(r.text)
```

这里分别打印输出 status code 属性得到的状态码、响应内容的编码和页面内容。

【例 3-5】使用爬取网页的通用框架，输入查询关键字，提交搜索 360 网页获取访问结果。

```
import requests
def keyword_post(url, data):
    try:
        user_agent = "Mozilla/5.0 (X11; Linux x86_64) AppleWebKit/537.36 (KHTML, like Gecko) Chrome/59.0.3071.109 Safari/537.36"
        response = requests.get(url, params=data, headers={'User-Agent': user_agent})
        response.raise_for_status()  # 状态码不是 200，则抛出异常
        response.encoding = response.apparent_encoding # 判断网页的编码格式，便于 respons.text 知道如何解码
    except Exception as e:
        print(" 爬取错误 "+e)
    else:
        print(response.url)
        print(" 爬取成功 !")
        return  response.content
def search360():
    url = "https://www.so.com/s"
    keyword = input(" 请输入搜索的关键字 :")
    # q 是 360 需要
    data = {
        'q': keyword
    }
```

```
    content = keyword_post(url, data)
    with open('360.html', 'wb') as f:
        f.write(content)
if __name__ == '__main__':
    search360()
```

3.3 网页内容解析方法

HTML 文档是结构化文本，有一定的规则，通过它的结构可以简化信息提取操作。提取网页信息的 Python 库有 lxml、pyquery、BeautifulSoup 等，其中最简单易用的是 BeautifulSoup，它通过对 HTML 标签进行解析获取页面内容。对于 HTML 结构一致，例如同样的字段处 tag、id 和 class 名称都相同的情况，BeautifulSoup 解析是一种简单高效的方案。

如果数据本身格式固定，但相同的数据在不同页面间的 HTML 结构不同，则使用正则表达式解析更方便。正则表达式功能很强大，但构造起来有些复杂。

3.3.1 BeautifulSoup

BeautifulSoup（简称 bs）翻译成中文就是“美丽的汤”，名字来源于《爱丽丝梦游仙境》。它是 Python 的一个 HTML 或 XML 的解析库，是解析、遍历和维护“标签树”的功能库，借助网页的结构和属性等特性来解析网页，用它可以方便地从网页中提取数据。

BeautifulSoup3 已经停止开发，现在最常用的是 BeautifulSoup4，使用前要先安装，安装命令如下：

```
pip install beautifulsoup4
```

如果使用的是 Anaconda 的编程环境，BeautifulSoup 已经安装好了，直接导入使用即可。

BeautifulSoup 既支持 Python 标准库中的 HTML 解析器，也支持一些第三方的解析器。如果不安装第三方的解析器，则使用 Python 默认的解析器。表 3-6 列出 BeautifulSoup4 中几种主要的解析器以及它们的优劣势。

表 3-6 BeautifulSoup4 的几种解析器

解析器	使用方法	优 势	劣 势
Python 标准库 HTML 解析器	BeautifulSoup(html,"html.parser")	Python 的内置标准库；执行速度适中	容错能力差
lxml HTML 解析器	BeautifulSoup(html,"lxml")	速度快；容错能力强	需要安装 C 语言库
lxml XML 解析器	BeautifulSoup(html,["lxml","xml"])	速度快；容错能力强；唯一支持 XML	需要安装 C 语言库
html5lib	BeautifulSoup(html,"html5lib")	最好的容错性；以浏览器方式解析	速度慢

BeautifulSoup 的使用方式是将一个 html 文档转化为 BeautifulSoup 对象，如图 3-8 所示。然后通过对象的方法或属性去查找指定的节点内容。

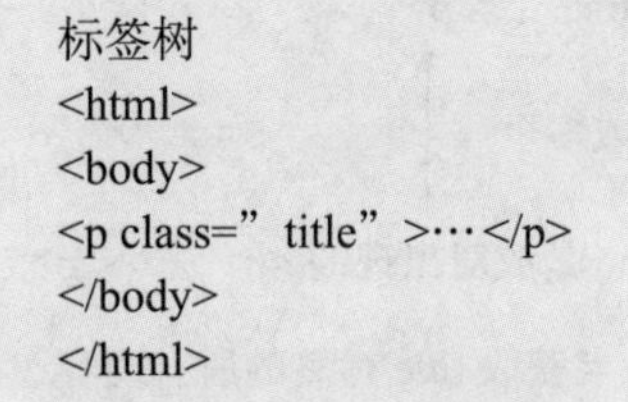

图 3-8　BeautifulSoup 的使用

1. 创建 BeautifulSoup

为了更好地了解 BeautifulSoup 对 HTML 标签解析的过程，以 BeautifulSoup 官网上的一段 HTML 代码作为例子介绍 BeautifulSoup 的使用方法，这是爱丽丝梦游仙境的一段网页内容。

```
html_doc = """
<html><head><title>The Dormouse's story</title></head>
<body>
<p class="title"><b>The Dormouse's story</b></p>

<p class="story">Once upon a time there were three little sisters; and their names were
<a href="http://example.com/elsie" class="sister" id="link1">Elsie</a>,
<a href="http://example.com/lacie" class="sister" id="link2">Lacie</a> and
<a href="http://example.com/tillie" class="sister" id="link3">Tillie</a>;
and they lived at the bottom of a well.</p>

<p class="story">...</p>
"""
```

对上述文档创建一个 BeautifulSoup 对象，指定解析器为 html.parser：

```
soup = BeautifulSoup(html_doc, 'html.parser')
```

这样就完成了 BeaufulSoup 对象的初始化，将它赋值给 soup 这个变量。那么接下来我们就可以通过调用 soup 的各个方法和属性对这串 HTML 代码进行解析了。

【例 3-6】解析 http://www.pku.edu.cn 网页内容并格式化输出。

```
import requests
from bs4 import BeautifulSoup                        # 导入 bs4 库
r=requests.get("http://www.pku.edu.cn")
r.encoding="utf-8"
# 创建一个 BeautifulSoup 对象，指定解析器为 html.parser
soup=BeautifulSoup(r.text,'html.parser')
# 输出响应的 html 对象
print(soup)
# 使用 prettify() 格式化显示输出
print(soup.prettify())
```

2. Tag 对象

BeautifulSoup 将 HTML 文档转换成一个树形结构，每个节点都是 Python 对象，BeautifulSoup 最常用的是 Tag 对象。

Tag 就是 HTML 中的一个标签，Tag 有两个重要的属性——name 和 attributes，例如：

```
<p class="story"> Once upon a time......</p>

属性 attributes，通常是一个或多个

标签 Tag：p 是 name, 通常 name 是成对出现的 <p>……</p>

print(soup.title)                # 获取 title 标签的所有内容
print(soup.head)                 # 获取 head 标签的所有内容
print(soup.a)                    # 获取第一个 a 标签的所有内容
print(soup.head.name)            # 对于其他内部标签，输出的值为标签的名称
print(soup.a.attrs)              # 将 a 标签的所有属性输出，类型是一个字典。
```

显示的结果为：

```
<title>The Dormouse's story</title>
<head><title>The Dormouse's story</title></head>
<a class="sister" href="http://example.com/elsie" id="link1">Elsie</a>
head
{'href': 'http://example.com/elsie', 'class': ['sister'], 'id': 'link1'}
```

利用 soup 加标签名可以轻松地获取该标签的内容，不过值得注意的是，它查找的是在所有内容中的第一个符合要求的标签，而要查询所有标签，我们在后面搜索文档树部分进行介绍。

得到标签的内容后，用 .string 即可获取标签内部的文字，例如：

```
print(soup.p.string)
```

显示的结果为：

```
The Dormouse's story
```

3. 遍历文档树

常用的属性有以下 3 个：

- .contents：获取 Tag 的所有子节点，以列表形式输出。例如：

```
print(soup.head.contents)
```

显示的结果为：

```
[<title>The Dormouse's story</title>]
```

- .children：获取 Tag 的所有子节点，返回一个 list 生成器对象，它返回的不是一个 list，不过我们可以通过遍历获取所有子节点。例如：

```
for item in soup.body.children:
    print(item)
```

显示结果：

```
<p class="title"><b>The Dormouse's story</b></p>

<p class="story">Once upon a time there were three little sisters; and their names were
<a class="sister" href="http://example.com/elsie" id="link1">Elsie</a>,
<a class="sister" href="http://example.com/lacie" id="link2">Lacie</a> and
<a class="sister" href="http://example.com/tillie" id="link3">Tillie</a>;
and they lived at the bottom of a well.</p>

<p class="story">...</p>
```

- .descendants：获取 Tag 的所有子孙节点。

其中，.contents 和 .children 属性仅包含 Tag 的直接子节点，.descendants 属性可以对所有 Tag 的子孙节点进行递归循环。例如：

```
for child in soup.descendants:
    print(child)
```

显示结果为：

```
<html><head><title>The Dormouse's story</title></head>
<body>
<p class="title"><b>The Dormouse's story</b></p>
<p class="story">Once upon a time there were three little sisters; and their names were
<a class="sister" href="http://example.com/elsie" id="link1">Elsie</a>,
<a class="sister" href="http://example.com/lacie" id="link2">Lacie</a> and
<a class="sister" href="http://example.com/tillie" id="link3">Tillie</a>;
and they lived at the bottom of a well.</p>
<p class="story">...</p>
</body></html>
<head><title>The Dormouse's story</title></head>
<title>The Dormouse's story</title>
The Dormouse's story

<body>
<p class="title"><b>The Dormouse's story</b></p>
<p class="story">Once upon a time there were three little sisters; and their names were
<a class="sister" href="http://example.com/elsie" id="link1">Elsie</a>,
<a class="sister" href="http://example.com/lacie" id="link2">Lacie</a> and
<a class="sister" href="http://example.com/tillie" id="link3">Tillie</a>;
and they lived at the bottom of a well.</p>
<p class="story">...</p>
</body>

<p class="title"><b>The Dormouse's story</b></p>
<b>The Dormouse's story</b>
The Dormouse's story

<p class="story">Once upon a time there were three little sisters; and their names were
<a class="sister" href="http://example.com/elsie" id="link1">Elsie</a>,
<a class="sister" href="http://example.com/lacie" id="link2">Lacie</a> and
<a class="sister" href="http://example.com/tillie" id="link3">Tillie</a>;
and they lived at the bottom of a well.</p>
Once upon a time there were three little sisters; and their names were

<a class="sister" href="http://example.com/elsie" id="link1">Elsie</a>
Elsie,

<a class="sister" href="http://example.com/lacie" id="link2">Lacie</a>
Lacie
 and

<a class="sister" href="http://example.com/tillie" id="link3">Tillie</a>
Tillie
;
and they lived at the bottom of a well.

<p class="story">...</p>
...
```

可以发现，所有的节点都被输出出来了，先生成最外层的 HTML 标签，其次从 head 标签一个个剥离，以此类推。

4. 搜索文档树

find() 方法返回符合条件的第一个 Tag；find_all() 方法来查找所有符合条件的标签元素，返回一个列表类型，存储查找的结果。例如：

```
print(soup.find_all('a'))
```

显示的结果为：

```
[<a class="sister" href="http://example.com/elsie" id="link1">Elsie</a>, <a class="sister" href="http://example.com/lacie" id="link2">Lacie</a>, <a class="sister" href="http://example.com/tillie" id="link3">Tillie</a>]
```

【例 3-7】获取示例文档中的超级链接输出。

```
for link in soup.find_all('a'):          # for 循环遍历所有 a 标签
    print(link.get('href'))              # 获取 a 标签中的 url 链接
```

显示的结果是：

```
http://example.com/elsie
http://example.com/lacie
http://example.com/tillie
```

5. CSS 选择器

BeautifulSoup 支持大部分的 CSS 选择器，其语法为向 Tag 或 soup 对象的 .select() 方法中传入字符串参数，选择的结果以列表形式返回。常见的使用方式有：

（1）通过标签查找。

例如：

```
print(soup.select('title'))              # 选择所有 title 标签打印出来
print(soup.select('a'))                  # 选择所有 a 标签打印出来
print(soup.select("body a"))             # 选择 body 标签下的所有 a 标签
```

结果显示：

```
[<title>The Dormouse's story</title>]
[<a class="sister" href="http://example.com/elsie" id="link1">Elsie</a>, <a class="sister" href="http://example.com/lacie" id="link2">Lacie</a>, <a class="sister" href="http://example.com/tillie" id="link3">Tillie</a>]
[<a class="sister" href="http://example.com/elsie" id="link1">Elsie</a>, <a class="sister" href="http://example.com/lacie" id="link2">Lacie</a>, <a class="sister" href="http://example.com/tillie" id="link3">Tillie</a>]
```

（2）通过类名查找。

```
print(soup.select("p.title"))            # 选择 p 标签，其类属性为 title 的标签
```

结果显示：

```
[<p class="title"><b>The Dormouse's story</b></p>]
```

（3）通过 id 查找。

```
print(soup.select("a#link1"))
```

结果显示：

```
[<a class="sister" href="http://example.com/elsie" id="link1">Elsie</a>]
```

（4）通过属性查找。

```
print(soup.select('a[href^="http"]'))
```

结果显示：

```
[<a class="sister" href="http://example.com/elsie" id="link1">Elsie</a>, <a class="sister" href="http://example.com/lacie" id="link2">Lacie</a>, <a class="sister" href="http://example.com/tillie" id="link3">Tillie</a>]
```

下面来看一个 BeautifulSoup 的应用实例。

BeautifulSoup
的应用实例

【例 3-8】获取春雨医生网站全国综合医院排名：https://www.chunyuyisheng.com/pc/hospitallist/0/0/。

首先分析一下网站，为防止网站有反爬虫措施，需要设置文件头的信息，如何获取 headers 信息呢？进入该网站，打开浏览器的开发者工具，在 Network 选项卡 All 中的 Headers 界面可以看到如图 3-9 所示的信息。

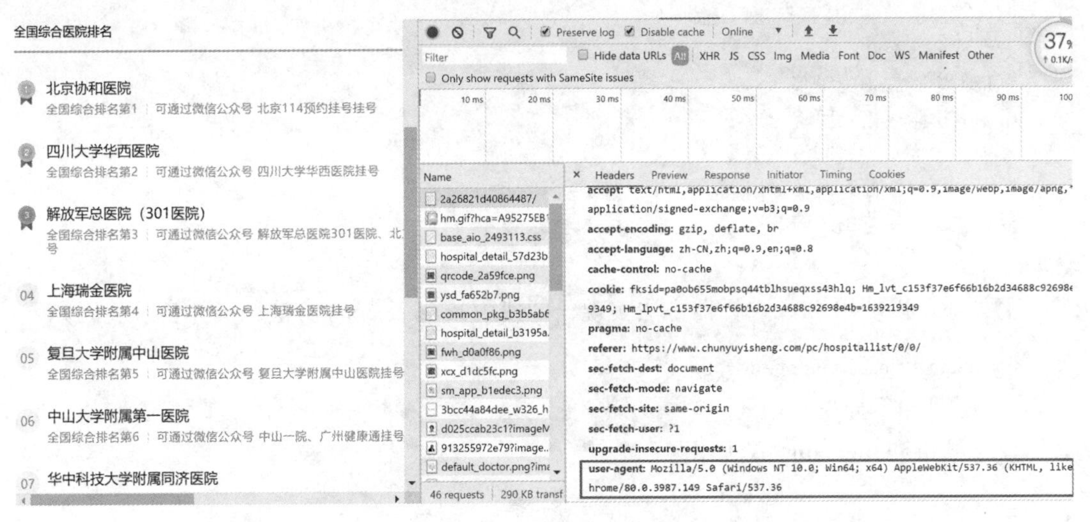

图 3-9 网站文件头信息

可知文件头信息为：

```
headers = {'User-Agent' : ' user-agent: Mozilla/5.0 (Windows NT 10.0; Win64; x64) AppleWebKit/537.36 (KHTML, like Gecko) Chrome/80.0.3987.149 Safari/537.36'}
```

下面来分析网页结构，通过右击浏览器的任意处打开快捷菜单，在其中选择“检查”选项。在打开的开发者工具界面中选择 Elements，如图 3-10 所示。

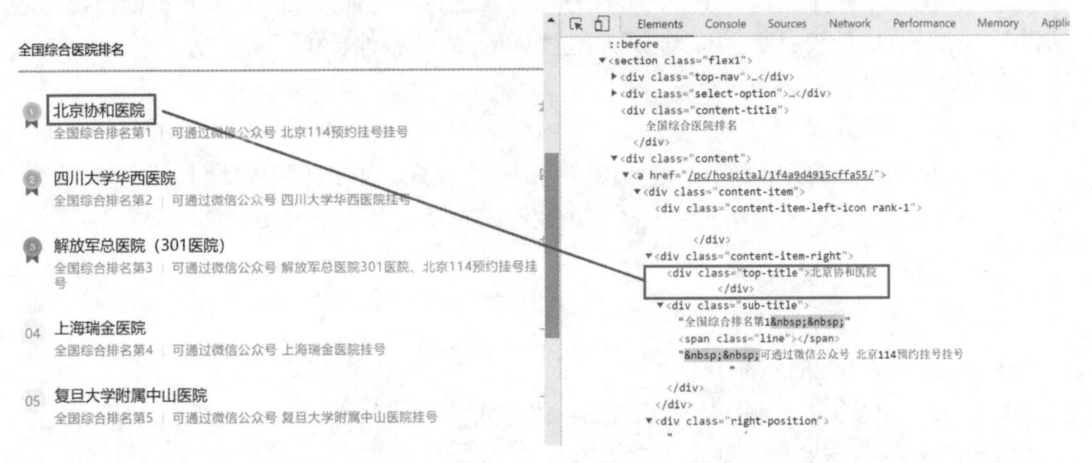

图 3-10 网页结构

每一家医院的信息都在一个 class 属性为 top-title 的 div 标签里面，通过 BeautifulSoup 的 find_all('div', class_="top-title") 来找到该页所有相关的标签，按上述思路实现代码如下：

```
import requests
from bs4 import BeautifulSoup
header={'user-agent':'Mozilla/5.0 (Windows NT 10.0; Win64; x64) AppleWebKit/537.36 (KHTML, like Gecko) Chrome/93.0.4577.63 Safari/537.36 Edg/93.0.961.38'}
t = requests.get("https://www.chunyuyisheng.com/pc/hospitallist/0/0/",headers=header)
soup=BeautifulSoup(t.text,'html.parser')
for link in soup.find_all('div',class_="top-title"):
    print(link.string)
```

运行结果如下：

```
北京协和医院
四川大学华西医院
解放军总医院（301 医院）
上海瑞金医院
复旦大学附属中山医院
中山大学附属第一医院
华中科技大学附属同济医院
空军军医大学西京医院
复旦大学附属华山医院
武汉协和医院
```

另外还可以使用 CSS 选择器方法实现，即使用 soup.select() 方法，具体实现代码如下：

```
for link in soup.select('.top-title'):
    print(link.get_text())
```

实现结果和 find_all() 方法相同。

3.3.2 正则表达式

正则表达式（Regular Expression，RegEx）是用来匹配字符的一种方法，在一大串字符中寻找你需要的内容，它常被用在很多方面，其中网页爬虫是最常见的一种应用。正则表达式在网络爬虫中用来提取网页内容。

程序设计语言都支持使用正则表达式进行字符串操作，这并不是 Python 独有的。在提供的正则表达式的语言里，正则表达式的语法都是一样的，区别只在于不同的编程语言实现支持的语法数量不同。正则表达式是用于处理字符串的强大工具，拥有自己独特的语法以及一个独立的处理引擎,功能十分强大。Python 的 re 模块提供了对正则表达式的支持，下面介绍该库中几个常用的函数。

1. re.match 函数

re.match 函数尝试从字符串的起始位置匹配一个模式，如果匹配成功则返回起始位置，如果不是在起始位置匹配成功的话，则该函数返回 none。具体格式及参数含义如下：

```
re.match(pattern, string, flags=0)
```

- pattern：匹配的正则表达式。
- string：要匹配的字符串。
- flags：标志位，控制正则表达式的匹配方式。

常用的 flags 标志和含义见表 3-7。

表 3-7 常用的 flags

标 志	含 义
re.S（DOTALL）	匹配包括换行在内的所有字符
re.I（IGNORECASE）	匹配对大小写不敏感
re.M（MULTILINE）	多行匹配

例如：

```
import re
print(re.match('www', 'www.pku.edu.cn').span())                    # 在起始位置匹配
print(re.match('cn', 'www.pku.edu.cn'))
```

执行结果如下：

```
(0, 3)
None
```

2. re.search 函数

re.search 函数会在字符串内查找模式匹配，只要找到第一个匹配就返回，如果字符串没有匹配，则返回 None。语法格式为：

```
re.search(pattern, string, flags=0)
```

参数含义和 match() 函数相同。

例如：

```
import re
print(re.search('www', 'www.pku.edu.cn').span())                   # 在起始位置匹配
print(re.search('cn', 'www.pku.edu.cn').span())
```

执行结果如下：

```
(0, 3)
(12, 14)
```

re.match 与 re.search 的区别：re.match 只匹配字符串的起始位置，如果字符串起始位置不符合正则表达式，则匹配失败，函数返回 None；而 re.search 匹配整个字符串，直到找到第一个匹配字符串为止。

3. re.compile 函数

compile 函数用于编译正则表达式，生成一个正则表达式对象（pattern），供 match() 和 search() 这两个函数使用。语法格式为：

```
re.compile(pattern,flags=0)
```

- pattern：编译时用的表达式字符串。
- flags：编译标志位。

例如：

```
import re
pattern = re.compile(r'\d+')                                  # 用于匹配至少一个数字
m = pattern.match('one12twothree34four')                      # 查找头部，没有匹配
print(m)
m = pattern.match('one12twothree34four', 2, 10)               # 从 'e' 的位置开始匹配，没有匹配
print(m)
m = pattern.match('one12twothree34four', 3, 10)               # 从 '1' 的位置开始匹配，正好匹配
```

```
print(m)
print(m.group())
```

执行结果如下：

```
None
None
<re.Match object; span=(3, 5), match='12'>
12
```

其中 group([group1, …]) 可以用于获得一个或多个分组匹配的字符串，当要获得整个匹配的子串时，可直接使用 group() 或 group(0)。

4. re.findall 函数

re.findall 函数在字符串中找到正则表达式所匹配的所有子串，并返回一个列表，如果有多个匹配模式，则返回元组列表，如果没有找到匹配的，则返回空列表。注意：match 和 search 函数是匹配一次，findall 函数是匹配所有。语法格式为：

```
re.findall(pattern, string, flags=0)
```

例如：

```
p = re.compile(r'\d+')
print(p.findall('o1m2j3r4'))
```

执行结果如下：

```
['1', '2', '3', '4']
```

5. re.split 函数

re.split 函数按照能够匹配的子串将 string 分割后返回列表。语法格式为：

```
re.split(pattern, string[, maxsplit])
```

- maxsplit：用于指定最大分割次数，不指定将全部分割。

例如：

```
print(re.split('\d+','one1two2three3four4five5'))
```

执行结果如下：

```
['one', 'two', 'three', 'four', 'five', '']
```

6. re.sub 函数

re.suby 主要用于替换字符串中的匹配项，如果找不到匹配项，则返回的字符串不变。语法格式为：

```
re.sub(pattern,repl,string,count = 0,flags = 0)
```

- count：表示将匹配到的内容进行替换的次数。

例如：

```
re.sub('\d', 'S', 'abc12jh45li78', 2)          # 将匹配到的数字替换成 S，替换 2 个
re.sub('\d', 'S', 'abc12jh45li78')             # 将匹配到所有的数字替换成 S
```

执行结果如下：

```
'abcSSjh45li78'
'abcSSjhSSliSS'
```

7. 正则表达式模式

模式字符串使用特殊的语法来表示一个正则表达式，多数字母和数字前加一个反斜杠时会拥有不同的含义。标点符号只有被转义时才匹配自身，否则它们表示特殊的含义。反斜杠本身需要使用反斜杠转义。

表 3–8 列出了一些常用的正则表达式模式语法中的特殊元素。

表 3–8 常用正则表达式模式中的特殊元素

模 式	描 述
.	匹配除换行符以外的任意字符
\w	匹配字母、数字或下划线
\s	匹配任意的空白符
\d	匹配数字
\n	匹配一个换行符
\t	匹配一个制表符
\b	匹配一个单词的结尾
^	匹配字符串的开始
$	匹配字符串的结尾
\W	匹配非字母、非数字或非下划线
\D	匹配非数字
\S	匹配非空白符
a|b	匹配字符 a 或字符 b
()	匹配括号内的表达式，也表示一个组
[...]	匹配字符组中的字符
[^...]	匹配除了字符组中字符的所有字符

字符组只能匹配一个字符，如果需要匹配一个身份证号，那就需要多次重复使用字符组，量词的存在便是为了解决重复的读写问题。量词的通用形式为 {m,n}，其中 m，n 为数字，限定字符组中字符存在的个数；{m,n} 是闭区间，m 为下限，n 为上限，如 \d{3,5} 表示匹配字符串的长度最少为 3，最大为 5。正则表达式中还存在其他量词，分别为 +、*、? 。常用于具体元素后，表示出现次数。例如：a+ 表示 a 会存在且至少出现一次。

表 3–9 列出了一些常用的正则表达式量词。

表 3–9 常用的正则表达式量词

操作符	说 明	实 例
[ ]	字符集，对单个字符给出取值范围	[abc] 表示 a、b、c，[a–z] 表示 a 到 z 单个字符
[^]	非字符集，对单字符给出排除范围	[^abc] 表示非 a、非 b 或非 c 的单个字符
*	前一个字符 0 次或无限次扩展	abc* 表示 ab、abc、abcc、abccc 等
+	前一个字符 1 次或无限次扩展	abc+ 表示 abc、abcc、abccc 等
?	前一个字符 0 次或 1 次扩展	abc? 表示 ab、abc
|	左右表达式任意一个	abc|def 表示 abc、def
{m}	扩展前一个字符 m 次	ab{2}c 表示 abbc

续表

操作符	说　明	实　例
{m,n}	扩展前一个字符 m 至 n 次（含 n）	ab{1,2}c 表示 abc、abbc

8. 正则表达式示例

表 3-10 列出一些正则表达式的示例。

表 3-10　正则表达式示例

正则表达式	待匹配字符	匹配结果	说　明
[0123456789]	3	True	在一个字符组里枚举合法的所有字符，字符组里的任意一个字符和待匹配字符相同都视为可以匹配
^[1-9]\d*$	b	False	匹配正整数
[0-9]	2	True	[0-9] 和 [0123456789] 是一个意思
[a-z]	c	True	匹配所有的小写字母
^[A-Za-z0-9]+$	B	True	匹配由数字和 26 个英文字母组成的字符串
d{3}-d{8}|d{4}-d{7}	010-82805574	True	匹配国内电话号码
[\u4e00-\u9fa5]	中	True	匹配中文字符

【例 3-9】提取文本中完整的年月日和时间字段。

```
s="se234 2021-12-09 07:30:00  2021-12-10 07:25:00"
```

实现代码如下：

```
import re
s="se234 2021-12-09 07:30:00 2021-12-10 07:25:00"
m=re.findall(r'\d{4}.\d{2}.\d{2}.\d{2}.\d{2}.\d{2}',s)
print(m)
```

显示结果为：

```
['2021-12-09 07:30:00', '2021-12-10 07:25:00']
```

【例 3-10】把字符串 title = u' 你好，hello，世界 ' 中的中文提取出来。

实现代码如下：

```
import re
title = u' 你好，hello，世界 '
n=re.findall('[\u4e00-\u9fa5]+',title)
print(n)
```

显示结果为：

```
[' 你好 ', ' 世界 ']
```

3.4　数据存储

爬虫爬取到数据可以直接保存到文本文件中，如可以保存为 .txt、.json、.csv 等格式文件中，也可以保存为数据库文件。

3.4.1 TXT 格式存储

Python 提供的 open() 方法用来打开一个文本文件，获取一个文件操作对象，这里赋值为 file，接着利用 file 对象的 write() 方法将提取的内容写入文件，最后调用 close() 方法将其关闭即可完成对文本文件的写入。

打开方式可分为以下三种模式：

（1）r——只读模式打开 (read)，打开时指针在文件首部，文件必须存在，这是默认的模式。

（2）w——写入模式打开 (write)，若文件存在，则覆盖它，不存在则新建文件。

（3）a——追加模式打开 (add)，若文件存在，则在文件尾部开始写入，不存在则新建文件。

每种模式又有不同的表示方式，例如：

- rb——二进制只读。
- r+——读写模式。
- rb+——二进制读写。

具体代码如下：

```
file = open('d://info.txt', 'a', encoding='utf-8')
file.write('Hello world!')
file.write('\n')
file.close()
```

在文件读写时建议使用 with as 语法，在 with 控制块结束时，文件会自动关闭，不用再调用 close() 方法，这样就避免了忘记关闭文件而导致数据丢失的情况。

例如：

```
with open('d://info.txt', 'a', encoding='utf-8') as file:
    file.write('\n'.join(list))
```

3.4.2 JSON 格式存储

JSON（JavaScript Object Notation，JavaScript 对象简谱）是一种轻量级的数据交换格式，采用完全独立于编程语言的文本格式来存储和表示数据，层次结构简洁清晰，易于阅读和编写，同时也易于机器解析和生成。JSON 格式和 Python 中的字典很像，由键值对组成，但是 Python 中的值可以为任何对象（列表、字典、字符串、数字等），而 JSON 的值只能是数组（列表）、字典、字符串、布尔值中的一种或几种。

JSON 主要用两个方法：loads(string) 读取和 dumps(obj, fp) 输出。函数 dumps(obj, fp) 中的第一个参数 obj 是要转换的对象，第二个参数 fp 是要写入数据的文件对象。

例如：

```
infors = [ {"name":" 小明 ","age":20,"sex":" 男 "},
{"name":" 小红 ","age":21,"sex":" 女 "}, ]
```

将上述信息写入到 JSON 文件中，代码如下：

```
import json
json_str = json.dumps(infors,ensure_ascii=False)
with open("info.json","w",encoding="utf-8") as fp :
    fp.write(json_str)
```

注意：如果要转换的对象里有中文字符，则需要把 ensure_ascii 设置为 False 否则中文会被编码为 ASCII 格式。

3.4.3 CSV 格式存储

CSV（Comma-Sep arat ed Values，逗号分隔值）是以纯文本的格式存储表格数据，相比 Excel 要简洁很多，它并不包含函数、公式等内容，转换为 CSV 文件后，可以直接用 Excel 打开。写入用 csv.writer() 对象，读取用 csv.reader() 对象。

例如，写入 CSV 格式文件的步骤如下：

```
# 导入 CSV 安装包
import csv
# 创建文件对象
with open('d://file.csv','w',newline='') as f:
  # 基于文件对象构建 csv 写入对象
  csv_writer = csv.writer(f)
  # 构建列表头
  csv_writer.writerow([" 姓名 "," 年龄 "," 性别 "])
  # 写入 csv 文件内容
  csv_writer.writerow([" 张宏 ",'18',' 男 '])
  csv_writer.writerow([" 李娜 ",'20',' 男 '])
  csv_writer.writerow([" 王丽 ",'19',' 女 '])
```

3.4.4 图片文件存储

网页中爬取的图片是以二进制格式存储到本地的。例如，保存网页中的图片到指定文件夹的步骤如下：

```
import requests
import os
url = "https://www.pku.edu.cn/Uploads/Picture/2019/12/26/s5e04176fbbfa3.png"
root = "D://pics//"
path = root + url.split('/')[-1]
try:
  if not os.path.exists(root):
    os.mkdir(root)                                    # 生成目录
  if not os.path.exists(path):
    r = requests.get(url)
    with open(path,'wb') as f:
      f.write(r.content)
      print(" 文件保存成功 ")
  else:
    print(" 文件已存在 ")
except:
  print(" 失败 ")
```

本章小结

在本章中介绍了与网络爬虫有关的基础知识，包括爬虫的工作原理、Robots 协议、HTTP 协议和 HTML 语言等，讲解了获取网页内容的 requests 模块，对其常用的请求和响应方式都通过实例进行介绍。本章还介绍了两种数据解析的方法——BeautifulSoup 和正则表达式，并通过实例演示了两种解析方法的特点。对于爬取数据的存储方式，讲解了如何将爬取数据存储为 TXT 、JSON 和 CSV 格式，以及图片文件的存储。

在实际应用的过程中，要根据页面的实际情况采取不同的爬虫策略。本章只是介绍了网络爬虫基本的爬取方法，对于复杂的爬取任务，还需要学习更多的技术方法。

习 题

爬取春雨医生网站中全国医院综合排名的信息，并将结果进行保存。（网址：https://www.chunyuyisheng.com/pc/hospitallist/0/0/）

第 4 章　数据预处理与特征工程

本章导读

数据预处理是数据分析的先行环节，也是十分重要的一个步骤。对获得的数据中不规范、不合理的数据进行预处理，为后期数据分析和处理提供有效、实用的数据。本章介绍了 Python 数据预处理和特征提取的主要方法。读者应在理解基本概念的基础上，重点掌握处理的方法和常用命令，并熟练操作使用。

本章要点

- 数据删除的方法
- 缺失值处理的方法
- 重复值处理的方法
- 异常值处理的方法
- 特征选择的主要方法

4.1　数据预处理的主要方法

获取数据后，总会有一些不太规范的数据存在，它们会影响后续数据分析的效果，如缺失数据、重复数据、异常数据等。用户首先需要对这些数据进行预处理，让数据规范、完整，以便于下一步进行正式的数据分析与处理。数据预处理的主要方法有删除数据、缺失值处理、重复值处理、异常值处理、数据类型的转换等。

4.1.1　删除数据

在 Python 中可以删除一些无用的数据，如删除指定的行或列。可采用相应的函数实现某几行或某几列数据的删除，也可对满足条件的数据进行删除操作。

1. 删除指定行或列

要删除行或列可使用 drop() 函数，在括号中指定要删除的列（行）名或列（行）的位置。drop() 函数的格式为：

```
drop ( [ ], axis=0, inplace = Ture )
```

- axis：指定是否删除行或列。axis=0 表示删除行；axis=1 表示删除列，默认值为 0。
- inplace：是否在原数据表中进行修改，True 表示直接在原数据集中修改，False 表示生成一个新的副本，默认值为 False。

【例 4-1】导入 market medicine.csv 文件，使用 drop() 函数删除“药品名称”列。

（1）导入 market medicine.csv 文件，并显示文件内容。命令行如下，结果如图 4-1 所示。

```
import pandas as pd
df=pd.read_csv(r"c:\python\market medicine.csv",encoding="gbk")
df
```

	药品编号	药品名称	药品规格	单位	生产单位	单价	销售数量
0	yp0001	盐酸左氧氟沙星胶囊	0.1g*20粒	盒	海口奇力制药股份有限公司	19.8	1500
1	yp0002	感冒灵颗粒	10g*9袋	盒	华润三九医药股份有限公司	18.8	3800
2	yp0003	甘草片	0.2g*100片	盒	江西草珊瑚药业有限公司	6.9	1200
3	yp0004	蛇胆川贝液	10ml*6支	盒	广东一力罗定制药有限公司	7.7	3800
4	yp0005	灯银脑通胶囊	0.26g*24粒	盒	昆药集团股份有限公司	45.8	2600
5	yp0006	脑心通胶囊	0.4g*36粒	盒	陕西步长制药有限公司	25.7	1900
6	yp0007	舒肝颗粒	3g*10袋	盒	昆明中药厂	26.8	2700

图 4-1 显示 market medicine.csv 数据表内容

（2）使用 drop() 函数删除“药品名称”列，命令行如下，结果如图 4-2 所示。

```
df.drop([" 药品名称 "],axis=1)
```

	药品编号	药品规格	单位	生产单位	单价	销售数量
0	yp0001	0.1g*20粒	盒	海口奇力制药股份有限公司	19.8	1500
1	yp0002	10g*9袋	盒	华润三九医药股份有限公司	18.8	3800
2	yp0003	0.2g*100片	盒	江西草珊瑚药业有限公司	6.9	1200
3	yp0004	10ml*6支	盒	广东一力罗定制药有限公司	7.7	3800
4	yp0005	0.26g*24粒	盒	昆药集团股份有限公司	45.8	2600
5	yp0006	0.4g*36粒	盒	陕西步长制药有限公司	25.7	1900
6	yp0007	3g*10袋	盒	昆明中药厂	26.8	2700

图 4-2 删除“药品名称”列

可以在 drop() 函数的括号中输入待删除列（行）的位置，但需要设置 axis 参数。例如：

```
df.drop(df.columns[[1]],axis=1)
```

也可以用列表的形式将列名传递 columns 参数，这时可以不设置 axis 参数。例如：

```
df.drop(columns=[" 药品名称 "])
```

2. 删除特定的行

在 Python 中可以不删除特定的数据行，而是把满足删除条件的行筛选出来作为新的数据源显示。

【例 4-2】将 market medicine 数据表中单价小于 10 的药品信息筛选出来。

命令行如下，结果如图 4-3 所示。

```
df[df[" 单价 "]<10]
```

	药品编号	药品名称	药品规格	单位	生产单位	单价	销售数量
2	yp0003	甘草片	0.2g*100片	盒	江西草珊瑚药业有限公司	6.9	1200
3	yp0004	蛇胆川贝液	10ml*6支	盒	广东一力罗定制药有限公司	7.7	3800

图 4-3 单价小于 10 的药品信息

4.1.2 缺失值处理

缺失值是指部分不完整的数据。对这部分数据一般有两种处理方式：删除数据或填充数据。删除数据是指把含有缺失值的数据直接删除；填充数据是指把缺失的数据补充完整。

1. 查看缺失值

要对缺失值进行处理，首先要查找到缺失值所在的位置。在 Python 中，缺失值一般用 NaN 来表示，可以使用 info() 函数或 isnull() 函数来查看每一列数据的情况。

【例 4-3】导入 .csv 格式文件，使用 info() 函数显示其信息。

（1）导入 medicine.csv 文件，显示文件内容。命令行如下，运行结果如图 4-4 所示。

```
import pandas as pd
df=pd.read_csv(r"c:\python\medicine.csv",encoding="gbk")
df
```

	时间	药材	产地	类型	药用部位	功效	产量（kg）
0	2017年	竹叶	浙江	植物	叶	清热	590000
1	2017年	莲子心	江苏	植物	种子	清热	358000
2	2018年	防风	NaN	植物	根	解表	750000
3	2018年	水蛭	山东	动物	全虫	活血	110000
4	2018年	玫瑰花	NaN	植物	花	活血	600000
5	2018年	虻虫	河南	动物	全虫	活血	139000
6	2018年	麻黄	内蒙古	植物	茎	解表	800000

图 4-4 显示 medicine.csv 数据表内容

在图 4-4 中可以看到防风和玫瑰花的产地都是 NaN，说明这两种药材的产地信息缺失。

（2）使用 info() 函数进一步查看数据表的信息。命令行如下，结果如图 4-5 所示。

```
df.info()
```

```
<class 'pandas.core.frame.DataFrame'>
RangeIndex: 7 entries, 0 to 6
Data columns (total 7 columns):
时间        7 non-null object
药材        7 non-null object
产地        5 non-null object
类型        7 non-null object
药用部位      7 non-null object
功效        7 non-null object
产量（kg）    7 non-null int64
dtypes: int64(1), object(6)
memory usage: 472.0+ bytes
```

图 4-5 info() 函数显示的结果

从图中可以看到只有“产地”这一项显示的是 5 non-null object，其他项都是 7 non-null object。表明“产地”这一项有 5 个非空值，其他项有 7 个非空值，说明“产地”项的值不完整，有缺失。

Python 中也可以使用 isnull() 函数来判断数据表中值的缺失情况，如果不是 NaN，则返回 False，否则返回 True。

【例 4-4】使用 isnull() 函数显示数据表信息。

命令行如下，结果如图 4-6 所示。

```
df.isnull()
```

	时间	药材	产地	类型	药用部位	功效	产量（kg）
0	False	False	False	False	False	False	False
1	False	False	False	False	False	False	False
2	False	False	True	False	False	False	False
3	False	False	False	False	False	False	False
4	False	False	True	False	False	False	False
5	False	False	False	False	False	False	False
6	False	False	False	False	False	False	False

图 4-6　isnull() 函数显示的结果

从图中可以看出第 3 行和第 5 行的产地信息值有缺失，因而显示为 True，其他的值没有缺失，则显示为 False。

2. 删除缺失值

在 Python 中，对于有缺失值的数据可使用 dropna() 函数进行删除。dropna() 函数的格式为：

```
dropna(axis=0,how= 'any', thresh=None,subset=None,inplace=False)
```

- axis：指定是否删除包含缺失值的行或列。axis=0 或 axis=' index' 表示删除含 NaN 值的行；axis=1 或 axis='columns' 表示删除含 NaN 值的列，默认值为 0。
- how：确定是否从数据表中删除行或列。how='all' 表示删除全是 NaN 值的行或列；how='any' 表示删除任何含有 NaN 值的行或列，默认值为 any。
- thresh：保留不含空值的行，thresh=n 表示保留 n 个不含 NaN 值的行。
- subset：在指定列中查找缺失值并删除。
- inplace：是否在原数据表中进行修改，默认值为 False。

【例 4-5】删除含缺失值的行。

（1）显示原数据表。命令行如下，结果如图 4-7 所示。

```
df
```

	时间	药材	产地	类型	药用部位	功效	产量（kg）
0	2017年	竹叶	浙江	植物	叶	清热	590000
1	2017年	莲子心	江苏	植物	种子	清热	358000
2	2018年	防风	NaN	植物	根	解表	750000
3	2018年	水蛭	山东	动物	全虫	活血	110000
4	2018年	玫瑰花	NaN	植物	花	活血	600000
5	2018年	虻虫	河南	动物	全虫	活血	139000
6	2018年	麻黄	内蒙古	植物	茎	解表	800000

图 4-7　原数据表

（2）删除含缺失值的行。

命令行：

```
df.dropna()
```

运行结果如图 4-8 所示。

	时间	药材	产地	类型	药用部位	功效	产量（kg）
0	2017年	竹叶	浙江	植物	叶	清热	590000
1	2017年	莲子心	江苏	植物	种子	清热	358000
3	2018年	水蛭	山东	动物	全虫	活血	110000
5	2018年	虻虫	河南	动物	全虫	活血	139000
6	2018年	麻黄	内蒙古	植物	茎	解表	800000

图 4-8　删除含有缺失值的行

在图 4-8 中可以看到含有 NaN 值的第 3 行和第 5 行数据被删除。有时数据表中还会含有空白行，如果要删除空白行，可以在使用 dropna() 函数时，加一个参数 how=‘all’ 即可删除值全为空的行，值不全为空的行仍然保留。

（1）显示原数据表。命令行如下，结果如图 4-9 所示。

```
df=pd.read_csv(r"c:\python\medicine1.csv",encoding="gbk")
df
```

运行结果如图 4-9 所示。

	时间	药材	产地	类型	药用部位	功效	产量（kg）
0	2017年	竹叶	浙江	植物	叶	清热	590000.0
1	2017年	莲子心	江苏	植物	种子	清热	358000.0
2	2018年	防风	NaN	植物	根	解表	750000.0
3	2018年	水蛭	山东	动物	全虫	活血	110000.0
4	2018年	玫瑰花	NaN	植物	花	活血	600000.0
5	2018年	虻虫	河南	动物	全虫	活血	139000.0
6	NaN	NaN	NaN	NaN	NaN	NaN	NaN
7	2018年	麻黄	内蒙古	植物	茎	解表	800000.0

图 4-9　原数据表

（2）删除值全为空的行。命令行如下，结果如图 4-10 所示。

```
df.dropna(how="all")
```

	时间	药材	产地	类型	药用部位	功效	产量（kg）
0	2017年	竹叶	浙江	植物	叶	清热	590000.0
1	2017年	莲子心	江苏	植物	种子	清热	358000.0
2	2018年	防风	NaN	植物	根	解表	750000.0
3	2018年	水蛭	山东	动物	全虫	活血	110000.0
4	2018年	玫瑰花	NaN	植物	花	活血	600000.0
5	2018年	虻虫	河南	动物	全虫	活血	139000.0
7	2018年	麻黄	内蒙古	植物	茎	解表	800000.0

图 4-10　使用 dropna() 函数删除空白行

在图 4-10 中可以看到，值全为空的第 7 行数据已被删除，而值不全为空的第 3 行、第 5 行仍然保留。

3. 填充缺失值

在 Python 中缺失的数据毕竟是少数，用户可以使用 fillna() 函数对数据表中缺失的数据进行填充。

fillna() 函数的主要参数如下：

- inplace：布尔值，True 表示直接在原数据表修改；False 表示创建一个副本。默认值是 False。
- method：定义填充空值的方法。pad/ffill 表示用前一个非缺失值去填充该缺失值，backfill/bfill 表示用下一个非缺失值填充该缺失值，None 表示指定一个值去替换缺失值，默认值是 None。
- limit：限制填充个数。
- axis：修改填充方向。

【例 4-6】将 medicine 数据表中缺失的产地填充为“浙江”。

使用 fillna() 函数，在其括号内输入 {“产地”:“浙江”}，即可将 medicine 数据表中“产地”列的缺失值都填充为“浙江”。

（1）显示原数据表。命令行如下，结果如图 4-11 所示。

```
df=pd.read_csv(r"c:\python\medicine1.csv",encoding="gbk")
df
```

	时间	药材	产地	类型	药用部位	功效	产量（kg）
0	2017年	竹叶	浙江	植物	叶	清热	590000.0
1	2017年	莲子心	江苏	植物	种子	清热	358000.0
2	2018年	防风	NaN	植物	根	解表	750000.0
3	2018年	水蛭	山东	动物	全虫	活血	110000.0
4	2018年	玫瑰花	NaN	植物	花	活血	600000.0
5	2018年	虻虫	河南	动物	全虫	活血	139000.0
6	NaN	NaN	NaN	NaN	NaN	NaN	NaN
7	2018年	麻黄	内蒙古	植物	茎	解表	800000.0

图 4-11 原数据表

（2）将缺失的产地值填充为“浙江”。命令行如下，结果如图 4-12 所示。

```
df.fillna({" 产地 ":" 浙江 "})
```

	时间	药材	产地	类型	药用部位	功效	产量(kg)
0	2017年	竹叶	浙江	植物	叶	清热	590000.0
1	2017年	莲子心	江苏	植物	种子	清热	358000.0
2	2018年	防风	浙江	植物	根	解表	750000.0
3	2018年	水蛭	山东	动物	全虫	活血	110000.0
4	2018年	玫瑰花	浙江	植物	花	活血	600000.0
5	2018年	虻虫	河南	动物	全虫	活血	139000.0
6	NaN	NaN	浙江	NaN	NaN	NaN	NaN
7	2018年	麻黄	内蒙古	植物	茎	解表	800000.0

图 4–12 将缺失的“产地”填充为“浙江”

【例 4–7】用字典填充，将上例数据表中缺失的“时间”“药材”“产地”“类型”“药用部位”“功效”“产量(kg)”进行填充。

使用 fillna() 函数，对数据表中缺失的多列不同的值进行填充，命令行如下，结果如图 4–13 所示。

```
df.fillna({" 时间 ":"2018 年 "," 药材 ":" 橘子皮 "," 产地 ":" 广东 "," 类型 ":" 植物 ",
    " 药用部位 ":" 果实 "," 功效 ":" 理气 "," 产量（kg）":"550000"})
```

	时间	药材	产地	类型	药用部位	功效	产量(kg)
0	2017年	竹叶	浙江	植物	叶	清热	590000
1	2017年	莲子心	江苏	植物	种子	清热	358000
2	2018年	防风	广东	植物	根	解表	750000
3	2018年	水蛭	山东	动物	全虫	活血	110000
4	2018年	玫瑰花	广东	植物	花	活血	600000
5	2018年	虻虫	河南	动物	全虫	活血	139000
6	2018年	橘子皮	广东	植物	果实	理气	550000
7	2018年	麻黄	内蒙古	植物	茎	解表	800000

图 4–13 对多列缺失值进行填充

4.1.3 重复值处理

数据表中有时会存在重复的数据记录，这将影响到数据的统计和分析。对重复的数据记录一般采用删除的方法来处理。Python 中可使用 drop_duplicates() 函数来删除重复的数据记录。该函数默认对所有的值进行重复值判断，且保留第一条重复记录。

drop_duplicates() 函数的格式为：

```
drop_duplicates(subset=None,keep=‘first’,inplace=False)
```

drop_duplicates() 函数的主要参数如下：

- subset：列名，可选，用于指定要进行重复值判断的列名，默认为 None。
- keep：有三个参数可选，分别是 First、Last、False，默认值为 First。First 表示保留第一次出现的重复行，删除后面的重复行；Last 表示删除重复行，只保留最后一次出现的行；False 表示删除所有的重复行。

● inplace：布尔值，默认为 False，表示是否在原数据表上删除重复项或删除重复项后返回副本。True 表示在原数据表上删除，False 表示生成一个副本。

【例 4-8】删除挂号数据表中重复的数据记录。

删除重复数据记录

（1）导入 register.csv 文件并显示其内容，命令行如下，结果如图 4-14 所示。

```
import pandas as pd
df=pd.read_csv(r"c:\python\register.csv",encoding='gbk')
df
```

	挂号编号	患者编号	医生姓名	职称	科室名称	挂号费	挂号时间
0	201205071236	2003101072001	王志明	主治医师	外科	3.5	2012/5/7 14:23
1	201202171478	2003101072002	钟珊	医师	内科	5.5	2012/2/17 16:33
2	201209181003	2003101072006	金小莉	副主任医师	内科	3.5	2012/9/18 14:11
3	201208160053	2003101072005	高素红	医师	耳鼻喉科	5.5	2012/8/16 9:16
4	201204090267	2003101072003	张一山	副主任医师	外科	7.5	2012/4/9 11:12
5	201212191001	2003101072007	金小莉	副主任医师	内科	3.5	2012/12/19 17:06
6	201208190026	2003101072004	马跃东	医师	儿科	3.5	2012/8/19 8:47
7	201203110551	2003101072002	王志明	主治医师	外科	3.5	2012/3/11 10:48
8	201209181003	2003101072006	金小莉	副主任医师	内科	3.5	2012/9/18 14:11
9	201206271678	2003101072001	钟珊	医师	内科	5.5	2012/6/27 18:20
10	201212191001	2003101072007	金小莉	副主任医师	内科	3.5	2012/12/19 17:06

图 4-14　register 原数据表内容

（2）删除数据表中重复的数据记录，命令行如下，结果如图 4-15 所示，删除了重复的第 9 和第 11 条记录。

```
df.drop_duplicates()
```

	挂号编号	患者编号	医生姓名	职称	科室名称	挂号费	挂号时间
0	201205071236	2003101072001	王志明	主治医师	外科	3.5	2012/5/7 14:23
1	201202171478	2003101072002	钟珊	医师	内科	5.5	2012/2/17 16:33
2	201209181003	2003101072006	金小莉	副主任医师	内科	3.5	2012/9/18 14:11
3	201208160053	2003101072005	高素红	医师	耳鼻喉科	5.5	2012/8/16 9:16
4	201204090267	2003101072003	张一山	副主任医师	外科	7.5	2012/4/9 11:12
5	201212191001	2003101072007	金小莉	副主任医师	内科	3.5	2012/12/19 17:06
6	201208190026	2003101072004	马跃东	医师	儿科	3.5	2012/8/19 8:47
7	201203110551	2003101072002	王志明	主治医师	外科	3.5	2012/3/11 10:48
9	201206271678	2003101072001	钟珊	医师	内科	5.5	2012/6/27 18:20

图 4-15　删除数据表中重复的数据记录结果

如果要针对“医生姓名”进行重复值的判断，可在 drop_duplicates() 函数的括号内指定要判断的列名，命令行如下，结果如图 4-16 所示。

```
df.drop_duplicates(subset=" 医生姓名 ")
```

	挂号编号	患者编号	医生姓名	职称	科室名称	挂号费	挂号时间
0	201205071236	2003101072001	王志明	主治医师	外科	3.5	2012/5/7 14:23
1	201202171478	2003101072002	钟珊	医师	内科	5.5	2012/2/17 16:33
2	201209181003	2003101072006	金小莉	副主任医师	内科	3.5	2012/9/18 14:11
3	201208160053	2003101072005	高素红	医师	耳鼻喉科	5.5	2012/8/16 9:16
4	201204090267	2003101072003	张一山	副主任医师	外科	7.5	2012/4/9 11:12
6	201208190026	2003101072004	马跃东	医师	儿科	3.5	2012/8/19 8:47

图 4-16 按“医生姓名”进行重复值判断并删除重复数据记录

4.1.4 异常值处理

异常值是指数据表中个别值的数值明显偏离数据表中的其他值。异常值有时是由于数据记录发生错误或其他原因导致的差异。

1. 异常值的识别

（1）描述性统计法。根据日常经验，设定不同数据的正常取值范围，超过了该范围即视为异常值。

（2）箱型图法。指定箱型图的上边缘和下边缘，把大于箱型图上边缘和小于箱型图下边缘的点称为异常值。

（3）正态分布法。当数据服从正态分布时，如果一个数据与平均值之间的偏差超过 3 位标准差，就视为该数据异常。

2. 异常值的处理

在 Python 中，对异常值的处理一般有以下几种方式：

（1）删除异常值。

（2）把异常值当缺失值来填充。

（3）把异常值当作特殊情况，分析其出现异常的原因。

（4）不进行处理。

4.1.5 数据类型的转换

Python 中的变量在使用前不需要声明，但需要先赋值再使用。一个变量被赋值后才会被创建，其数据类型就是赋值给它的数据类型。常用数据类型见表 4–1。

表 4–1 常用的数据类型

类 型	示 例	说 明
int	365、101	整型
float	3.1415	浮点型
string	'name'、"data"	字符串型，常用 S 表示
bool	True、False	布尔型
datetime64[ns]	2021–12–02	表示时间格式
tuple	(1001,"Li",male)	元组，全部元素用一对圆括号界定，元素之间用逗号分隔
list	[1001,"Li",male]	列表，全部元素用一对方括号界定，元素间用逗号分隔

续表

类 型	示 例	说 明
dict	{'name' : ' Zhang ' , ' age ':22}	字典，用大括号做界定，每个元素包括“键”和“值”两部分，元素间用逗号分隔
sets	{3,5,7,9}、{'A','B','C'}	集合，全部元素用一对大括号界定，元素无顺序，且具有唯一性，元素间用逗号分隔

（1）可变数据类型。list、dict、sets，这些类型允许变量的值发生变化，而不会新建一个对象。

（2）不可变数据类型。数值型、tuple、string，这些类型不允许变量的值发生变化，如果改变了变量的值，相当于新建了一个对象，其内存地址会发生变化。

可使用 info() 函数获取每一列的数据类型，也可以使用 dtype 函数获取某列数据的类型。例如，要查看 medicine 数据表中的“功效”是什么类型，可以使用语句“df[" 功效 "].dtype”，即可显示相应的结果“O”，表明“功效”是 object 类型，如图 4-17 所示。

命令行：

```
df[" 功效 "].dtype
```

```
dtype('O')
```

图 4-17　显示“功效”列的数据类型

在 Python 中可使用 astype() 函数对数据类型进行转换。具体格式为：

```
astype( 要转换的数据类型 )
```

【例 4-9】将 medicine 数据表中的“产量（kg）”由整型转换为浮点型。

（1）显示原数据表。命令行如下，结果如图 4-18 所示。

```
df=pd.read_csv(r"c:\python\medicine.csv",encoding="gbk")
df
```

	时间	药材	产地	类型	药用部位	功效	产量（kg）
0	2017年	竹叶	浙江	植物	叶	清热	590000
1	2017年	莲子心	江苏	植物	种子	清热	358000
2	2018年	防风	NaN	植物	根	解表	750000
3	2018年	水蛭	山东	动物	全虫	活血	110000
4	2018年	玫瑰花	NaN	植物	花	活血	600000
5	2018年	虻虫	河南	动物	全虫	活血	139000
6	2018年	麻黄	内蒙古	植物	茎	解表	800000

```
df["产量（kg）"].dtype
```

```
dtype('int64')
```

图 4-18　原数据表

（2）转换数据类型。命令行如下，结果如图 4-19 所示。

```
df[" 产量（kg）"].astype("float")
```

```
0     590000.0
1     358000.0
2     750000.0
3     110000.0
4     600000.0
5     139000.0
6     800000.0
Name: 产量（kg）, dtype: float64
```

图 4-19　将“产量”的数据类型由整型转换为浮点型

4.2　特征选择的主要方法

在数据表中，重要特征与数据分析的结果关系密切，不同的特征对于预测的准确度有着很大的影响。特征选择就是从数据样本集中选取重要的特征子集，来对数据进行分析和预测。特征选择有三种方法：过滤法、包裹法和嵌入法。

4.2.1　过滤法

过滤法通过选择与目标变量相关性较强的特征，设定阈值或选择阈值的个数来完成特征选择，一般有方差法、单变量特征选择法。

1. 方差法

该方法通过计算每个特征的均值和方差，设定一个基础阈值，选择方差大于阈值的特征。当一个特征的方差小于阈值时，表明这个特征没有太大意义，可以丢弃该特征。这种方法可以简单有效地过滤一些取值变化小的特征，后续可用更合适的特征选择方法，做进一步的特征选择，但阈值的设置很重要。

【例 4-10】用方差法选择特征。

（1）显示数据表，命令行如下，结果如图 4-20 所示。

```
from sklearn.feature_selection import VarianceThreshold
import pandas as pd
df=pd.read_csv(r"c:\python\market medicine1.csv",encoding="gbk")
df
```

	药品编号	单价	进货数量	销售数量
0	10001	19.8	3000	1500
1	10002	18.8	5000	3800
2	10003	6.9	3000	1200
3	10004	7.7	5000	3800
4	10005	45.8	3000	2600
5	10006	25.7	3000	1900
6	10007	26.8	3000	2700

图 4-20　原始数据表

（2）显示各属性的方差值，命令行如下，结果如图 4-21 所示。

```
selector.variances_
```

```
array([4.00000000e+00, 1.49979592e+02, 8.16326531e+05, 9.25714286e+05])
```

图 4-21 各属性的方差值

在各属性的方差值中，“药品编号”属性的方差值最小，表明这个特征没有太大意义，可以舍弃；“销售数量”属性的方差值最大，是比较重要的特征属性。

（3）设置方差阈值进行特征选择。本例中设置阈值为 10，对各属性的方差进行选择，命令行如下，结果如图 4-22 所示。

```
selector=VarianceThreshold(10)
selector.fit(df)
selector.transform(df)
```

```
array([[  19.8,  3000. ,  1500. ],
       [  18.8,  5000. ,  3800. ],
       [   6.9,  3000. ,  1200. ],
       [   7.7,  5000. ,  3800. ],
       [  45.8,  3000. ,  2600. ],
       [  25.7,  3000. ,  1900. ],
       [  26.8,  3000. ,  2700. ]])
```

图 4-22 设置方差阈值进行特征选择

在图 4-22 中可以看到，使用方差阈值进行特征选择，过滤掉了方差较小的“药品编号”属性，保留了“单价”“进货数量”和“销售数量”三个特征属性。

2. 单变量特征选择法

单变量特征选择法能够对每一个特征进行测试，衡量该特征与响应变量间的关系，根据得分值去除无用的特征。对于回归和分类问题可以采用卡方检验等方式对特征进行测试。

（1）SelectKBest : 保留评分最高的 K 个特征。

- 格式：SelectKBest(score_func=,k)
- score_func: 可调用函数，函数输入 x 和 y，函数输出特征利于分 scores 和 p-value。
- k: 要选出的特征数目，取值为 int 或 all，默认值为 10。

（2）SelectPercentile: 保留用户指定的最高得分百分比的特征。

- 格式：SelectPercentile(score_func=,percentile)
- score_func: 可调用函数，函数输入 x 和 y，函数输出特征利于分 scores 和 p-value。
- percentile: 要保留多少百分比的特征，取值为 int 型，默认值为 10。

（3）GenericUnivariateSelect: 允许使用可配置方法来进行单变量特征选择。

- 格式：GenericUnivariateSelect(score_func=,mode= ' percentile ' ,param=1e-05)
- score_func: 可调用函数，函数输入 x 和 y，函数输出特征利于分 scores 和 p-value。
- mode: 特征选择模式，可选项有 ' percentile '、' k_best '、' fpr '、' fdr '、' fwe '。
- param: 由 mode 确定相应的参数。

【例 4-11】用单变量特征选择法对上例数据表选择评分最高的 2 个特征。

（1）使用方差分析，选择最好的 2 个特征，命令行如下：

```
from sklearn.feature_selection import SelectKBest,f_classif
selector=SelectKBest(score_func=f_classif,k=2)
y=[0,1,0,1,0,1,0]
selector.fit(df,y)
```

（2）显示每一个特征的得分情况，可看出“进货数量”和“销售数量”两个属性的特征得分较高，命令行如下，如图 4-23 所示。

```
selector.scores_
```

```
array([0.         , 0.4946349 , 5.71428571, 2.81350482])
```

图 4-23 各特征得分情况

（3）显示得分最高的两个特征，命令行如下，如图 4-24 所示。

```
selector.transform(df)
```

```
array([[3000., 1500.],
       [5000., 3800.],
       [3000., 1200.],
       [5000., 3800.],
       [3000., 2600.],
       [3000., 1900.],
       [3000., 2700.]])
```

图 4-24 显示得分最高的两个特征

【例 4-12】用单变量特征选择法对上例数据表选择得分比最高的 40% 的特征。

（1）选择得分比最高的 40% 的特征，命令行如下：

```
from sklearn.feature_selection import SelectPercentile, chi2
selector=SelectPercentile(chi2,percentile=40)
y=[0,1,0,1,0,1,0]
value = selector.fit(df,y)
```

（2）显示每个特征的得分情况，可看出“进货数量”和“销售数量”两个属性的特征得分较高。命令行如下，如图 4-25 所示。

```
print(" 特征的得分：",selector.scores_)
print(" 特征的 p 值：",selector.pvalues_)
print(" 保留的特征列号为：",selector.get_support(True))
```

```
特征的得分：  [   0.          4.36678218 853.33333333 933.33333333]
特征的p值：  [1.00000000e+000 3.66461316e-002 1.37054817e-187 5.56800192e-205]
保留的特征列号为： [2 3]
```

图 4-25 显示得分比最高的 40% 的特征

【例 4-13】使用可配置方法来进行单变量特征选择。

（1）选择特征，命令行如下：

```
from sklearn.feature_selection import GenericUnivariateSelect,chi2
selector=GenericUnivariateSelect(chi2,'fpr',1)
y=[0,1,0,1,0,1,0]
value = selector.fit(df,y)
```

（2）显示每个特征的得分情况，并保留“单价”“进货数量”“销售数量”三个属性作为特征列。命令行如下，如图 4-26 所示。

```
print(" 特征的得分：",selector.scores_)
print(" 特征的 p 值：",selector.pvalues_)
print(" 保留的特征列号为：",selector.get_support(True))
```

```
特征的得分： [  0.          4.36678218 853.33333333 933.33333333]
特征的p值： [1.00000000e+000 3.66461316e-002 1.37054817e-187 5.56800192e-205]
保留的特征列号为： [1 2 3]
```

图 4-26 使用可配置方法进行单变量特征选择

4.2.2 包裹法

包裹法就是选择特定算法，再根据算法效果来选择特征集合，通过不断的启发式方法来搜索特征。这种方法和分类器结合，能够更直观地展示结果，比过滤法更合理，但由于在特征选择过程中需多次训练学习，因此计算开销较大。

【例 4-14】用包裹法对鸢尾花（iris）数据集进行特征选择。

（1）使用 SVC 评定算法，加载 iris 数据集，命令行如下：

包裹法进行特征选择

```
from sklearn.feature_selection import RFE
from sklearn.svm import LinearSVC
from sklearn.datasets import load_iris
iris=load_iris()
x=iris.data                    # 训练所需的数据集
y=iris.target                  # 数据集对应的分类标签
estimator=LinearSVC()
```

（2）递归特征消除法（RFE）是通过递归的方式来为越来越小的特征集选择特征。

RFE() 函数的格式为：

```
RFE(estimator,n_features_to_select=,step=1)
```

- estimator：具有 fit 方法的监督学习估计器。
- n_features_to_select：要选择的特征数。
- step：每次迭代时要移除的特征个数（step 大于或等于 1）或百分比（step 小于 1）。
- verbose：控制输出的详细程度。

本例选择最好的 3 个特征，命令行如下：

```
selector=RFE(estimator=estimator,n_features_to_select=3)
selector.fit(x,y)
```

运行结果如图 4-27 所示。

```
RFE(estimator=LinearSVC(C=1.0, class_weight=None, dual=True, fit_intercept=True,
     intercept_scaling=1, loss='squared_hinge', max_iter=1000,
     multi_class='ovr', penalty='l2', random_state=None, tol=0.0001,
     verbose=0),
   n_features_to_select=3, step=1, verbose=0)
```

图 4-27 使用 RFE 选择特征结果

（3）显示特征排名情况，命令行如下，结果如图 4-28 所示。在图中可以看出，第 1 个属性的特征值为 2，第 2 ~ 4 个属性的特征值为 1，可选择特征值为 1 的第 2 个属性 sepal width(cm)、第 3 个属性 petal length(cm) 和第 4 个属性 petal width(cm)。

```
selector.ranking_
```

```
array([2, 1, 1, 1])
```

图 4-28 特征排名情况

4.2.3 嵌入法

嵌入法利用模型提取特征，在模型训练过程中完成特征选择，较典型的有决策树算法，一般基于线性模型与正则化，取权重非零的特征。

【例 4-15】基于树模型对鸢尾花（iris）数据集进行特征选择。

（1）加载 iris 数据集，命令行如下：

```
from sklearn.datasets import load_iris
iris=load_iris()
x=iris.data
y=iris.target
```

（2）使用树模型作为基模型进行特征选择，代码如下，运行结果如图 4-29 所示。使用该种方法进行特征选择，选择了第 3 属性 petal length(cm) 和第 4 属性 petal width(cm) 作为特征属性。

```
from sklearn.feature_selection import SelectFromModel
from sklearn.ensemble import GradientBoostingClassifier
SelectFromModel(GradientBoostingClassifier()).fit_transform(iris.data,iris.target)
```

```
Out[18]: array([[1.4, 0.2],
        [1.4, 0.2],
        [1.3, 0.2],
        [1.5, 0.2],
        [1.4, 0.2],
        [1.7, 0.4],
        [1.4, 0.3],
        [1.5, 0.2],
        [1.4, 0.2],
        [1.5, 0.1],
        [1.5, 0.2],
        [1.6, 0.2],
        [1.4, 0.1],
        [1.1, 0.1],
        [1.2, 0.2],
        [1.5, 0.4],
        [1.3, 0.4],
        [1.4, 0.3],
        [1.7, 0.3],
```

图 4-29 使用树模型进行特征选择

4.3 数据预处理与特征工程综合实例——Titanic 生存分析

【4-16】对泰坦尼克（Titanic）数据集进行预处理和特征选择。

【案例分析】Titanic 数据集是著名的 Titanic 沉船事件中与逃生问题有关的数据。在该事件中，Titanic 号由于救生艇数量有限，乘客需要遵循一定规则，例如：让女性和孩子先登救生艇。因此对于这个数据集进行分析时，需要根据训练数据集生成合适的模型预测测试集的存活情况。该数据集中的属性字段共 12 个，其含义和值见表 4-2。

表 4-2 Titanic 数据集结构

属 性	含 义	值
PassengerId	乘客 ID 号	整型
Survived	存活	0= 死亡，1= 存活
Pclass	乘客所持票的类别	1= 第 1 类，2= 第 2 类，3= 第 3 类
Name	乘客姓名	字符串
Sex	乘客性别	female、male，字符串
Age	乘客年龄	有缺失值
SibSp	乘客兄弟姐妹 / 配偶的个数	整型
Parch	乘客父母 / 孩子的个数	整型
Ticket	票号	字符串
Fare	乘客所持票的价格	浮点型
Cabin	乘客所在船舱	有缺失值
Embarked	乘客登船港口	S、C、Q，有缺失值

对于属性 Survived，其取值范围只包含两个值（0 和 1），因此对该数据集进行数据分析是要解决一个二分类问题，我们可以使用分类方法进行数据分析，具体分析方法的实现过程请见第 6 章分类实例部分。在进行数据分析之前，首先要进行数据预处理，对于 Titanic 数据集我们可以通过具体分析目标进行如下预处理和特征选择：

（1）删除没用的属性列（PassengerId、Name、Ticket）。这些属性列对最终分析结果没有任何作用，因此直接删除即可。

1）显示 Titanic 数据表内容，命令行如下，结果如图 4-30 所示。

```
import pandas as pd
df=pd.read_csv(r"c:\python\Titanic.csv",encoding="gbk")
df
```

	PassengerId	Survived	Pclass	Name	Sex	Age	SibSp	Parch	Ticket	Fare	Cabin	Embarked
0	1	0	3	Braund, Mr. Owen Harris	male	22.0	1	0	A/5 21171	7.2500	NaN	S
1	2	1	1	Cumings, Mrs. John Bradley (Florence Briggs Th...	female	38.0	1	0	PC 17599	71.2833	C85	C
2	3	1	3	Heikkinen, Miss. Laina	female	26.0	0	0	STON/O2. 3101282	7.9250	NaN	S
3	4	1	1	Futrelle, Mrs. Jacques Heath (Lily May Peel)	female	35.0	1	0	113803	53.1000	C123	S
4	5	0	3	Allen, Mr. William Henry	male	35.0	0	0	373450	8.0500	NaN	S
5	6	0	3	Moran, Mr. James	male	NaN	0	0	330877	8.4583	NaN	Q
6	7	0	1	McCarthy, Mr. Timothy J	male	54.0	0	0	17463	51.8625	E46	S
7	8	0	3	Palsson, Master. Gosta Leonard	male	2.0	3	1	349909	21.0750	NaN	S
8	9	1	3	Johnson, Mrs. Oscar W (Elisabeth Vilhelmina Berg)	female	27.0	0	2	347742	11.1333	NaN	S
9	10	1	2	Nasser, Mrs. Nicholas (Adele Achem)	female	14.0	1	0	237736	30.0708	NaN	C

图 4-30 Titanic 数据表内容

2）删除 PassengerId、Name、Ticket 三列数据，命令行如下，结果如图 4-31 所示。

```
df.drop(["PassengerId","Name","Ticket"],axis=1,inplace=True)
df
```

	Survived	Pclass	Sex	Age	SibSp	Parch	Fare	Cabin	Embarked
0	0	3	male	22.0	1	0	7.2500	NaN	S
1	1	1	female	38.0	1	0	71.2833	C85	C
2	1	3	female	26.0	0	0	7.9250	NaN	S
3	1	1	female	35.0	1	0	53.1000	C123	S
4	0	3	male	35.0	0	0	8.0500	NaN	S
5	0	3	male	NaN	0	0	8.4583	NaN	Q
6	0	1	male	54.0	0	0	51.8625	E46	S
7	0	3	male	2.0	3	1	21.0750	NaN	S
8	1	3	female	27.0	0	2	11.1333	NaN	S
9	1	2	female	14.0	1	0	30.0708	NaN	C
10	1	3	female	4.0	1	1	16.7000	G6	S
11	1	1	female	58.0	0	0	26.5500	C103	S
12	0	3	male	20.0	0	0	8.0500	NaN	S

图 4–31 删除三个属性列

（2）缺失值处理。其中有缺失值的属性为 Age、Cabin、Embarked，根据其包含缺失值的情况，分别进行处理。

1）Age，缺失 177 条记录（20%），使用均值进行填充。先求出 Age 列的均值，存放在变量 mean_val 中，通过计算得 mean_val=29.699118，再用 mean_val 去填充 Age 列中值为 NaN 的项，命令行如下，结果如图 4–32 所示。

```
mean_val=df["Age"].mean()
df["Age"].fillna(mean_val,inplace=True)
df
```

	Survived	Pclass	Sex	Age	SibSp	Parch	Fare	Cabin	Embarked
0	0	3	male	22.000000	1	0	7.2500	NaN	S
1	1	1	female	38.000000	1	0	71.2833	C85	C
2	1	3	female	26.000000	0	0	7.9250	NaN	S
3	1	1	female	35.000000	1	0	53.1000	C123	S
4	0	3	male	35.000000	0	0	8.0500	NaN	S
5	0	3	male	29.699118	0	0	8.4583	NaN	Q
6	0	1	male	54.000000	0	0	51.8625	E46	S
7	0	3	male	2.000000	3	1	21.0750	NaN	S
8	1	3	female	27.000000	0	2	11.1333	NaN	S
9	1	2	female	14.000000	1	0	30.0708	NaN	C
10	1	3	female	4.000000	1	1	16.7000	G6	S
11	1	1	female	58.000000	0	0	26.5500	C103	S
12	0	3	male	20.000000	0	0	8.0500	NaN	S

图 4–32 用均值填充 Age 列值为空的项

2）Cabin，缺失 687 条记录（77%），缺失属性太多，直接删除该属性列，命令行如下，结果如图 4–33 所示。

```
df.drop(["Cabin"],axis=1,inplace=True)
df
```

	Survived	Pclass	Sex	Age	SibSp	Parch	Fare	Embarked
0	0	3	male	22.000000	1	0	7.2500	S
1	1	1	female	38.000000	1	0	71.2833	C
2	1	3	female	26.000000	0	0	7.9250	S
3	1	1	female	35.000000	1	0	53.1000	S
4	0	3	male	35.000000	0	0	8.0500	S
5	0	3	male	29.699118	0	0	8.4583	Q
6	0	1	male	54.000000	0	0	51.8625	S
7	0	3	male	2.000000	3	1	21.0750	S
8	1	3	female	27.000000	0	2	11.1333	S
9	1	2	female	14.000000	1	0	30.0708	C
10	1	3	female	4.000000	1	1	16.7000	S
11	1	1	female	58.000000	0	0	26.5500	S
12	0	3	male	20.000000	0	0	8.0500	S
……								
888	0	3	female	29.699118	1	2	23.4500	S
889	1	1	male	26.000000	0	0	30.0000	C
890	0	3	male	32.000000	0	0	7.7500	Q

891 rows × 8 columns

图 4–33　删除 Cabin 列

3）Embarked，缺失 2 条记录（0%），删除包含缺失值的两条记录，命令行如下，结果如图 4–34 所示。

```
df.dropna(subset=["Embarked"],inplace=True)
df
```

	Survived	Pclass	Sex	Age	SibSp	Parch	Fare	Embarked
0	0	3	male	22.000000	1	0	7.2500	S
1	1	1	female	38.000000	1	0	71.2833	C
2	1	3	female	26.000000	0	0	7.9250	S
3	1	1	female	35.000000	1	0	53.1000	S
4	0	3	male	35.000000	0	0	8.0500	S
5	0	3	male	29.699118	0	0	8.4583	Q
6	0	1	male	54.000000	0	0	51.8625	S
7	0	3	male	2.000000	3	1	21.0750	S
8	1	3	female	27.000000	0	2	11.1333	S
9	1	2	female	14.000000	1	0	30.0708	C
10	1	3	female	4.000000	1	1	16.7000	S
11	1	1	female	58.000000	0	0	26.5500	S
12	0	3	male	20.000000	0	0	8.0500	S
……								
888	0	3	female	29.699118	1	2	23.4500	S
889	1	1	male	26.000000	0	0	30.0000	C
890	0	3	male	32.000000	0	0	7.7500	Q

889 rows × 8 columns

图 4–34　删除 Embarketd 列中值为 NaN 的行

（3）修改 Sex 属性和 Embarked 属性的值。将 Sex 列的 male 改为 1，female 改为 0，命令行如下，运行结果如图 4-35 所示。

```
df.loc[df["Sex"]=="male","Sex"]=1
df.loc[df["Sex"]=="female","Sex"]=0
df
```

	Survived	Pclass	Sex	Age	SibSp	Parch	Fare	Embarked
0	0	3	1	22.000000	1	0	7.2500	S
1	1	1	0	38.000000	1	0	71.2833	C
2	1	3	0	26.000000	0	0	7.9250	S
3	1	1	0	35.000000	1	0	53.1000	S
4	0	3	1	35.000000	0	0	8.0500	S
5	0	3	1	29.699118	0	0	8.4583	Q
6	0	1	1	54.000000	0	0	51.8625	S
7	0	3	1	2.000000	3	1	21.0750	S
8	1	3	0	27.000000	0	2	11.1333	S
9	1	2	0	14.000000	1	0	30.0708	C
10	1	3	0	4.000000	1	1	16.7000	S

图 4-35 修改 Sex 列的值

将 Embarked 列的 S 改为 1，C 改为 2，Q 改为 3，命令行如下，运行结果如图 4-36 所示。

```
df.loc[df["Embarked"]=="S","Embarked"]=1
df.loc[df["Embarked"]=="C","Embarked"]=2
df.loc[df["Embarked"]=="Q","Embarked"]=3
df
```

	Survived	Pclass	Sex	Age	SibSp	Parch	Fare	Embarked
0	0	3	1	22.000000	1	0	7.2500	1
1	1	1	0	38.000000	1	0	71.2833	2
2	1	3	0	26.000000	0	0	7.9250	1
3	1	1	0	35.000000	1	0	53.1000	1
4	0	3	1	35.000000	0	0	8.0500	1
5	0	3	1	29.699118	0	0	8.4583	3
6	0	1	1	54.000000	0	0	51.8625	1
7	0	3	1	2.000000	3	1	21.0750	1
8	1	3	0	27.000000	0	2	11.1333	1
9	1	2	0	14.000000	1	0	30.0708	2
10	1	3	0	4.000000	1	1	16.7000	1
11	1	1	0	58.000000	0	0	26.5500	1
12	0	3	1	20.000000	0	0	8.0500	1

图 4-36 修改“Embarked”列的值

（4）特征提取。使用卡方检验，找到与 Survived 列最相关的特征。命令行如下，运行结果如图 4-37 所示。

```
from sklearn.feature_selection import SelectKBest
from sklearn.feature_selection import chi2
X=df.iloc[:,1:8]
Y=df["Survived"]
transformer=SelectKBest(score_func=chi2,k='all')
Xt_chi2=transformer.fit_transform(X,Y)
print(transformer.scores_)
```

```
[3.01352661e+01 9.15140369e+01 2.80824272e+01 2.39118845e+00
 1.04485980e+01 4.45339460e+03 3.11536003e+00]
```

图 4-37 各特征值的情况

其中，X 是 Titanic 数据表中与 Survived 可能相关的数据列，Y 是 Survived 列，采用卡方检验，返回所有属性的相关情况。从结果中可以看出，Fare（乘客所持票的价格）、Sex（乘客性别）、Pclass（乘客所持票的类别）、Age（乘客年龄）与 Survived（存活）的相关度较大，其中 Fare（乘客所持票的价格）相关度最大。

本章小结

本章介绍了 Python 数据预处理的常用方法：删除数据、缺失值的处理、重复值的处理、异常值的处理和数据类型转换，数据经过预处理后更加规整，为后期数据分析做好准备。此外，本章还介绍了 Python 数据分析中特征选择的主要方法：过滤法、包裹法和嵌入法，这些方法都是 Python 中应用较广泛的特征选择方法，需熟练掌握和使用。

习 题

一、选择题

1. Python 中要删除数据表中的“性别”列，并生成新的数据副本的正确命令是（　　）。

A. drop([“ 性别 ”],axis=0)　　B. drop([“ 性别 ”],axis=0)

C. drop([“ 性别 ”],axis=1,inplace=0)　　D. drop([“ 性别 ”],axis=1,inplace=1)

2. 要删除年龄在 20 ~ 60 岁之间的数据记录，可用命令（　　）。

A. df[df[“ 年龄 ”]>=20 and df[“ 年龄 ”]<=60]

B. df[df[“ 年龄 ”]<20 and df[“ 年龄 ”]>60]

C. df[“ 年龄 ”]>=20 and df[“ 年龄 ”]<=60

D. df[“ 年龄 ”]<20 and df[“ 年龄 ”]>60

3. 缺失值用（　　）来表示。

A. 0　　B. NULL　　C. NaN　　D. 空格

4. 要查看数据表的信息可使用函数（　　）。

A. info()　　B. fillna()　　C. dropna()　　D. method()

5. 删除数据表中重复的数据记录可用函数（　　）。

A. duplicate()　　B. drop()　　C. drop_duplicates()　　D. dropna()

6．要把整型转换为实型可用（　　）命令。

A．astype("float")　　B．astype("int" , "float")

C．astype(float)　　D．astype(int,float)

7．选择与目标变量相关性较强的特征，设定阈值或选择阈值的个数来完成特征的选择是（　　）。

A．过滤法　　B．包裹法　　C．嵌入法　　D．比较法

二、填空题

1．异常值的识别可用的三种方法是________、________和________。

2．特征选择的主要方法有________、________和________。

3．填充数据表中缺失的数据可使用函数________。

4．删除数据表中缺失的数据可使用函数________。

5．________利用模型提取特征，在模型训练过程中完成特征的选择。

三、设计题

1．试用嵌入法选择 Titanic 数据表中的特征数据。

2．修改 Titanic 数据表中的部分属性的数据类型。将属性 Survived、Pclass、SibSp、Parch 的数据类型由数值型转换成字符型，将 Embarked 的数据类型由 factor 型转换成字符型。

第 5 章　多元回归分析

本章导读

在大数据分析中，回归分析（Regression analysis）是一种预测性的建模技术，它研究的是因变量和自变量之间的关系。根据因变量和自变量的个数可分为一元回归分析和多元回归分析；根据自变量和因变量之间的关系类型，可分为线性回归分析和非线性回归分析。本章主要介绍线性回归分析的基本原理，多元线性回归的实现，回归模型的评估指标和常用的回归算法：岭回归、Lasso 回归、多项式回归、Logistic 回归等内容。

回归分析的主要应用场景是进行预测和控制订，如计划制订、KPI 制订、目标制订等方面；也可以基于预测的数据与实际数据进行比对和分析，确定事件发展程度并给未来行动提供方向性指导。

本章要点

- 线性回归的基本原理
- 多元线性回归的实现
- 回归模型的评估指标
- 多重共线性的概念
- 岭回归、Lasso 回归、多项式回归、Logistic 回归的基本原理及实现

5.1　多元线性回归

回归分析是确定两种或两种以上变量间相互依赖定量关系的一种统计分析方法。如果在回归分析中，只包括一个自变量和一个因变量，且二者的关系可用一条直线近似表示，这种回归分析称为一元线性回归分析。一元线性回归将影响因变量的自变量限制为一个，这在现实的大多社会经济现象中并不易做到。事实上，一种现象常常是与多个因素相联系的，由多个自变量共同来预测或估计因变量，因此一般的模型是包括两个或两个以上的自变量，且因变量和自变量之间是线性关系，这称为多元线性回归分析。

5.1.1　线性回归的基本原理

1. 线性回归模型

统计学中最重要的应用之一是根据一组有联系的独立变量 $x_1, x_2, \cdots, x_k$ 的值，估计或者预测响应变量 y 的均值。

例如，某化学药品公司的研究人员想建立药品在释放计量控制中的释放速度 y（因变量）与药片的表面积与体积之比 x（自变量）的关系。如果能够把 y 表示成 x 的函数（或

模型），就可以通过 x 的值来预测 y 的值。

用于表明因变量 y 与自变量 x 关系的模型称为回归模型。因变量 y 与自变量 x 的线性回归模型为：

$$y = \beta_0 + \beta_1 x + \epsilon \tag{5.1}$$

其中，β_0和β_1是回归模型的参数，称为回归系数（β_0也称为截距项），ϵ是随机误差。

上例中只考虑了药片的表面积与体积之比 x 对药品的释放速度 y 的影响，将影响因变量的自变量限制为一个，因此称为一元线性回归模型。

在实际应用回归分析方法时，常常需要更复杂的模型，把两个或更多个自变量的影响分别估计在内。例如，影响冠心病发病率 y 的因素主要有高血压史 x_1、高密度脂蛋白胆固醇（HDL–C）x_2、体重指数 x_3、舒张压 x_4 和吸烟史 x_5 等，这些因素都是影响冠心病发病率的自变量，因此要想做出正确的预测，就要把这些可能重要的自变量纳入模型，这就是多元回归分析亦称多重回归。

因变量 y 关于 k（$k \geqslant 2$）个自变量 $x_1, x_2, \cdots, x_k$ 的多元线性回归模型为：

$$y = \beta_0 + \beta_1 x_1 + \beta_2 x_2 + \ldots + \beta_k x_k + \epsilon \tag{5.2}$$

在回归分析中，对ϵ有以下几点基本假设：

（1）ϵ的均值是 0，即 $\mathrm{E}(\varepsilon) = 0$。

（2）ϵ对于自变量 $x_1, x_2, \cdots, x_k$ 的所有取值具有同方差。

（3）ϵ的概率分布服从正态分布，即ϵ是服从正态分布的随机变量，且相互独立。

回归模型是因变量 y 与 x 的概率模型，由于有误差项ϵ的存在，回归模型反应的因变量与自变量的线性关系是不确定的。回归分析的主要目的是找到能够描述因变量与自变量确定的线性关系。

由于有$E(\varepsilon) = 0$，则y的均值为：

$$E(y) = E(\beta_0 + \beta_1 x_1 + \beta_2 x_2 + \ldots + \beta_k x_k + \epsilon) = \beta_0 + \beta_1 x_1 + \beta_2 x_2 + \ldots + \beta_k x_k \tag{5.3}$$

可见式（5.3）能够反映因变量 y 与自变量 x 的确定的线性关系，我们称其为回归方程。参数$\beta_0, \beta_1, \beta_2, ..., \beta_k$是理论上总体的值，实际上是不知道的，通常只能利用样本数据，依照一定准则，得到回归系数的估计值$\hat{\beta}_0, \hat{\beta}_1, \hat{\beta}_2, ..., \hat{\beta}_k$，因此利用式（5.3）可以得到 y 的预测值

$$\hat{y} = \hat{\beta}_0 + \hat{\beta}_1 x_1 + \hat{\beta}_2 x_2 + \ldots + \hat{\beta}_k x_k \tag{5.4}$$

因此$\hat{y}$为$E(y)$的一个估计，称为回归值。

2. 估计模型参数β

线性回归模型中的回归参数可通过变量的样本数据来估计，最简单的方法是最小二乘法（Ordinary Least Squares，OLS）。最小二乘法的基本思想是使观测值和预测值的误差平方和最小。

最小二乘方程组

假设 n 组样本数据（$x_{i1}, x_{i2}, \cdots, x_{ik}$ 和 y_i），其中 $i=1,2,\cdots,n$，y_i 是观测值，将样本的自变量 x_i 代入式（5.4），则可以得到因变量 y_i 的回归值$\hat{y}_i$。

$$\hat{y}_i = \hat{\beta}_0 + \hat{\beta}_1 x_{i1} + \hat{\beta}_2 x_{i2} + \ldots + \hat{\beta}_k x_{ik} \tag{5.5}$$

y_i 与$\hat{y}_i$的残差为：

$$e_i = (y_i - \widehat{y_i}) = \left[y_i - (\hat{\beta}_0 + \hat{\beta}_1 x_{i1} + \hat{\beta}_2 x_{i2} + \ldots + \hat{\beta}_k x_{ik}) \right] \tag{5.6}$$

对于每组样本，观测值残差e_i越小越好。在所有 n 组数据中观察值 y_i 与预测值$\widehat{y_i}$残差平方和为：

$$SSE = \sum_{i=1}^{n} [y_i - (\hat{\beta}_0 + \hat{\beta}_1 x_{i1} + \hat{\beta}_2 x_{i2} + \ldots + \hat{\beta}_k x_{ik})]^2 \tag{5.7}$$

使 SSE 取得最小值的$\hat{\beta}_0, \hat{\beta}_1, \hat{\beta}_2, ..., \hat{\beta}_k$称为参数$\beta_0, \beta_1, \beta_2, ..., \beta_k$的最小二乘估计。由于 SSE 对$\beta_i$的偏导为 0 时，SSE 取得最小值，因此可以通过解线性方程组得到$\hat{\beta}_0, \hat{\beta}_1, \hat{\beta}_2, ..., \hat{\beta}_k$的值。

当 k 的数值较大时，通常将多元线性回归模型表述为矩阵，利用矩阵代数求解线性方程组。

令

$$Y = \begin{bmatrix} y_1 \\ y_2 \\ y_3 \\ \vdots \\ y_n \end{bmatrix} \quad X = \begin{bmatrix} 1 & x_{11} & x_{12} & \cdots & x_{1k} \\ 1 & x_{21} & x_{22} & \cdots & x_{2k} \\ 1 & x_{31} & x_{32} & \cdots & x_{3k} \\ \vdots & \vdots & \vdots & & \vdots \\ 1 & x_{n1} & x_{n2} & \cdots & x_{nk} \end{bmatrix} \quad \hat{\beta} = \begin{bmatrix} \hat{\beta}_0 \\ \hat{\beta}_1 \\ \hat{\beta}_2 \\ \vdots \\ \hat{\beta}_k \end{bmatrix} \quad e = \begin{bmatrix} e_1 \\ e_2 \\ e_3 \\ \vdots \\ e_n \end{bmatrix}$$

利用这些符号，最小二乘方程组可以写成如下矩阵的方程：

$$(X'X)\hat{\beta} = X'Y \tag{5.8}$$

方程的解为：

$$\hat{\beta} = (X'X)^{-1} X'Y \tag{5.9}$$

利用最小二乘法求解时，要求X为满秩矩阵，即各个自变量 $x_1, x_2, \cdots, x_k$ 是不相关的。

【例 5-1】某研究机构进行了一系列实验来收集关于混凝土渗透性系数的信息。9 组实验的混凝土渗透性系数 y、孔隙率 x_1 和渗水率 x_2 测量值列于表 5-1 中，根据表中的数据试建立渗透性系数与其他几项指标关系的多元线性回归方程。

Y、X和$\hat{\beta}$ 的矩阵如下：

$$Y = \begin{bmatrix} 1.00 \\ 1.00 \\ 1.00 \\ 0.10 \\ 0.10 \\ 0.10 \\ 0.01 \\ 0.01 \\ 0.01 \end{bmatrix} \quad X = \begin{bmatrix} 1 & 0.050 & 0.903 \\ 1 & 0.035 & 0.722 \\ 1 & 0.025 & 0.590 \\ 1 & 0.050 & 0.345 \\ 1 & 0.035 & 0.282 \\ 1 & 0.025 & 0.233 \\ 1 & 0.050 & 0.103 \\ 1 & 0.035 & 0.091 \\ 1 & 0.025 & 0.078 \end{bmatrix} \quad \hat{\beta} = \begin{bmatrix} \hat{\beta}_0 \\ \hat{\beta}_1 \\ \hat{\beta}_2 \end{bmatrix}$$

那么

$$\hat{\beta} = \begin{bmatrix} \hat{\beta}_0 \\ \hat{\beta}_1 \\ \hat{\beta}_2 \end{bmatrix} = (X'X)^{-1} X'Y = \begin{bmatrix} 0.1320 \\ -9.3071 \\ 1.5578 \end{bmatrix}$$

因此所求任务的预测回归方程为：

$$\hat{y}_i = 0.1320 - 9.3071x_{i1} + 1.5578x_{i2}$$

表 5-1 混凝土渗透性系数的信息

序 号	孔隙率 x_1	渗水率 x_2	渗透性系数 y
1	0.050	0.903	1.00
2	0.035	0.722	1.00
3	0.025	0.590	1.00
4	0.050	0.345	0.10
5	0.035	0.282	0.10
6	0.025	0.233	0.10
7	0.050	0.103	0.01
8	0.035	0.091	0.01
9	0.025	0.078	0.01

3. 模型的检验

回归方程所拟合的因变量 y 与自变量 $x_1, x_2, \cdots, x_k$ 的关系只是根据一些定性的分析所做的一种假设，它们之间是否确实存在线性关系，该回归方程是否满足回归模型的基本假设，这需要对回归方程进行显著性检验才能确定。下面介绍两种统计检验方法：

显著性检验方法原理

（1）回归方程的显著性检验。

回归方程的显著性检验（Significance test of regression equation）是对 Y 与 X 间存在“真实”线性关系的检验，是检验多个自变量联合起来对因变量影响的总显著性或者是整个回归关系的显著性。它以方差分析方法为基础，因此也称为回归方程的 F 检验。

利用方差分析对例 5-1 的回归方程进行显著性检验，F=35.84，P=0.00461。当$\alpha = 0.05$时，由于$P < \alpha$，拒绝原假设H_0，因此该回归方程显著，也就是该模型对 y 的预测是可靠的。

（2）回归系数的显著性检验。

回归系数的显著性检验（Significance test of regression coefficient）是在回归方程有意义的前提下，检验某个总体偏回归系数是否等于 0，以判断相应的自变量对回归方程是否有贡献和单个变量和因变量的线性关系是否存在。

对例 5.1 的回归方程系数β_1、β_2进行检验，结果见表 5-2。

表 5-2 回归系数的显著性检验结果

回归系数	t	P>|t|
β_1	−1.8400	0.115
β_2	8.467	0.000

当$\alpha = 0.05$时，回归系数β_1（P=0.115> α）接受原假设H_{01}，这说明孔隙率 x_1 对渗透性系数 y 的影响不显著，该变量对回归方程没有贡献。回归系数β_2（$p = 0.000 < \alpha$），拒绝原假设H_{02}，表明渗水率 x_2 对渗透性系数 y 的影响是显著的。

回归参数 t 的检验不显著，可能是与这个系数相应的自变量对因变量的影响不显著所致，也可能是自变量之间有共线性所致。若自变量不是影响因变量的显著因素，应从回归模型中剔除；若自变量间有共线性，应设法消除共线性。

5.1.2 多元线性回归的实现

以机器学习的角度来看，回归是广泛应用的预测建模方法，线性回归是机器学习中重要的基础算法。机器学习库 Sklearn 也可以进行多元线性回归分析，下面我们进行具体介绍。

1. 数据的选择

选取 Sklearn 自带的糖尿病数据集。该数据集包含 442 个患者的样本记录，每条记录包含 10 个生理特征变量，分别是年龄、性别、体重指数、血压平均和六种血清的化验指标（T 细胞、低密度脂蛋白、高密度脂蛋白、促甲状腺激素、拉莫三嗪、血糖水平），每个特征变量的数据都已经进行了规范化处理，被处理成均值为 0、方差为 1 的归一化数据。因变量为一年后患糖尿病的定量指标，因此该数据集适合做回归任务。

首先载入数据集，使用 load_diabetes() 导出糖尿病数据集，查看数据集情况，程序如下：

```
from sklearn.datasets import load_diabetes          # 加载糖尿病数据集
diabetes=load_diabetes()
print(type(diabetes))                               # 查看该数据集的类型
print(diabetes)                                     # 查看数据集内容
```

部分输出结果如下：

```
<class 'sklearn.utils.Bunch'>
{'data': array([[ 0.03807591,  0.05068012,  0.06169621, ..., -0.00259226,
         0.01990842, -0.01764613],
       [-0.00188202, -0.04464164, -0.05147406, ..., -0.03949338,
        -0.06832974, -0.09220405],
       ...,
       [ 0.04170844,  0.05068012, -0.01590626, ..., -0.01107952,
        -0.04687948,  0.01549073],
 'target': array([151.,  75., 141., 206., 135.,  97., 138.,  63., 110., 310., 101.,⋯,94., 183.,  66., 173.,  72.,  49.,
64.,  48., 178., 104., 132.,220.,57.]),
 'feature_names': ['age', 'sex', 'bmi', 'bp', 's1', 's2', 's3', 's4', 's5', 's6'],
```

从结果可以看到，这个数据集是以 Bunch 形式存储的，Bunch 本质上的数据类型是字典，属性有 data（数据数组）、feature_names（标签名）、target（数据集标签）、DESCR（数据描述）等。

为了方便后续处理数据，将这个字典形式的数据集进行拆分，程序如下：

```
x=diabetes.data                      # 得到影响糖尿病的 10 个自变量构成的矩阵
y=diabetes.target                    # 得到因变量一年后患糖尿病的定量指标的矩阵
# 查看矩阵的信息
print(x.shape)                       # 输出 x 的维度，结果为 (442, 10)
print(y.shape)                       # 输出 y 的大小，结果为 (442,)
```

2. 使用 Sklearn 划分训练集和测试集

训练机器学习模型的目的是使用已有数据来预测未知的数据，通常我们将模型对未知数据的预测能力称为泛化能力。为了评估一个模型的泛化能力，通常将数据分成训练集和测试集，训练集用来训练模型，测试集用来评估模型的泛化能力。测试集本身有标签参照，跟模型预测的标签一对比就能知道模型效果如何。因此机器学习算法需要大量的数据，这些数据一部分用于模型训练，另一部分用于测试或验证。Sklearn 库不仅提供了多个标准数据集，同时还具有易用的数据集划分功能，核心函数为 train_test_split()，下面将应用此函数将拆分后的数据集 x 和 y 按 3:1 的比例切分为训练集和测试集并建立模型，最后测试模型效果。程序如下：

```
from sklearn. model_selection import train_test_split
x_train,x_test,y_train,y_test= train_test_split(x, y, test_size= 0.25, random_state= 10010)
                                                # 切分 25% 作为测试集
print(x_train.shape)                            # 输出训练集的维度 (331, 10)
print(x_test.shape)                             # 输出测试集的维度 (111, 10)
```

这样测试集和训练集就划分好了，训练集有 331 条观测值，测试集有 111 条观测值。在实际的应用中，测试集的数据越小对模型的泛化误差估计越不准确。所以在划分数据集的时候我们需要根据实际情况进行权衡。

3. 回归训练及预测

Sklearn 提供了丰富的线性模型学习方法，包括最小二乘法（Ordinary Least Squares）、岭回归（Ridge Regression）、Lasso 回归（Least Absolute Shrinkage and Selection Operator）、多项式回归（Polynomial Regression）、Logistic 回归（Logistic Regression）。LinearRegression() 是基于最小二乘法的线性回归模型。我们利用该模型进行回归训练及预测，主要属性有：

- coef_，表示线性模型系数，即$\hat{\beta}_1, \hat{\beta}_2, \ldots, \hat{\beta}_k$的值。
- intercept_，表示模型截距，即$\hat{\beta}_0$的值。

主要方法有：

- fit()，用样本集训练模型。
- predict()，用训练的模型预测数据。
- score()，计算 R2 判定系数。

应用 linear_model.LinearRegression() 进行多元线性回归的程序如下：

```
from sklearn import linear_model              # 加载线性模块
clf=linear_model.LinearRegression()           # 建立模型
clf. fit(x_train,y_train)                     # 拟合训练集的特征和标签，训练出的线性模型的系数
print(clf.intercept_)                         # 输出模型截距
print(clf.coef_)                              # 输出回归系数
pred_y = clf.predict(x_test)                  # 计算预测结果
```

输出结果为：

```
149.65859911594353
[ 5.82514188 -228.29006609 496.98780977 295.75158351 -897.35572819
 535.21854746 151.61084933 216.72028724 819.10812239 91.96880617]
```

由此得到了回归系数$\hat{\beta}$的所有值，并且实现了对测试数据的预测。

4. 模型的检验

由于 Sklearn 是机器学习库而非统计工具，它的关注点是模型精度和预测性能，而非显著性。因此，Sklearn 没有提供 F 检验、回归系数 t 检验等统计检验指标，需要用户自己进行编程计算。为了更加方便地计算这些检验指标，这里引入 StatsModels 模块。StatsModels 是 Python 中一个强大的统计分析模块，能够完成统计模型估计、统计测试和可视化等功能，该模块提供的模型检验指标，可以非常全面、详细地对模型进行检验和统计分析。

利用 StatsModels 模块对上述糖尿病数据所建立的回归模型进行显著性检验，程序如下：

```
import statsmodels.api as sm     # 调用 statsmodels 里面的 api 子模块
```

```
    x1=sm.add_constant(x_train)     # 线性回归模型增加一列常数项 x0=1，x_train 为糖尿病的数据集中
10 个自变量构成的矩阵
    model=sm.OLS(y_train,x1)        # 最小二乘法，y 为糖尿病数据集中患病的定量指标构成的矩阵
    result=model.fit()              # 拟合数据
    result.summary()                # 模型描述，从中查看各种统计检验指标
```

运行结果为如图 5-1 所示。

```
                            OLS Regression Results
==============================================================================
Dep. Variable:                      y   R-squared:                       0.521
Model:                            OLS   Adj. R-squared:                  0.506
Method:                 Least Squares   F-statistic:                     34.76
Date:                Fri, 31 Dec 2021   Prob (F-statistic):           1.75e-45
Time:                        20:10:17   Log-Likelihood:                -1788.3
No. Observations:                 331   AIC:                             3599.
Df Residuals:                     320   BIC:                             3640.
Df Model:                          10
Covariance Type:            nonrobust
==============================================================================
                 coef    std err          t      P>|t|      [0.025      0.975]
------------------------------------------------------------------------------
const        149.6586      3.007     49.768      0.000     143.742     155.575
x1             5.8251     68.746      0.085      0.933    -129.425     141.076
x2          -228.2901     71.498     -3.193      0.002    -368.955     -87.625
x3           496.9878     76.467      6.499      0.000     346.546     647.430
x4           295.7516     74.894      3.949      0.000     148.405     443.098
x5          -897.3557    487.410     -1.841      0.067   -1856.289      61.578
x6           535.2185    399.840      1.339      0.182    -251.429    1321.866
x7           151.6108    252.137      0.601      0.548    -344.446     647.667
x8           216.7203    195.872      1.106      0.269    -168.639     602.079
x9           819.1081    206.910      3.959      0.000     412.032    1226.185
x10           91.9688     78.360      1.174      0.241     -62.197     246.135
==============================================================================
Omnibus:                        2.210   Durbin-Watson:                   1.812
Prob(Omnibus):                  0.331   Jarque-Bera (JB):                1.863
Skew:                          -0.049   Prob(JB):                        0.394
Kurtosis:                       2.646   Cond. No.                         229.
```

图 5-1 StatsModels 模型检验结果

图 5-1 中 coef 为回归方程的系数，这和应用 Sklearn 库所得到的结果是一致的。F-statistic 表示 F 统计检验量的值，Prob（F-statistic）为其对应的 P 值。t 表示回归系数 t 检验统计量的值，P>|t| 代表 t 检验的 P 值。如果给定显著性水平 $\alpha = 0.1$，回归方程的 F 检验的 P=1.75e-45 远小于 0.1，因此该回归方程总体显著。x1，x6，x7，x8，x10 对应的回归系数 t 检验的 P 值均大于 0.1，表明这几个变量对回归方程的影响不显著。

5.1.3 回归模型的评估指标

评价回归方程回归效果的优劣是回归分析的重要内容之一。回归模型评估的核心是利用模型预测值与真实值之间的差值来检验模型的效果。评估指标是检验模型效果的定量指标，sklearn.metrics 中包含了许多模型评估指标。下面对常用的评价指标及应用进行简单介绍。

1. 平均绝对误差

平均绝对误差（Mean Absolute Error，MAE）是对绝对误差损失的预期值。

$$MAE(y, \hat{y}) = \frac{1}{n}\sum_{i=1}^{n}(|y_i - \widehat{y_i}|) \tag{5.10}$$

平均绝对误差能很好地反映预测值误差的实际情况。

可以利用 sklearn.metrics 中的 mean_absolute_error() 函数来计算 MAE，应用上述糖尿病数据集测试集进行计算，程序如下：

```
from sklearn import metrics                          # 导入 sklearn.metrics
metrics.mean_absolute_error(y_test, pred_y)          # 调用评价指标函数名称进行计算
```

计算结果为：42.304491134609854。

2. 均方误差

均方误差（Mean Square Error，MSE）是观察值与预测值平方差的平均值，它是模型拟合的绝对度量。

$$MSE(y,\hat{y})=\frac{1}{n}\sum_{i=1}^{n}(y_i-\widehat{y_i})^2 \tag{5.11}$$

MSE 的值越小，误差越小，回归方程的拟合程度越高，模型效果越好。它是线性回归中最常用的损失函数，线性回归过程中尽量让该损失函数最小。但是随着样本增加，MSE 必然增加，也就是说，在不同的数据集的情况下，比较 MSE 没有意义。

可以利用 sklearn.metrics 中的 mean_squared_error() 函数来计算 MSE，针对上述糖尿病数据集测试集应用如下：

```
from sklearn import metrics                 # 导入 sklearn.metrics
mean_squared_error(y_test, pred_y)          # 调用函数实现均方误差（损失值）的计算
```

计算结果为：2837.2138129867662。

3. 均方根误差

均方根误差（Root Mean Square Error, RMSE）是均方误差的算术平方根，即残差的标准差。

$$RMSE(y,\hat{y})=\sqrt{\frac{1}{n}\sum_{i=1}^{n}(y_i-\widehat{y_i})^2} \tag{5.12}$$

RMSE 的值越小，模型的拟合度越好。RMSE反映的误差结果和样本数据是一个数量级的，能够更好地描述数据。该指标对一组测量中的特大或特小误差非常敏感，能够很好地反映出测量的精度。因此均方根误差在工程测量中被广泛采用。

可以利用 NumPy 中的 sqrt() 函数求得均方根误差，针对上述糖尿病数据集测试集应用如下：

```
import numpy as np                                       # 导入 NumPy 模块
from sklearn.metrics import mean_squared_error           # 导入 sklearn.metrics
np.sqrt(metrics .mean_squared_error(y_test, pred_y))     # 调用函数实现均方根误差的计算
```

计算结果为：53.265503029510256

4. 中值绝对误差

中值绝对误差（Median Absolute Error, MedAE）是通过取观察值和预测值之间的所有绝对差值的中值来计算损失。

$$MedAE(y,\hat{y})=median(|y_1-\hat{y}_1|,\cdots,|y_n-\hat{y}_n|) \tag{5.13}$$

该指标对样本量不敏感，即使在比较少的样本数据中依然可行，并且对异常值不敏感，不会因为特殊的异常值而导致估计的严重偏差。此方法非常适用于含有离群点的数据集。

可以利用 sklearn.metrics 中的 median_absolute_error () 函数来计算MedAE，针对上述糖尿病数据测试集应用如下：

```
from sklearn import metrics                              # 导入 sklearn.metrics
metrics.median_absolute_error(y_test, pred_y))           # 调用函数实现中值绝对误差计算
```

计算结果为：37.5368。

5. 决定系数拟合优度测定

决定系数（R-square）也称为确定系数，反映回归模型拟合数据的优良程度。

$$R^2=\frac{SSR}{SST}=\frac{\sum(\widehat{y_i}-\bar{y})^2}{\sum(y_i-\bar{y})^2}=1-\frac{\sum\left(y_i-\widehat{y_i}\right)}{\sum\left(y_i-\bar{y}\right)^2} \quad (5.14)$$

R^2的取值范围为 [0,1]，它代表在 y 值总变异中可由回归模型解释部分所占的百分比，用以反映线性回归模型能在多大程度上解释因变量 y 的变异性。因此，$R^2=0$ 意味着模型对数据完全没有拟合，$R^2=1$ 意味着完美拟合。

该指标可以利用 sklearn.metrics 中的 metrics.r2_score() 函数来计算，也可以利用 LinearRegression() 中的 score() 函数来计算，针对上述糖尿病数据测试集应用如下：

```
from sklearn import metrics                    # 导入 sklearn.metrics
R2 = metrics.r2_score(y_test, pred_y)          # 调用函数实现计算
```

或者

```
R2 = clf.score(x_test, y_test)                 # 调用 LinearRegression() 中的 score() 函数来计算
两种方式计算结果一致为：0.49799192253681046。
```

模型评估结果只有 0.5 左右，不是很高，说明变量之间的因果关系不是很强。一般这种情况下，会再考察单个自变量与因变量之间的关系。

5.2 多重共线性问题

在多元线性回归模型中，当自变量之间存在相关性，就说存在多重共线性。实际上自变量之间存在相关性很常见，但是当某些自变量之间高度相关时，即回归分析中存在严重的多重共线性时，就会引起一些问题，如β估计值的标准误差增大、置信区间变宽、显著性检验的 t 值变小、回归结果不准确等。当出现多重共线性问题时，可以通过减少自变量，增加样本，甚至采用岭回归法、Lasso 回归等有偏估计的方法来提高β估计值的稳定性。

5.2.1 多重共线性的定义

在多元线性回归模型 $y=\beta_0+\beta_1x_1+\beta_2x_2+\ldots+\beta_kx_k+\epsilon$中，如果自变量 x_1，x_2，…，x_k 之间存在线性关系，即一个自变量可以用其他一个或多个自变量的线性表达式来表示，则称模型存在多重共线性。例如，要建立高血压 y 与年龄 x_1、摄入食盐量 x_2、动脉粥样硬化程度 x_3 的回归方程，一般来说随着年龄的增长，摄入食盐量会增加，动脉粥样硬化的发病率也会逐渐增高。尽管变量 x_1，x_2，x_3 都是对 y 有影响的重要因素，但是 x_1，x_2，x_3 是相关的，因此该模型就存在多重共线性。在医学研究中，多重共线性几乎不可避免，因为自变量之间总会存在某种程度的相关。但只有当自变量之间的线性关系高到一定程度时，才会产生多重共线性问题。如果自变量之间存在完全的线性关系，则称模型存在完全的多

重共线性；若自变量之间存在近似的线性关系，则称模型存在近似的多重共线性（或“不完全多重共线性”）。

如果模型存在完全的多重共线性，自变量矩阵 X 不是满秩矩阵，$|X'X|=0$，其逆矩阵 $(X'X)^{-1}$ 不存在，则回归参数的最小二乘表达式 $\hat{\beta}=(X'X)^{-1}X'Y$ 不成立，不能求出 $\hat{\beta}$ 的唯一解。在实际问题当中，经常遇到的是近似多重共线性的情况，此时矩阵 X 虽然为满秩矩阵，但是 $|X'X|\approx 0$，得到的回归参数 $\beta_0,\beta_1,\beta_2,\cdots,\beta_k$ 的估计的精度很低，也不稳定，对观测值的轻微变化较敏感，标准误差过大，甚至估计值的符号可能错误，不能准确地解释自变量对因变量产生的影响，导致统计检验和回归结果不可靠。

【例 5-2】22 例胎儿的身长、头围、体重和胎儿的受精周龄的测量数据见表 5-3，建立由前三个指标推测胎儿受精周龄的回归方程。

表 5-3 胎儿的身长、头围、体重和受精周龄信息

序 号	身长（x_1）/cm	头围（x_2）/cm	体重（x_3）/g	受精周龄（y）
1	13.00	9.20	50.00	13.00
2	18.70	13.20	102.00	14.00
3	21.00	14.80	150.00	15.00
4	19.00	13.30	110.00	16.00
5	22.80	16.00	200.00	17.00
6	26.00	18.20	330.00	18.00
7	28.00	19.70	450.00	19.00
8	31.40	22.50	450.00	20.00
9	30.30	21.40	550.00	21.00
10	29.20	20.50	640.00	22.00
11	36.20	25.20	800.00	23.00
12	37.00	26.10	1090.00	24.00
13	37.90	27.20	1140.00	25.00
14	41.60	30.00	1500.00	26.00
15	38.20	27.10	1180.00	27.00
16	39.40	27.40	1320.00	28.00
17	39.20	27.60	1400.00	29.00
18	42.00	29.40	1600.00	30.00
19	43.00	30.00	1600.00	31.00
20	41.10	27.20	1400.00	33.00
21	43.00	31.00	2050.00	35.00
22	49.00	34.80	2500.00	36.00

在该数据集中，三个特征变量身长（x_1）、头围（x_2）和体重（x_3）是自变量，受精周龄（y）是因变量，利用 Sklearn 库对该数据集进行多元线性回归分析，具体程序如下：

```
import pandas as pd                                   # 导入一个用于读取 CSV 数据的容器
from sklearn import linear_model                      # 导入线性回归算法模块
df=pd.read_csv('L:\ 教材编写 \data\ 胎儿数据 .txt',sep='\t')   # 读取数据
```

```
features=['x1','x2','x3']                    # 特征变量的标题
labels='y'                                   # 因变量标签
x=df[features]                               # 获取自变量矩阵
y=df[labels]                                 # 获取因变量矩阵
clf=linear_model.LinearRegression()          # 构建回归模型
clf.fit(x,y)                                 # 训练模型
print(clf.coef_)                             # 输出结果，自变量系数
print(clf.intercept_)                        # 输出截距
```

输出结果为：

```
[ 1.69273561 -2.15883088  0.00747203]
11.01169432681463
```

因此拟合的回归方程为$y=11.0117+1.6927x_1-2.1588x_2+0.075x_3$，其中变量$x_2$的系数为–2.1588，也就是说在身长和体重不变的情况下，头围增加 1cm，受精卵周龄会减少 2.1588 周，这不符合实际情况。根据医学常识可知，胎儿身高、体重、头围之间肯定有着很强的正相关关系，三个自变量之间有着很强的共线性。可见基于最小二乘的多元线性回归分析对存在多重共线性的问题不能准确合理地进行建模。因此在对实际问题进行多元回归分析时，就需要检测自变量间是否存在多重共线性，如果存在就需要修改回归分析模型。

检测多重共线性的方法有很多，通常当出现以下几种情况时就认为变量之间存在多重共线性，具体包括：回归方程的自变量直线存在很强的线性关系即自变量间的相关系数较大；回归方程整体 F 检验显著，单个β 参数的 T 检验不显著；回归参数估计的符号与预期的相反。

当发现自变量中存在严重的多重共线性时，可以利用共线性检测有选择地保留自变量或者收集更多的数据以增大样本量，消除共线性；也可以采用岭回归和 Lasso 回归等回归分析方法以避免共线性指标对结果的影响。岭回归和 Lasso 回归主要针对自变量之间存在多重共线性或者自变量个数多于样本量的情况。

5.2.2 岭回归

当自变量间存在多重共线性时，即$|X'X|\approx 0$，如果利用最小二乘方法对回归参数进行估计，将会导致估计值不稳定，方差增大。岭回归（Ridge Estimate）方法是针对该病态矩阵问题进行改良的最小二乘估计法，是有偏估计回归方法。

1. 岭回归的概念

岭回归的基本思想是：当自变量间存在多重共线性时，$X'X$加上一个正常数矩阵kI（k>0），使得矩阵$X'X+kI$非奇异，从而能够求得其逆矩阵$(X'X+kI)^{-1}$，回归参数的求解公式变为：

$$\hat{\beta}(k)=(X'X+kI)^{-1}X'Y \tag{5.15}$$

我们称式（5.15）为β的岭回归估计。其中 k 为岭参数，k=0 时的岭回归估计就是最小二乘估计。I是单位矩阵，该矩阵对角线上全是 1，像一条山岭一样，这也是岭回归名称的由来。kI项的加入使得$X'X+kI$满秩，保证了可逆，但是也使得回归系数β 的估计不再是无偏估计。所以岭回归是以放弃无偏性、降低精度为代价解决病态矩阵问题的回归方法。

岭回归估计的目标函数（观测值和预测值的残差平方和）为$SSE=\sum(Y-X\beta)^2+k¡¬\beta¡¬^2$。该目标函数是在最小二乘回归模型的目标函数上加入了对回归参数β的 L2 范数约束，它表

示系数的均方根最小化。因此这是一种缩减（收缩）的算法，能够把一些系数缩减成很小的值甚至零，从而能够通过系数的值反映出自变量（特征）的重要程度。对因变量（标签）贡献越少的自变量的系数会越小，也会更容易被压缩，这有点类似于降维，可以对特征进行筛选，保留更少的重要特征，减少模型的复杂程度。

2. k 值的选择

因为岭参数 k 不是唯一确定的，因此估计的回归参数$\hat{\beta}(k)$是 k 的一个函数，对例 5-2 中的数据集应用式（5.15），计算所得的不同 k 值下的 β_1，β_2，β_3，见表 5-4。

表 5-4　不同 k 值下的回归系数取值

k	β_1	β_2	β_3
0.01	0.42397	−0.27435	0.00653
0.02	0.29810	−0.05807	0.00611
0.03	0.25484	0.03116	0.00579
0.04	0.23463	0.08174	0.00554
0.10	0.20693	0.19149	0.00462
0.20	0.20139	0.23463	0.00396
0.40	0.19376	0.24866	0.00339

那么，当 k 取何值时，$\hat{\beta}(k)$是最优估计呢？这就需要对 k 值进行选择。下面介绍两种常用的确定 k 值的方法。

（1）岭迹法确定 k 值。由于回归参数 β 是岭参数 k 的函数，因此可以根据 β 的变化情况来确定 k 值。在平面坐标中所描绘的 k~ $\hat{\beta}(k)$曲线称为岭迹曲线。根据岭迹曲线的变化形状来确定适当 k 值的方法叫作岭迹法。图 5-2 为例 5-2 中各个参数的岭迹曲线，从图中可以看出当 k 较小时，β_1，β_2很不稳定，k 逐渐增大后，β_1，β_2逐渐趋于稳定，且β_2的符号也符合了实际情况。因此根据岭迹曲线来选择 k 值的一般原则是：各回归系数的岭估计值趋于稳定的最小 k 值。k 值越小则偏差越小，通常建议小于 1。确定好 k 值后，即可输入 k 值，得出岭回归模型估计。在图 5-2 中可以看出当 k=0.03 时，各回归系数的估计值基本上达到相对稳定，系数符号也变得合理，因此可以认为 k=0.03 是最佳的值。

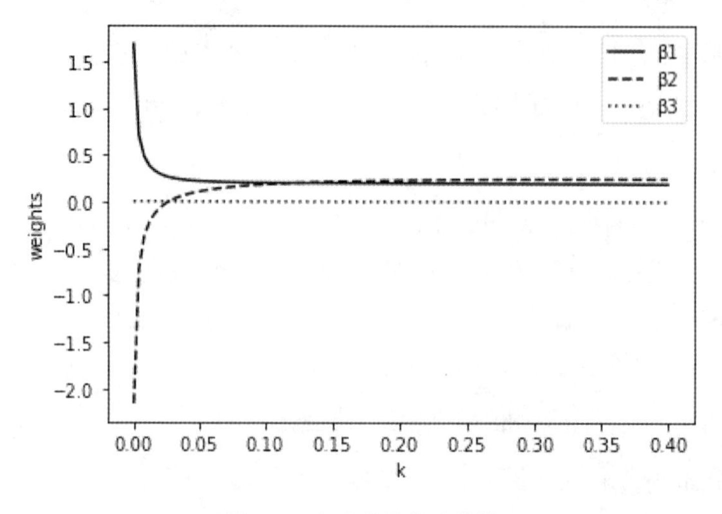

图 5-2　各参数的岭迹曲线

由于岭迹法缺少严格的理论依据，存在一定的主观因素，不能准确地确定 k 值。因此在现实中，真正用来确定 k 值的方法是交叉验证法。

（2）交叉验证法确定 k 值。交叉验证法的思想是，将数据集拆分成若干等份，将其中的一份数据作为测试集，其余数据作训练集，进行轮流训练与测试。每一种训练集和测试集下都会有对应的一个模型及模型评分（如均方误差），进而可以得到一个平均评分。该方法确定 k 值的标准非常明确，选择交叉验证下模型平均评分最优的 k 值。因此，交叉验证法可以定量地找到岭回归的最佳参数 k。

3. 岭回归的实现

岭回归方法的实现

我们可以使用 Sklearn 库中 Ridge 类和 RidgeCV 类来实现岭回归分析。应用 Ridge 类时需要确定具体的 k 值，而 RidgeCV 类自带交叉验证的算法，能从给定的一组 k 值中，通过交叉验证的方法，选择一个最优的 k 值。RidgeCV 类的调用格式如下：

```
sklearn.linear_model.RidgeCV(alphas=ks,scoring='neg_mean_squared_error', normalize=True,cv= None)
```

主要参数：

- alphas：需要测试的 k 取值的数组。
- scoring：用来进行交叉验证的评估指标，是可以自己设定，默认是 R2。
- cv：交叉验证的模式，cv= None 表示默认进行留一交叉验证。

由于医学数据集中容易存在多重共线性问题，下面仍然以 Sklearn 自带的糖尿病数据集为例进行岭回归处理。

为了找出最优的 k 值，先应用岭迹法，在 200 个不同的 k 值下调用岭回归（k 的取值范围为 10^{-5} ~ 10^{2}），观察回归系数随着 k 值的变化情况。k 值以指数变化，这样可以看出在非常小和非常大的情况下分别对结果造成的影响。

使用如下代码得到 200 组岭回归的系数，画出岭迹图。

```
# 导入第三方模块
import pandas as pd
import numpy as np
from sklearn import linear_model                    # 导入线性回归算法模块
from sklearn.model_selection import train_test_split
import matplotlib.pyplot as plt                     # 导入画图模块
from sklearn.datasets import load_diabetes
from cycler import cycler
# 读取糖尿病数据集
diabetes=load_diabetes()
x=diabetes.data
y=diabetes.target
# 划分数据集
x_train,x_test,y_train,y_test= train_test_split(x, y, test_size= 0.25, random_state=10010)
ks = np.logspace(-5, 2, 200)                        # k 的取值范围为 10^-5 ~ 10^2
reg=linear_model.Ridge( normalize=True)             # 建立岭回归模型，参数 normalize 为 True，则回
归前，回归变量 x 将会进行归一化，减去均值，然后除以 L2 范数
coefs=[]                                            # 构造空列表，用于存储模型的偏回归系数
# 循环迭代不同的 k 值
for a in ks:
  reg.set_params(alpha=a)                           # alpha 为正则化系数即岭参数 k
  reg.fit(x_train,y_train))                         # 训练模型
  coefs.append(reg.coef_)
# 绘制 k 与回归系数的关系图
plt.rc('axes', prop_cycle=(cycler('color', ['k', 'k', 'k', 'k', 'dimgray', 'dimgrey', 'dimgrey', 'grey', 'gray',
```

```
'grey'])+cycler('linestyle', ['-', '--', ':', '-.', '-', '--', ':', '-.', '-', '--', ':']))
    plt.plot(ks, coefs)                          # 以 k 值为横坐标，各回归参数为纵坐标画图
    plt.xscale('log')                            # 对 x 轴作对数变换
    plt.xlabel('k')                              # 设置折线图 x 轴标签
    plt.ylabel('Cofficients')                    # 设置折线图 y 轴标签
    plt.show()                                   # 图形显示
```

输出结果如图 5–3 所示。

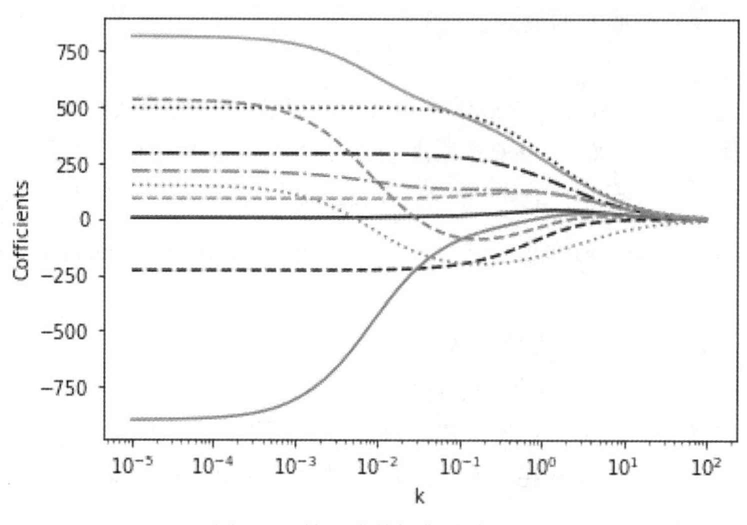

图 5–3 糖尿病数据集的岭迹图

对于图 5–3，可以理解成每个 *k* 值对应一组回归系数。该图表现出了比较突出的喇叭形折线，代表该自变量存在多重共线性。随着 *k* 增大，各回归系数趋于稳定。

为了定量地找到最佳参数，还需要进行交叉验证。接下来应用 RidgeCV 类进行交叉验证确定最佳 *k* 值及回归系数，代码如下：

```
    # 设置交叉验证参数，使用均方误差进行评估
    ridge_cv=linear_model. RidgeCV(alphas=ks,scoring='neg_mean_squared_error', normalize=True,cv=
None)                                 # 以平均均方根误差作为评估指标，采用留一交叉验证
    ridge_cv.fit(x_train,y_train)     # 拟合模型
    print(ridge_cv.alpha_)            # 输出最佳的 k 值
```

输出结果为 0.0369，当 *k* 为该值时对应最小的平均均方根误差。下面应用 *k*=0.0369 进行岭回归估计，代码如下：

```
    ridge = linear_model.Ridge(alpha=0.03369)
    ridge.fit(x_train, y_train)
    # 返回岭回归系数
    print(ridge.coef_)                # 输出自变量系数
    print(ridge.intercept_)           # 输出截距
```

输出结果为：

```
    [ 14.43421209 -212.73552457  489.11251978  286.85378539 -156.44101568
     -41.95458409 -171.94168392  138.71428957  511.24968688   98.27667112]
    149.73327105915016
```

下面对模型进行评估，检验模型效果：

```
    pred_y=ridge.predict(x_test)
    print(ridge.score(x_test,y_test))                        # R2 判定系数
    print(metrics.mean_squared_error(y_test, pred_y))        # MSE 均方误差
```

```
print(np.sqrt(metrics.mean_squared_error(y_test, pred_y)))     # RMSE 均方根误差
print(metrics.mean_absolute_error(y_test, pred_y))             # MAE 平均绝对误差
```

输出结果为：

```
R2 判定系数为：0.4984484149078714
均方误差为：2834.6338416300464
均方根误差：53.19160265681706
平均绝对误差：42.30427254312633
```

与 5.1 节中利用最小二乘法对糖尿病数据分析的结果进行对比，我们发现岭回归模型在各项评估指标上均优于最小二乘回归模型。回归系数β_5，β_6，β_7的估计值明显缩小了，这说明岭回归实现了回归系数的缩减，减小模型不重要因素的回归系数，回归系数的缩小能够使得模型更加稳定。但是系数不会缩减至 0，返回的模型仍然会包含所有的变量，无法对变量进行筛选，降低模型的复杂度。

那么有没有更好的办法呢？既解决共线性问题，同时又克服岭回归模型变量多的缺点呢？下面介绍的 Lasso 回归，最常被用于多重共线性问题的回归模型，在缩减过程中，可以将一些不重要的回归系数直接缩减至 0。

5.2.3 Lasso 回归

1. Lasso 回归的概念

Lasso 回归是于 1996 年由罗伯特·蒂施莱尼（Robert Tibshirani）首次提出，Lasso 回归和岭回归的主要区别是在惩罚项，岭回归用的是回归系数β的 L2 范数作为惩罚项，而 Lasso 回归用的是回归系数β的 L1 范数（回归系数β的绝对值之和）作为惩罚项。Lasso 回归的目标函数（损失函数）表达式如下：

$$SSE = \sum (Y - X\beta)^2 + \gamma|\beta| \tag{5.16}$$

其中，γ为 Lasso 系数，$|\beta|$为β的 L1 范数。它是在线性回归模型的目标函数上增加了对回归参数β的 L1 范数约束，强制系数绝对值之和小于某个固定值。在缩减过程中，随着γ的增大，可以将一些不重要的回归系数直接缩减至 0，从而达到变量选择的效果。这个性质让 Lasso 回归成为了线性模型中的特征选择工具首选，与岭回归一样，Lasso 回归是有偏估计。γ值的选择同 5.2.1 节中岭回归参数的选择一样。

2. Lasso 回归的实现

在 Sklearn 库中我们使用 Lasso 类和 LassoCV 类来实现 Lasso 回归分析。与岭回归类似，应用 Lasso 类时需要确定具体的γ值，而 LassoCV 类自带交叉验证的算法，能从给定的一组γ值中，通过交叉验证的方法，选择一个最优的γ值。

接下来，仍然以 Sklearn 自带的糖尿病数据集为例进行 Lasso 回归的处理。

通过岭迹图观察回归系数随着γ值的不同而变化的情况。具体代码如下：

```
import pandas as pd
import numpy as np
from sklearn import linear_model                              # 导入线性回归算法模块
from sklearn.model_selection import train_test_split
import matplotlib.pyplot as plt
from sklearn.datasets import load_diabetes
```

```
from sklearn import metrics
# 读取糖尿病数据集
diabetes=load_diabetes()
x=diabetes.data[:,:]
y=diabetes.target
# 划分数据集
x_train,x_test,y_train,y_test= train_test_split(x, y, test_size= 0.25,random_state=10010)
                                        # 切分 25% 作为测试集
rs = np.logspace(-5, 2, 200)            # 设置 Lasso 回归参数的取值数组
lasso_cofficients = []                  # 构造空列表，用于存储模型的偏回归系数
for r in rs:
    lasso = linear_model.Lasso(alpha=r, normalize=True, max_iter=10000) #alpha 是γ值，max_iter 指定最
大迭代数。normalize=True，将数据进行规范化
    lasso.fit(x_train, y_train)
    lasso_cofficients.append(lasso.coef_)
# 绘制 lasso 回归的岭迹图
plt.plot(ks, lasso_cofficients)
plt.xscale('log')                       # 对 x 轴作对数变换
plt.xlabel('r')                         # 设置折线图 x 轴标签
plt.ylabel('Cofficients')               # 设置折线图 y 轴标签
plt.show()                              # 显示图形
```

程序输出结果如图 5-4 所示。

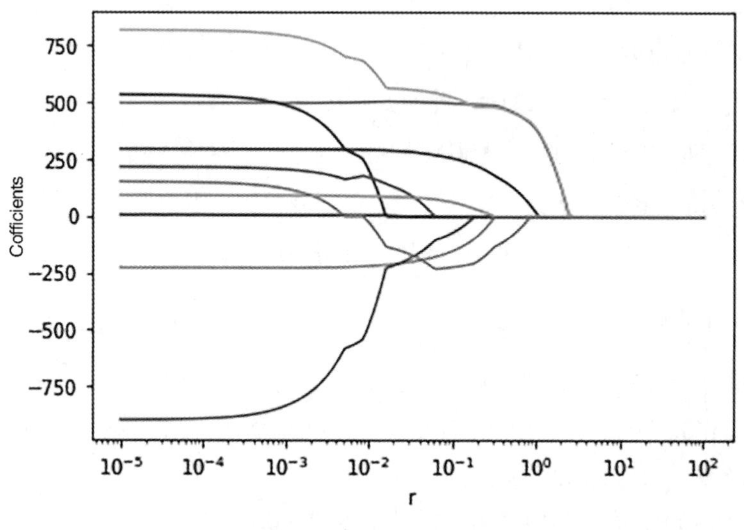

图 5-4　Lasso 回归的岭迹图

从图 5-4 中可以看到，随着γ增大，各回归系数缩减至 0。为了定量地找到最佳参数γ，还需要进行交叉验证。接下来应用 LassoCV 类进行交叉验证确定最佳γ值和回归系数，代码如下：

```
# 设置交叉验证参数，LassoCV 的模型评估指标（交叉验证结果）选用的是均方误差
lasso_cv=linear_model.LassoCV(alphas=rs, normalize=True,cv=5)
#alphas 需要测试γ取值的数组，cv =5 表示 5 折交叉验证
lasso_cv.fit(x_train,y_train)
print(lasso_cv.alpha_)
```

输出结果为：

```
0.06826
```

所以，当 r 为 0.06826 时对应最小的平均均方根误差。下面应用 r=0.06826 进行 Lasso

回归估计，具体代码如下：

```
# 基于最佳的 r 值建模
lasso = linear_model.Lasso(alpha=0.068,normalize=True, max_iter=10000)
lasso.fit(x_train, y_train)
# 返回岭回归系数
print(lasso.coef_)                                    # 自变量系数
print(lasso.intercept_)                               # 输出截距项
```

输出结果如下：

```
[ 0.   -174.19622143      498.64904987       266.81250557       -98.88770281
 -0.   -230.92597408      0.                 540.83487238       73.86032731]
149.7522838259253
```

从以上输出结果中可以看到回归系数β_1，β_6，β_8已经缩减为 0 了，说明这三个系数对应的自变量对因变量的影响比较小，从而被剔除了，不再参与模型的训练，从而达到了特征选择的目的。

下面对模型进行评估，检验模型效果，具体代码如下：

```
pred_y=lasso.predict(x_test)                          # 得到测试数据的预测值
print(lasso.score(x_test,y_test))                     # 输出 R² 判定系数
print(metrics.mean_squared_error(y_test, pred_y))     # MSE 均方误差
print(np.sqrt(metrics.mean_squared_error(y_test, pred_y)))   # 调用函数实现均方根误差
print(metrics.mean_absolute_error(y_test, pred_y))    # MAE 平均绝对误差
print(' 中位绝对值误差：{:.4f}'.format(metrics.median_absolute_error(y_test, pred_y)))  # 中值绝对误差
```

输出结果为：

```
R² 判定系数为：0.4993839247404167
均方误差为：2829.346593200708
均方根误差：53.19160265681706
平均绝对误差：42.71651673697409
```

与 5.2 节中利用岭回归模型对糖尿病数据分析的结果进行对比，我们发现 Lasso 模型的 R^2 判定系数及均方误差要优于岭回归模型。虽然优势不是很明显，但是 Lasso 回归模型剔除了三个不重要的特征，使模型的复杂度降低，模型更加的稳定。

5.3 非线性回归——多项式回归

在线性回归中，我们是寻找一条直线来尽可能的拟合数据。但是在许多实际问题中，自变量和因变量之间的关系常常是非线性的，直线方程无法很好的拟合数据。如某机构调查了全电气化住宅中 7 月份用电量 y 和住宅面积 x 之间的关系，用电量与住宅面积的散点图如图 5–5 所示。从图中数据分布来看，y 与 x 显然是非线性的关系。如果用直线来拟合这种有弧度的曲线分布样本，效果肯定不好，下面我们采用非线性曲线对该数据进行更优的拟合。例如，采用以下二次曲线方程 $y=\beta_0+\beta_1x+\beta_2x^2$进行拟合，该模型中加入了特征 x 的更高次方项，作为一个新的特征，该特征是原特征的多项式。利用多项式对数据集拟合得到的模型就是多项式回归模型。根据数学的相关理论，任何曲线均可以使用多项式进行逼近，这种逼近的分析过程即为多项式回归（Polynomial Regression）。

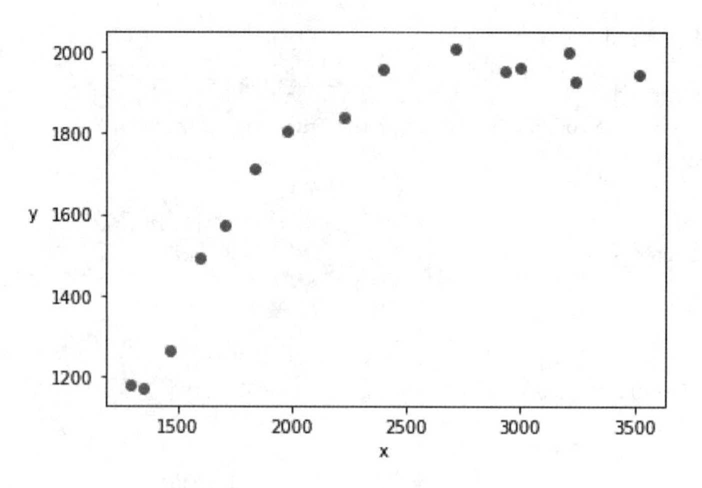

图 5–5 用电量与住宅面积的散点图

5.3.1 多项式回归的基本概念

研究一个因变量与一个或多个自变量间多项式的回归分析方法，称为多项式回归。当自变量只有一个时，称为一元多项式回归；当自变量有多个时，称为多元多项式回归。

一元 k 次多项式回归模型的一般形式为：

$$y = \beta_0 + \beta_1 x + \beta_2 x^2 + \cdots + \beta_k x^k + \epsilon \tag{5.17}$$

其中，y 为因变量，x 为自变量，$x^2, x^3, \cdots, x^k$ 是根据 x 得到的，令 $x_1 = x$，$x_2 = x^2, \cdots$，$x_k = x^k$ 则多项式回归模型可以转化为多元线性回归模型：

$$y = \beta_0 + \beta_1 x + \beta_2 x_2 + \cdots + \beta_k x_k + \epsilon$$

因此多项式回归模型就是多元线性回归模型的一个特例，其拟合与推断与多元线性回归模型一样。在一元回归分析中，如果因变量 y 与自变量 x 的关系为非线性的，但是又找不到适当的函数曲线来拟合，则可以采用一元多项式回归。

多项式回归中当阶数过高时，回归参数的解释变得困难，回归模型也会不稳定。因此，一般的多项式回归模型很少应用到三阶以上。

在实际应用中常遇到两个或两个以上的自变量情况，二元二次多项式的回归模型为：

$$y = \beta_0 + \beta_1 x_1 + \beta_2 x_2 + \beta_3 x_1^{\ 2} + \beta_4 x_2^{\ 2} + \beta_5 x_1 x_2 + \epsilon \tag{5.18}$$

其中，y 为因变量，x_1和x_2为自变量，$x_1 x_2$ 是x_1和x_2的交叉乘积项，表示x_1和x_2的交互作用，系数β_5称为交互影响系数。

该模型仍然可以转化为多元线性回归模型。类似上面的情况我们也可以给出多元高阶多项式模型。多项式回归在算法上并没有新的地方，完全是使用线性回归的思路，关键在于为原来的样本添加新的特征。而我们得到新的特征的方式是原有特征的多项式的组合。采用这样的方式，我们就可以解决一些非线性的问题。

多项式回归中加入了特征的更高次方（如平方项或立方项），也相当于增加了模型的自由度，用来捕获数据中非线性的变化。添加高阶项的时候，也增加了模型的复杂度。随着模型复杂度的升高，模型的容量及拟合数据的能力增加，可以进一步降低训练误差，但导致过拟合的风险也随之增加。

5.3.2 多项式回归的实现

下面以 Sklearn 自带的波士顿房价预测数据集为例进行多项式回归方法的实现。

波士顿房价数据集中包含 506 条记录，每条记录包含反映房屋相关信息的 13 个特征（自变量）及房价信息属性（因变量）。数据集中人口中低收入阶层比例（特征 LSTAT）与房价（标记 MEDV）有最高的相关性，但是它们之间并不是线性关系，因此我们尝试使用多项式回归拟合它们之间的关系。

多项式回归是在线性回归的基础上，在原来的数据集维度特征上增加一些多项式特征，使得原始数据集的维度增加，然后基于升维后的数据集用线性回归的思路进行求解，从而得到相应的预测结果和各项的系数。相当于是线性回归的特殊形式，它的思路及优化算法和线性回归是一致的，在 Sklearn 库中没有专门的定义多项式回归的函数，我们可以调用 Sklearn 中的 LinearRegression() 类实现多项式回归。对数据集进行处理增加多项式特征，可以调用 Sklearn 中的 PolynomialFeatures() 类完成，PolynomialFeatures() 类能够自动产生多项式特征矩阵，调用格式如下：

```
sklearn.preprocessing.PolynomialFeatures(degree=2, interaction_only=False, include_bias=True)
```

其中：

- degree：多项式次数，默认为 2 。
- interaction_only：默认为 False，如果为 True 则产生相互影响的特征集。
- include_bias：默认为 True，包含多项式中的截距项。

试建立人口中低收入阶层比例（特征 LSTAT）与房价（标记 MEDV）的多项式回归模型并与一元线性回归模型进行比较，具体代码如下：

```
# 导入相关库
from sklearn import linear_model                    # 导入线性回归算法模块
from sklearn.preprocessing import PolynomialFeatures
import matplotlib.pyplot as plt
from sklearn.datasets import load_boston
# 获取房屋数据
housedata=load_boston()
housedata.feature_names
X=housedata.data[:,12].reshape(-1,1)                # 读取人口中低收入阶层比例（特征 LSTAT）数据，
                                                      并转换为二维矩阵的形式
y=housedata.target                                  # 读取房价（标记 MEDV）数据
# 对特征数据集进行处理，增加多项式特征
quadratic = PolynomialFeatures(degree=2)            # 增加二次方，即二项式回归
X_quad = quadratic.fit_transform(X)                 # 得到多项式数据集
lr =linear_model.LinearRegression()                 # 调用线性回归模型
lr.fit(X, y)                                        # 进行一元线性回归训练
lr_predict = lr.predict(X)                          # 应用最小二乘回归模型对数据集进行预测
lr = lr.fit(X_quad, y)                              # 进行二项式回归训练
quad_predict = lr.predict(X_quad)                   # 应用多项式回归模型对数据集进行预测
```

对模型进行评价，评价方法同前面章节介绍的原理一样，这里不再重复，只采用了决定系数 R^2 来评估两种模型的回归效果，代码如下：

```
lr_r2 =lr.score(X, y)                               # 计算线性回归的 R² 值
quadratic_r2 =lr.score(X_quad,y)                    # 计算二项式回归的 R² 值
```

输出结果为：

```
0.5441462975864799
0.6407168971636611
```

可见，多项式回归模型的决定系数明显高于线性回归模型的决定系数，说明多项式回归模型能更好地拟合数据。下面将这两种模型的拟合曲线进行可视化，以方便我们更直观地观察二者的区别，代码如下：

```
# 拟合曲线可视化
plt.scatter(X, y, c='darkgray', edgecolor='white', marker='s')      # 训练数据散点图
plt.scatter(X, lr_predict, c='k', marker='o')                       # 线性回归方程拟合曲线散点图
plt.scatter(X, quad_predict, c='dimgray', marker='v')               # 多项式回归方程拟合曲线散点图
plt.xlabel('LSTAT')
plt.ylabel('MEDV')
plt.show()
```

结果如图 5-6 所示。

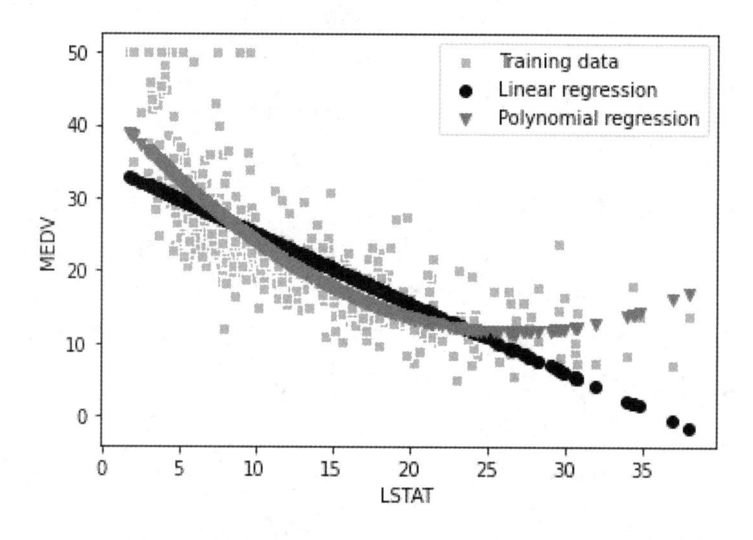

图 5-6 低收入阶层比例与房价的拟合曲线散点图

从图 5-6 中可以看到多项式回归模型能更好地拟合数据。

5.4 Logistic 回归

在线性回归中因变量通常被定为定量数据，但在实际社会问题分析中，常常会遇到因变量是定性的分类数据。例如，临床中研究胃癌的影响因素，自变量为年龄、性别、饮食习惯、幽门螺杆菌感染等，因变量为是否患胃癌，值为“是”或“否”，即为定性的分类变量。那么能否按照回归思想对未分类变量的因变量与其影响因素做回归分析呢？这就是本节要介绍的 Logistic 回归的主要内容。

Logistic 回归通常是处理因变量为分类数据的回归问题。它实际上属于一种分类方法，可用于估计某个事件发生的可能性，也可分析某个问题的影响因素，常用于数据挖掘、疾病自动诊断、经济预测等领域。

5.4.1 Logistic 回归模型

Logistic 回归分析是一种广义的线性回归分析模型，是在用线性回归的方法做分类任

务。例如胃癌影响因素分析中，因变量y_i为是否胃癌，是一个二值变量，1 表示“是”，0 表示“否”；自变量有年龄、性别、饮食习惯、幽门螺杆菌感染等，记为$x_i=(x_{i1},x_{i2},\cdots,x_{ik})$。如果根据多元回归的思想，建立如式（5.2）的线性回归方程，将会遇到如下问题：

（1）因变量 y 本身只有 1 和 0 两个离散值，而式（5.2）的取值是在一个范围内变化的。

（2）因变量 y 的最大值为 1，最小值为 0，式（5.2）右端的取值是在$(-\infty,+\infty)$上的。

因此，必须想到一个办法将线性回归方程的输出转化到 (0,1) 上。对于此情形，最理想的函数是单位阶跃函数，阶跃函数的形式为：

$$sgn(z)=\begin{cases}1, & z\geqslant 0\\ 0, & z<0\end{cases} \tag{5.19}$$

将$z=\beta_0+\beta_1x_{i1}+\beta_2xi_2+\ldots+\beta_kx_{ik}+\epsilon$代入式（5.18）：

$$y_i=\begin{cases}1, & z=\beta_0+\beta_1x_{i1}+\beta_2x_{i2}+\ldots+\beta_kx_{ik}+\epsilon\geqslant 0\\ 0, & z=\beta_0+\beta_1x_{i1}+\beta_2x_{i2}+\ldots+\beta_kx_{ik}+\epsilon<0\end{cases} \tag{5.20}$$

则因变量y_i的取值就转化为了 (0,1)。

但是我们知道单位阶跃函数并非一个连续函数，不符合线性回归模型的假定，因此常用 Logistic 函数来近似。Logistic 函数的形式为：

$$f(z)\frac{\mathrm{e}^z}{1+\mathrm{e}^z} \tag{5.21}$$

其中，e 为欧拉常数，该函数同样能够将输入范围$(-\infty,+\infty)$映射到 (0,1) 之间。

将$z=\beta_0+\beta_1x_{i1}+\beta_2x_{i2}+\ldots+\beta_kx_{ik}+\epsilon$ 代入式（5.20），可以得到近似的回归方程为：

$$y_i=\frac{\mathrm{e}^{(\beta_0+\beta_1x_{i1}+\beta_2x_{i2}+\ldots+\beta_kx_{ik}+\epsilon)}}{1+\mathrm{e}^{(\beta_0+\beta_1x_{i1}+\beta_2x_{i2}+\ldots+\beta_kx_{ik}+\epsilon)}} \tag{5.22}$$

由于y_i是 0–1 型变量，$E(y_i)=P(y_i=1)=p_i$是自变量为 x_i 时 $y_i=1$的概率。$\hat{y}_i$为$E(y_i)$的一个估计，所以我们可以用$y_i=1$的概率p_i代替y_i作为因变量，从而得到 Logistic 回归模型为：

$$p_i=\frac{\mathrm{e}^{(\beta_0+\beta_1x_{i1}+\beta_2x_{i2}+\ldots+\beta_kx_{ik}+\epsilon)}}{1+\mathrm{e}^{(\beta_0+\beta_1x_{i1}+\beta_2x_{i2}+\ldots+\beta_kx_{ik}+\epsilon)}}\ (i=1,2,3\cdots,n) \tag{5.23}$$

概率p_i与因变量x_i往往是非线性的，为了解决该类问题，对p_i进行如下 Logit 变换：

$$p_i'=\ln\frac{p_i}{1-p_i} \tag{5.24}$$

变换后的 Logistic 回归模型如下：

$$p_i'=\beta_0+\beta_1x_{i1}+\beta_2x_{i2}+\ldots+\beta_kx_{ik}+\epsilon \tag{5.25}$$

变换后的p_i'与自变量x_i之间存在线性关系。

下面通过一个例子来说明 Logistic 回归模型。

【例 5-3】某银行信用卡中心拟研究某卡种的持卡人收入水平与违约风险的关系，违约的持卡人记为 1，没有违约的持卡人记为 0。以持卡人的月收入为自变量 x 对表 5-5 中的数据建立 Logistic 回归模型。

表 5-5 信用卡违约统计

序号	月收入x_i / 万元	持卡人数 n_i	违约人数 m_i	违约比 $p_i=\frac{m_i}{n_i}$	Logit 变换 $p_i'=\ln\frac{p_i}{1-p_i}$
1	0.4	370	74	0.2	−1.386
2	0.6	300	54	0.18	−1.52
3	0.8	320	48	0.15	−1.73
4	1.0	450	45	0.1	−2.2
5	1.2	400	24	0.06	−2.75
6	1.4	520	26	0.05	−2.94
7	1.6	350	14	0.04	−3.18
8	1.8	450	9	0.02	−3.89

该数据为分组数据，以持卡人月收入为依据将数据分为了 8 组，并且计算出每组的违约比p_i以及p_i'，因此每组的数据(x_i, p_i')的 Logistic 回归方程为：

$$p_i'=\hat{\beta}_0+\hat{\beta}_1 x_i \tag{5.26}$$

式（5.26）是一个普通的一元线性回归模型。使用线性回归的思路计算出回归参数为：

$$\hat{\beta}_0=-0.484$$

$$\hat{\beta}_1=-1.788$$

可得回归方程为：

$$p'=-0.484-1.788x$$

经计算该回归模型的决定系数 $R^2=0.972$，F 统计检验量显著性检验值 $P\approx 0$，高度显著。因此可以应用该 Logistic 回归方程对违约率做预测。

由于上例中的数据是分组数据，我们可以直接应用线性回归的思路来估计模型的参数。但是对于未分组的数据，不能直接计算出每个样本的概率p_i，所以该方法就不再适用了。实际上我们可以用极大似然估计直接来估计未分组数据的 Logistic 回归模型参数。

5.4.2 Logistic 回归参数估计

未分组数据的 Logistic 回归模型的回归参数可通过极大似然估计得到，极大似然估计的基本思想是：使样本出现的几率为最大。

假设 n 组样本观测值为（$x_{i1}, x_{i2}, \cdots, x_{ik}$ 和 y_i），其中 $i=1,2,\cdots,n$，y_i为 0–1 型变量，概率函数为：

$$P(y_i=1)=p_i$$

$$P(y_i=0)=1-p_i$$

因此y_i的概率函数可以合写为：

$$P(y_i)=p_i^{y_i}(1-p_i)^{1-y_i}, y_i=0, 1(i=1,2,3,\cdots,n) \tag{5.27}$$

于是$y_1, y_2,..., y_n$的似然函数为：

$$L=\prod_{i=1}^{n}P(y_i)=\prod_{i=1}^{n}p_i^{y_i}(1-p_i)^{1-y_i} \tag{5.28}$$

将式（5.23）代入式（5.28）可得：

$$L=\prod_{i=1}^{n}\left(\frac{e^{(\beta_0+\beta_1x_{i1}+\beta_2x_{i2}+\ldots+\beta_kx_{ik}+\epsilon)}}{1+e^{(\beta_0+\beta_1x_{i1}+\beta_2x_{i2}+\ldots+\beta_kx_{ik}+\epsilon)}}\right)^{y_i}\left(\frac{1}{1+e^{(\beta_0+\beta_1x_{i1}+\beta_2x_{i2}+\ldots+\beta_kx_{ik}+\epsilon)}}\right)^{1-y_i} \tag{5.29}$$

使 L 取得最大值的$\hat{\beta}_0, \hat{\beta}_1, \hat{\beta}_2,\cdots, \hat{\beta}_k$称为参数$\beta_0, \beta_1, \beta_2,..., \beta_k$的最大似然估计。

【例 5-4】为了研究麻醉剂用量与患者是否保持静止的关系，记录了 30 名患者在手术前给予不同麻醉剂浓度后的情况。记录数据见表 5-6，麻醉剂浓度为自变量 x，患者是否保持静止为因变量 y，y=1 时表示静止，y=0 时表示移动，试建立 y 与 x 间的 Logistic 回归模型。

表 5-6 患者麻醉剂浓度记录表

序 号	麻醉剂浓度 x	是否静止 y	拟合结果
1	1.2	1	0.530887
2	1.4	0	0.54031
3	1.4	1	0.54031
4	1.2	0	0.530887
5	2.5	0	0.591451
6	1.6	1	0.549705
7	0.8	1	0.511981
8	1.6	0	0.549705
9	1.4	1	0.54031
10	0.8	0	0.511981
11	1.6	0	0.549705
12	2.5	1	0.591451
13	1.4	1	0.54031
14	1.6	1	0.549705
15	1.4	1	0.54031
16	1.4	1	0.54031
17	0.8	1	0.511981
18	0.8	0	0.511981
19	1.2	1	0.530887
20	0.8	1	0.511981
21	0.8	0	0.511981
22	1	0	0.521442

续表

序　号	麻醉剂浓度 x	是否静止 y	拟合结果
23	0.8	0	0.511981
24	1	0	0.521442
25	1.2	0	0.530887
26	1	1	0.521442
27	1.2	0	0.530887
28	1	1	0.521442
29	1.2	0	0.530887
30	1	1	0.521442

根据表 5-6 中的数据建立 Logistic 回归方程为：

$$p_i' = \beta_0 + \beta_1 x_i$$

由于该数据集为未分组数据，不能直接计算每个样本的概率p_i，因此需要应用极大似然估计来估计模型的参数。

下面应用 sklearn 中的 LogisticRegression() 函数对该数据集进行 Logistic 回归分析，具体代码如下：

```
import pandas as pd                              # 导入一个用于读取 CSV 数据的容器
import numpy as np
from sklearn import linear_model                 # 导入模型
# 读取数据
anesthesia=pd.read_csv('L:\\ 教材编写 \\data\\anesthesia.csv',sep=',')
features=["x"]
labels=["y"]
x=anesthesia[features]                           # 数据集特征
y=anesthesia[labels]                             # 数据类别
logistic=linear_model.LogisticRegression()
logistic.fit(x,y)                                # 拟合模型
# 返回模型的各个参数
print(logistic.intercept_)
print(logistic.coef_)
```

输出结果为：

```
[-0.10361236]
[[0.1894321]]
```

因此 Logistic 回归方程为 $p_i' = -0.10361236 + 0.1894321x_i$，应用该模型对每个样本的概率进行预测：

```
y_score =logistic.predict_proba(x)[:,1] # 应用训练好的回归模型对表 5-6 中的样本自变量进行拟合
```

每个样本的 y_score 显示在表 5-6 中的“拟合结果”列，可见模型预测的结果是得到每一个样本的因变量取 1 的概率 p，为了得到分类结果，需要设定一个阈值 p_0，当 p 大于 p_0 时，认为该样本的因变量为 1，否则为 0。阈值大小对模型的预测效果有较大影响。

常用评估指标

5.4.3 Logistic 回归评估指标

对于 0-1 变量的二分类问题，分类的最终结果可以用表 5-7 所示的矩阵来表示。

表 5-7 二分类混淆矩阵

预测值	实际值	
	1	0
1	真阳性 TP	假阳性 FP
0	假阴性 FN	真阴性 TN

通常将上述矩阵称为“混淆矩阵”。一般情况下，因变量取值为 1 时称为正例（Positive），取值为 0 时称为负例（Negative）。

其中：

- TP：正确预测正例的样本个数。
- FP：预测为正例但实际为负例的样本个数。
- FN：预测为负例但实际为正例的样本个数。
- TN：正确预测负例的样本个数。

分类模型的所有评估指标都是围绕上面 4 种情况来计算的，常用的评估指标有：准确率（Accuracy）、精确率（Precision）、召回率（Recall）、F1 得分（F1 -score）和 ROC 曲线（Receiver Operating Characteristic），下面详细介绍 F1 得分和 ROC 曲线。

1. F1 得分

F1 得分计算了精准率和召回率的调和平均数。由于精确率和召回率是相互牵制、互相矛盾的两个变量，F1 得分综合了两者的表现，反映了模型的稳健性，公式如下：

$$F_1 = \frac{2}{\frac{1}{\text{Precision}} + \frac{1}{\text{Recall}}} \tag{5.30}$$

2. ROC 曲线

ROC 曲线是以假阳性率（FPR）为横坐标，真阳性率（TPR）为纵坐标绘制的曲线，如图 5-7 所示。

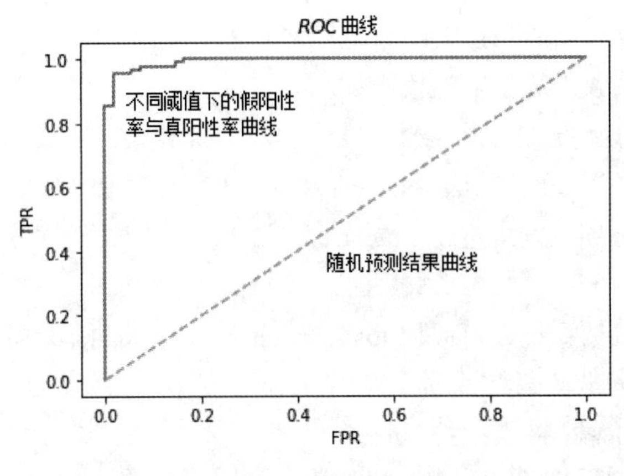

图 5-7 ROC 曲线

TPR 表示将正例样本正确地预测为正例样本的概率，公式为：

$$\text{TPR} = \frac{\text{TP}}{\text{TP+FN}} \tag{5.31}$$

FPR 表示将负例样本预测为正例的概率，公式为：

$$FPR = \frac{FP}{FP+TN} \quad (5.32)$$

TPR 和 FPR 这两个指标都不受样本不平衡的影响。

ROC 曲线是通过遍历所有阈值来绘制整条曲线的。当阈值为 0 时，所有的样本都被预测为正例，因此 TPR=1，FPR=1，无法实现分类；随着阈值逐渐增大，被预测为正例的样本数逐渐减少，TPR 和 FPR 各自减小；当阈值为 1 时，所有的样本都被预测为负例，此时 TPR=0，FPR=0。当 FPR 和 TPR 相等时，表示的意义则是把实际值为正例和负例预测为正值的概率是相等的，所以对角线代表随机预测结果曲线。利用有效方法形成的 ROC 曲线应位于对角线上方。评估模型的分类效果时，TPR 越高，FPR 越低（即 ROC 曲线越陡），那么模型的性能就越好。ROC 曲线下的面积可以定量地评价模型的效果，记作 AUC，取值为 [0, 1]，AUC 数值越大则模型效果越好。

5.4.4 应用实例

下面对 Sklearn 自带的威斯康星州乳腺癌数据集进行 Logistic 回归分析。

威斯康星州乳腺癌数据集包含 569 个患者的乳腺癌数据样本，每个样本具有 30 个特征变量，由数字化细胞核的 10 个不同特征的均值、标准差和最大值构成。所有样本被分为 2 个类别——恶性或良性，其中恶性有 212 例，良性有 357 例。这是个非常标准的二类判别数据集，适合做分类任务。因此以该数据集作为样本进行 Logistic 回归分类训练。

我们可以调用 Sklearn 中 LogisticRegression() 来实现 Logistic 回归分析。调用格式如下：

```
sklearn.linear_model.LogisticRegression(penalty="l2", C=1.0, random_state=None, solver="lbfgs", max_
iter=3000, multi_class='ovr', verbose=0)
```

主要参数：

- penalty：用于指定惩罚项中使用的规范，可选参数为 L1 和 L2，默认为 L2。
- C：正则化系数 λ 的倒数，float 类型，默认为 1.0。必须是正浮点型数，越小的数值表示越强的正则化。
- solver：对 Logistiic 回归损失函数的优化方法。
- max_iter：算法收敛最大的迭代次数。
- multi_class：分类方式选择参数。
- verbose：日志冗长度，默认为 0，表示不输出训练过程。

对威斯康星州乳腺癌数据集进行 Logistic 回归分析，具体代码如下：

1. 数据的获取

威斯康星州乳腺癌数据集，可以用 load_breast_cancer() 直接从 Sklearn 中下载。

```
# 导入程序所需模块
from sklearn.datasets import load_breast_cancer
from sklearn.model_selection import train_test_split
from sklearn.linear_model import LogisticRegression
from sklearn.metrics import classification_report, roc_auc_score, roc_curve
import matplotlib.pyplot as plt
# 加载 Sklearn 自带的乳腺癌数据集
cancer=load_breast_cancer()                    # 使用 load_breast_cancer() 来导出数据
# 查验数据规模和细节
print (len(cancer.data))                                   # 输出数据集的长度
```

```
print(list(cancer.target_names))                    # 输出数据集的类别标签
print (cancer.data[0])                              # 输出第一个文本数据的具体内容
```

程序运行结果为：

```
569
['malignant', 'benign']
[1.799e+01 1.038e+01 1.228e+02 1.001e+03 1.184e-01 2.776e-01 3.001e-01
1.471e-01 2.419e-01 7.871e-02 1.095e+00 9.053e-01 8.589e+00 1.534e+02
  6.399e-03 4.904e-02 5.373e-02 1.587e-02 3.003e-02 6.193e-03 2.538e+01
  1.733e+01 1.846e+02 2.019e+03 1.622e-01 6.656e-01 7.119e-01 2.654e-01
  4.601e-01 1.189e-01]
```

由以上的输出可知：该数据集由 569 条记录组成，共分为 2 个类别，分别是 malignant 和 benign，每条记录包含 30 个数值型特征值。

```
# 提取特征数据矩阵，类别矩阵
X=cancer.data
y=cancer.target
```

2. 划分数据集

```
# 将数据集分为训练集和测试集，将数据集的 25% 作为测试集
X_train, X_test, y_train, y_test = train_test_split(X, y, test_size=0.25, random_state=188)
# 初始化模型
clf = LogisticRegression(penalty="l2", C=1.0, random_state=None, solver="lbfgs", max_iter=3000, multi_
class='ovr', verbose=0)   # 罚项中使用 L2 范数；选用 lbfgs 对损失函数进行优化；算法收敛最大的迭代次数
为 3000 ；不输出训练过程
```

3. 构建 Logistic 回归模型

```
clf.fit(X_train, y_train)                    # 使用训练数据来拟合模型
print(clf.coef_, clf.intercept_)             # 输出模型的参数
```

运行结果为：

```
coef: [[ 1.1236479  0.17948297  -0.46768785  0.03660715  -0.17718275 -0.26682819  -0.55787018
-0.28690341  -0.25338968  -0.03962808  -0.06281987  0.83709757 0.1353187 -0.0782392 -0.03149323
0.00940261 -0.09203682 -0.04281245 -0.06846945 0.00734675 0.39814975 -0.47350993 -0.01838851
-0.0245155 -0.30599113 -0.64014974 -1.26593859 -0.48422521 -0.72608685 -0.06992313]]
intercept: [31.20713803]
# 使用测试数据来预测，返回值为预测分类数据
y_pred = clf.predict(X_test)
print(y_pred)                                # 输出分类结果
```

运行结果为：

```
[1 0 1 0 1 0 0 0 0 1 1 0 1 0 1 1 0 1 1 0 1 0 1 0 1 1 1 1 1 0 0 1 1 1 0 0 0 1 1 1 1 0 1 1 1 1 1 1 1 1 1 0 1 0 0 0 0
0 1 0 1 1 1 1 1 1 1 0 1 0 1 1 1 0 1 1 0 1 0 0 0 0 1 0 1 0 1 1 1 1 0 0 0 1 1 1 1 1 1 0 1 1 1 0 0 0 0 1 0 1 1 1 1 0 1 1 0 1
1 0 1 1 1 0 1 1 1 1 0 1 0 1 1 1 0 1 1 0 1 1 1 1 1 0]
```

4. 对 Logistic 回归模型的分类效果进行评估

应用 Sklearn 中的 classification_report() 函数显示主要分类指标的文本报告。在报告中显示分类器的准确性、每个类标签的精确率、召回率及 F1 得分，代码如下：

```
print(classification_report(y_test, y_pred)) # 输出主要分类指标的文本报告
```

运行结果如图 5-8 所示。

```
              precision    recall  f1-score   support

           0       0.96      0.93      0.94        55
           1       0.96      0.98      0.97        88

    accuracy                           0.96       143
   macro avg       0.96      0.95      0.96       143
weighted avg       0.96      0.96      0.96       143
```

图 5-8 主要分类指标的文本报告

该模型的准确率为 0.96，平均精确率为 0.96，平均召回率为 0.95，平均 F1 得分为 0.96，从这几项指标来看，模型的分类效果非常好。

下面利用 sklearn.metrics.roc_curve() 来绘制模型的 ROC 曲线，sklearn.metrics.roc_curve() 的返回值为 fpr、tpr、thresholds 三个向量，分别存储不同阈值对应的 FPR 和 TPR，可以用来画出 ROC 曲线，具体代码如下：

```
y_pre=clf.predict_proba(X_test)                          # 计算测试样本的概率值
fpr,tpr,thresholds=roc_curve(y_test,y_pre[:,1], drop_intermediate=True)          # 计算不同阈值下的
fpr、tpr；drop_intermediate=True 取出欠佳阈值可以做出更好的 ROC 曲线

plt.plot(fpr,tpr)                                        # 以 fpr 为横坐标，tpr 为纵坐标画出 ROC 曲线
plt.title('$ROC curve$')                                 # 设置标题
plt.xlabel(' fpr ')
plt.ylabel(' tpr)
plt.plot(fpr,fpr,'--')                                   # 画出对角线作为参考
plt.show()
```

运行结果如图 5-9 所示。

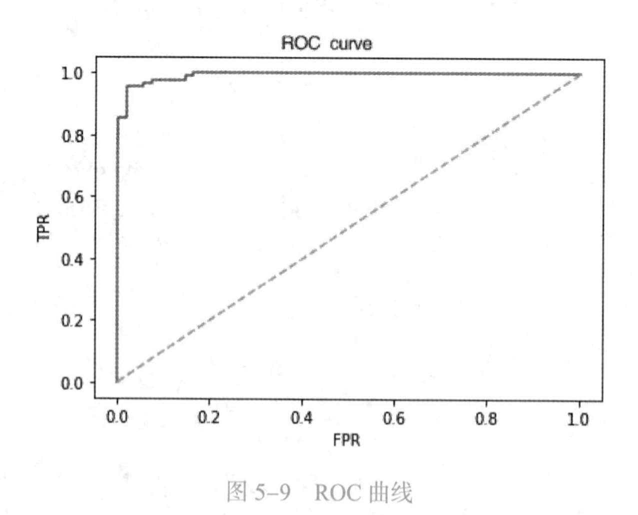

图 5-9 ROC 曲线

在图 5-9 中可以看出，该模型的 ROC 曲线出现在对角线的左上方，远离对角线，说明该模型效果很好。

下面应用 sklean 中的 roc_auc_score() 函数来计算 ROC 曲线下的面积从而定量地评价模型的效果，代码如下：

```
print('AUC:',roc_auc_score(y_test, y_pred))              # 计算输出 ROC 曲线下的面积
```

输出结果为：

```
AUC: 0.9522727272727273
```

AUC 的值非常接近 1，说明该模型的分类效果很好。

以上，我们主要使用 Logistic 回归解决二分类的问题，多分类的问题也可以用 Logistic 回归来解决，这里不再讨论。

本章小结

本章从线性回归的基本原理入手，主要介绍了几种比较常用回归模型的原理及其应用，并通过案例讲解了如何在 Python 中实现回归分析，主要包括以下几个方面的内容。

（1）多元线性回归。在回归分析中，如果因变量与多个自变量具有线性关系，则称之为多元线性回归，应用最小二乘法估计模型参数。

对回归方程进行显著性检验包括回归方程的显著性检验和回归系数的显著性检验。

对模型的预测性能评估的指标有平均绝对值误差、均方误差、均方根误差、中值绝对误差和决定系数拟合优度测定。

（2）岭回归和 Lasso 回归。岭回归和 Lasso 回归是针对自变量间存在多重共线性时改良的最小二乘估计法，是有偏估计回归方法。岭回归的目标函数是在最小二乘回归模型的目标函数上加了一个 L2 范数的惩罚项，Lasso 回归用的是回归系数β的 L1 范数作为惩罚项，都是有偏估计的线性回归方法。

（3）多项式回归。利用多项式对数据集拟合得到的模型就是多项式回归模型，该方法是在线性模型中加入了特征的更高次方项，用来捕获数据中非线性的变化。多项式回归模型可以转化为线性回归模型，从而利用最小二乘法估计参数。

（4）Logistic 回归。Logistic 回归是用于处理因变量为分类数据的回归问题，用于估计某种事物的可能性。在 Logistic 回归中应用 Logistic 函数，将线性回归的输出数据压缩到 [0,1] 之间，用来估计概率。对样本的概率进行 Logit 变换，使得变换后的概率与因变量成线性关系，对于分组数据，样本的概率可以直接从数据集中估计得到，从而可以使用线性回归的思路计算 Logistic 回归的参数。对于未分组的数据，由于样本的概率未知，需要应用极大似然估计来计算 Logistic 回归参数。

Logistic 回归属于分类模型，评价分类模型的指标有准确率、精确率、F1 得分、ROC 曲线和 AUC 值。

习　题

一、简答题

1. 写出多元线性回归模型的矩阵表示，并给出多元线性回归模型的基本假设。

2. 为什么对回归模型进行检验?

3. 表 5-8 中列出了某公司研究加班时间和签单数量的关系，收集了 10 周的数据，其中 x 为每周签单数，y 为每周加班工作时间（小时）。

表 5-8 加班时间和签单数量

周序号	1	2	3	4	5	6	7	8	9	10
x	825	215	1070	550	480	920	1350	325	670	1215
y	3.5	1.0	4.0	2.0	1.0	3.0	4.5	1.5	3.0	5.0

（1）画散点图，判断 x 与 y 之间是否成线性关系。

（2）用最小二乘估计回归方程。

（3）求回归的标准误差。

（4）做回归方程和回归系数的显著性检验，并对检验结果进行说明。

（5）预测下周签单数量为 1000，需要加班时间为多少小时？

4. 如果模型主要用于预测，应用哪些指标来评价模型的优劣？

5. 试举一个产生多重共线性的实例。

6. 岭回归是在什么情况下提出的？选择岭参数 k 的方法有哪些？

7. 以财政收入 y（亿元）为因变量，以农业增加值 x_1（亿元）、工业增加值 x_2（亿元）、建筑业增加值 x_3（亿元）、人口数 x_4（万人）、社会消费总额 x_5（亿元）、受灾面积 x_6（万公顷）为自变量，建立国家财政收入回归模型。21 个年份的统计数据见表 5-9。

表 5-9 国家财政收入

年 份	x_1	x_2	x_3	x_4	x_5	x_6	y
1	1018.4	1607	138.2	96259	2239.1	50760	1132.3
2	1258.9	1769.7	143.8	97542	2619.4	39370	1146.4
3	1359.4	1996.5	195.5	98705	2976.1	44530	1159.9
4	1545.6	2048.4	207.1	100072	3309.1	39790	1175.8
5	1761.6	2162.3	220.7	101654	3637.9	33130	1212.3
6	1960.8	2375.6	270.6	103008	4020.5	34710	1367
7	2295.5	2789	316.7	104357	4694.5	31890	1642.9
8	2541.6	3448.7	417.9	105851	5773	44370	2004.8
9	2763.9	3967	525.7	107507	6542	47140	2122
10	3204.3	4585.8	665.8	109300	7451.2	42090	2199.4
11	3831	5777.2	810	111026	9360.1	50870	2357.2
12	4228	6484	794	112704	10556.5	46990	2664.9
13	5017	6858	859.4	114333	11365.2	38470	2937.1
14	5288.6	8087.1	1015.1	115823	13145.9	55470	3149.5
15	5800	10284.5	1415	117171	15952.1	51330	3483.4
16	6882.1	14143.8	2284.7	118517	20182.1	48830	4349
17	9457.2	19359.6	3012.6	119850	26796	55040	5218.1
18	11993	24718.3	3819.6	121121	33635	45821	6242.2
19	13844.2	29082.6	4530.5	122389	40003.9	46989	7408
20	14211.2	32412.1	4810.6	123626	43579.4	53429	8651.1
21	14599.6	33429.8	5262	124810	46405.9	50145	9876

（1）分析各自变量的多重共线性和多重共线性对多元线性回归模型参数估计造成的影响。

（2）比较分析岭回归和 Lasso 回归模型的效果。

8．研究生产率和废料率之间的关系，具体数据见表 5-10，请画出散点图，根据散点图的趋势拟合适当的回归模型。

表 5-10　生产率和废品率的关系

生产率 x	1000	2000	30000	3500	4000	4500	5000
废料率 y	3.5	1.0	4.0	2.0	1.0	3.0	4.5

二、练习题

1．对 Sklearn 自带的波士顿房价预测数据集进行回归分析，分析数据的多重共线性，比较评价多元线性回归、岭回归和 Lasso 回归的效果。

第6章　分类方法

本章导读

分类是机器学习中非常重要的一种方法，该方法的目的是从带有类标号的训练样本数据集中构建分类模型，当有新数据时，可以根据这个模型进行预测。分类方法的本质是构建特征与类别之间的映射关系。本章主要介绍分类方法的概念、决策树分类、随机森林方法和分类算法的评估等内容。读者应在理解相关概念的基础上重点掌握分类方法的适用范围、分类方法的主要算法、如何使用 Python 进行分类等内容。

本章要点

- 分类方法的数据分析流程
- 决策树 ID3 算法
- 随机森林方法
- 分类算法的评估

6.1　分类方法概述

分类方法是数据分析中的核心内容，随着数据分析算法的广泛应用，各种分类算法不断涌现并逐步优化完善，经典的分类算法有决策树、随机森林算法、支持向量机、朴素贝叶斯分类等。分类方法是基于带有类标号的数据构造分类模型，即将数据样本映射到预先定义好的类别属性中，从而使用构建好的分类模型预测其他数据的类别属性。分类方法可以用于很多应用领域，例如：针对银行业务，可以对贷款用户进行分类，根据用户的不同属性来预估其信用度，即信用度高的用户提供相对较高的贷款额度，信用度低的用户提供较低贷款额度或者不提供贷款；在医疗领域，可以使用分类算法来对患者的疾病危险程度进行分级，提高诊断的正确率，辅助临床医生的决策。

对于分类算法，输入的训练集数据既包含信息特征（属性），又包含类别（标签），构建分类模型的过程就是寻找特征与标签之间的关系（映射）。分类方法的核心是构建分类模型，使用分类算法进行数据分析即通过分类模型对未知分类数据进行分类的过程，如图 6–1 所示。构造分类模型的过程一般包括模型训练和测试两个步骤。在模型训练阶段，将样本映射到类别中的某一个，即为每个类别产生一个对应数据集的模型。在测试阶段，利用构建好的模型对测试数据集进行分类，测试该模型的准确率。如果该模型准确率较高，满足数据分析目标，则可以使用该模型对未知分类的数据集进行分类。但如果该模型的准确率不能满足要求，则需要调整该分类算法的参数甚至选择其他分类算法重新构建分类模型，直到得到较高的准确率。

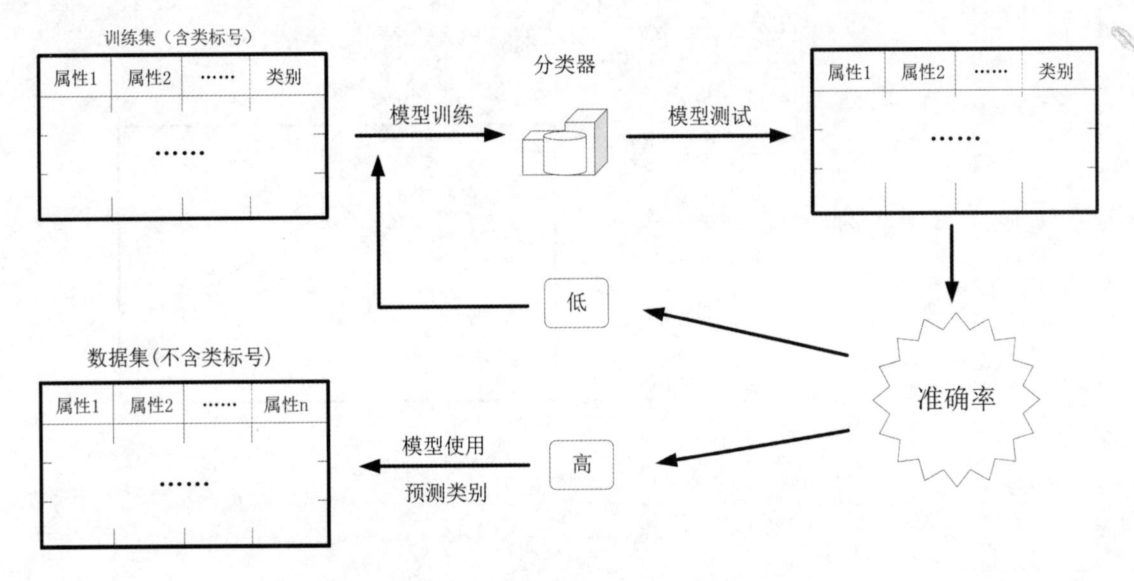

图 6–1　分类算法的数据分析流程

6.2　决策树

决策树方法是非常典型的一种分类方法，通过构造树结构来寻找数据中隐藏的规则。构造决策树的核心问题是如何选择适当的属性对样本进行分解以使其成为更小的子集。由于决策树方法是使用树形结构来表示数据的分类，其结果非常直观，容易理解，因此该算法在许多领域得到广泛的应用。除此之外，决策树方法具有不受缺失值影响、对异常值不敏感等优点。

6.2.1　决策树方法的基本概念

决策树方法中涉及的基本概念包括：

- 根节点：树的最顶端节点，没有输入，只有输出。
- 内部节点：除了根节点及叶节点以外的节点称为内部节点，既有输出也有输入。
- 叶节点：树的底层节点，没有任何节点的节点称为叶节点。
- 分支（子树）：整个树的子部分。
- 拆分：把节点分成子节点的过程。
- 树的深度：从根节点到该叶节点所需的最小步数。
- 修剪：当我们删除决策节点的子节点时，此过程称为修剪。
- 父节点和子节点：父节点和子节点是相对的，子节点由父节点根据某一规则分裂而来，然后子节点作为新的父节点继续分裂，直至不能分裂为止。如图 6–2 所示，节点 A 为 B 和 C 的父节点，节点 B 和 C 为 A 的子节点。根节点是没有父节点的节点，即初始分裂节点，叶节点是没有子节点的节点。
- 子树：子树由节点和它的所有子节点构成。图 6–2 中的节点 A、B、C 就构成了图中树的一棵子树。

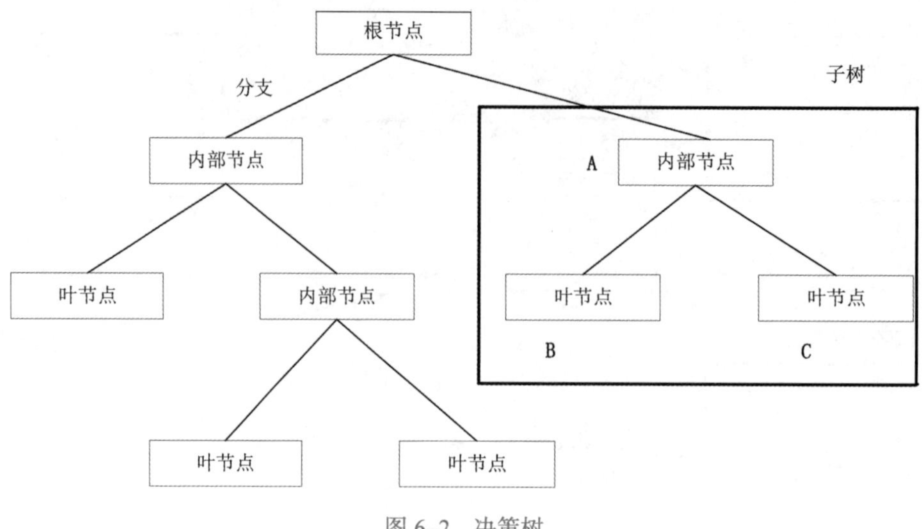

图 6–2 决策树

6.2.2 决策树方法的工作方式

使用决策树方法进行分类的过程可以分成两个步骤：树的生成和树的剪枝。决策树的数据集是具有类标号的数据构建的，将数据集中的一部分作为训练集进行树的生成，另一部分作为剪枝集用于树的剪枝，这两部分数据要相互独立。

1. 树的生成

决策树的生成过程采用自上而下递归的方法进行构造，其构造思路是若所有数据集中的记录属于同一类，则将其作为叶节点，节点内容是该类别，该节点停止分裂。否则，根据某种策略选择一个属性，按照属性的各个取值，把数据集划分为若干子集合，使得每个子集合上的所有记录在该属性上具有同样的属性值，而后再依次递归处理各个子集。例如，我们使用决策树方法来对用户进行分类，寻找购买电子产品的潜在用户，构建了如图 6–3 所示的决策树，则通过该决策树，就可以沿着根节点走到每一个叶节点得出以下结论：

（1）如果年龄 ='青'，学生 ='否'，则不买计算机产品。

（2）如果年龄 ='青'，学生 ='是'，则买计算机产品。

（3）如果年龄 ='中'，则买计算机产品。

（4）如果年龄 ='老'，信誉 ='优'，则不买计算机产品。

（5）如果年龄 ='老'，信誉 ='良'，则买计算机产品。

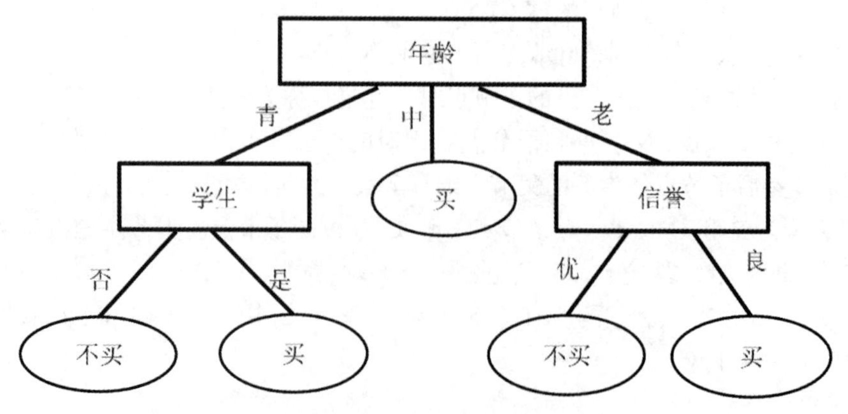

图 6–3 用决策树方法来判断用户是否购买计算机产品

2. 树的剪枝

决策树剪枝阶段的任务是对生成的决策树按照一定的方法进行剪枝。由于数据集中存在噪声和离群点，如果直接使用构建的决策树进行分类预测，则可能出现过拟合现象，导致准确性降低。为了减少噪声数据对分类模型的影响，需要进行决策树的剪枝，提高预测的准确性。

6.2.3 属性选择的度量

决策树的核心是对属性进行度量，选择最优的属性作为分支节点进行树的分裂。属性选择的度量方法有很多种，常用的度量方法有信息增益、信息增益率和基尼指数。它们分别对应了三种决策树方法，即 ID3 算法、C4.5 算法、CART 分类树算法。三种不同度量方法的具体计算方式如下：

1. 信息增益

信息增益是基于信息熵的度量，是用来度量属性信息不确定性减少的程度。信息熵是 1948 年香农（C. E. Shannon）借鉴物理学中熵的概念提出的衡量信息的度量方法，他给出了计算信息熵的数学表达式，解决了对信息的量化度量问题，从而建立了信息论的基础。具体定义如下：

假设数据集为 D，它为任意一个样本对象的集合，D 包含 m 个不同的类C_i（$i=1,2,\dots,m$），设$C_{i,D}$是 D 中C_i类数据的集合，$|D|$是 D 中数据记录的个数，$|C_{i,D}|$是$C_{i,D}$中数据记录的个数。D 的信息熵计算公式为：

$$Info(D) = -\sum_{i=1}^{m} p_i log_2(p_i) \qquad (6\text{-}1)$$

其中，$p_i = |C_{i,D}|/|D|$，即 D 中任意记录属于C_i的概率。熵表示信息的不确定程度，熵值越大，表示信息越不确定。以二分类问题为例，如果两类中数据记录个数相同，即 m=2，$p_1 = p_2 = 50\%$，此时分类节点的纯度最低，信息熵$Info(D)=1$，表示不确定性最大；如果所有数据均属于同一类时，此时分类节点的纯度最高，信息熵$Info(D)=0$，表示确定性最大。

信息增益的定义如下：数据集 D 按照属性 A 进行分类，即 A 包含 n 个不同的属性值$\{a_1,a_2,\dots,a_n\}$，D 被 A 划分为 n 个不同的分区或子集，记为$\{D_1,D_2,\dots,D_n\}$，选择属性 A 对数据集 D 进行分类所需要的信息期望为：

$$Info_A(D) = \sum_{j=1}^{n} \frac{|D_j|}{|D|} \times Info(D_j) \qquad (6\text{-}2)$$

属性 A 的信息增益为：

$$Gain(A) = Info(D) - Info_A(D) \qquad (6\text{-}3)$$

通过计算信息增益，可以度量训练集按照属性进行分类所需要的信息，如果属性的信息增益值越大，表示该属性可以减少的不确定性越大。

2. 信息增益率

信息增益率的计算公式如下：

$$GrianRate(A)=\frac{Grain(A)}{SplitInfo_A(D)} \quad (6\text{-}4)$$

$$SplitInfo_A(D)=-\sum_{j=1}^{n}\frac{|D_j|}{|D|}\times log_2\left(\frac{|D_j|}{|D|}\right) \quad (6\text{-}5)$$

公式中各个符号的含义与信息增益定义中相同。

3. 基尼指数

基尼指数可以用来度量属性的不纯度，对于数据集 D 的不纯度，该计算公式如下：

$$Gini(D)=1-\sum_{i=1}^{m}p_i^2 \quad (6\text{-}6)$$

其中，p_i是 D 中记录属于C_i类的概率，即$p_i=|C_{i,D}|/|D|$。

如果数据集 D 按照属性 A 进行划分，将 D 划分成两个集合，记为D_1和D_2，则 D 的基尼指数为：

$$Gini_A(D)=\frac{|D_1|}{|D|}Gini(D_1)+\frac{|D_2|}{|D|}Gini(D_2) \quad (6\text{-}7)$$

6.2.4 决策树算法——ID3 算法

决策树的生成策略有很多，ID3 算法是最基本的决策树方法，大部分决策树方法都是在它的基础上改进而产生的。ID3 算法属于启发式算法，其核心思想是寻找信息增益最大的属性作为分支节点进行分裂，这样可以得到当前情况下最好的划分，从而递归地构建决策树。根据式（6–3）寻找信息增益最大的属性只需要找信息期望最小的属性即可。ID3 算法的具体实现步骤如下：

（1）对训练样本集使用信息增益式（6–3）计算所有属性的信息增益。

（2）选择信息增益最大的属性作为分裂属性，把分裂属性取值相同的样本划分为同一个子样本集。

（3）若子样本集的类别属性只含有单个属性，则分支为叶节点，判断其属性值并标上相应的类别符号，然后返回调用处；否则对子样本集递归调用本算法。如果没有剩余属性可以用来进一步划分数据集，即所有的属性均已作为分支节点进行分裂，则采用“少数服从多数”的原则，将非纯的叶节点的类设置为多数样本所属的类别。

ID3 算法具有算法简单、学习能力较强、分类速度快的优点。但该算法也存在以下缺点，如：该算法只能处理离散型的属性并且该算法偏向选择具有多值的属性作为分裂节点，导致有些划分并不具有很好的实践意义；该算法对噪声比较敏感，抗噪性能差。因此为了克服这些缺点，对 ID3 算法进行改进，产生 C4.5、CART 等算法。

6.2.5 Sklearn 中决策树算法的实现

Sklearn 库中的 tree 模块可以进行决策树分类算法的实现，具体实现过程如下所示。

1. 导入 tree 模块

在 Sklearn 中实现决策树算法需要导入 tree 模块，对应代码如下：

```
from sklearn import tree
```

2. DecisionTreeClassifier 类的介绍

DecisionTreeClassifier 类的格式及其参数的具体含义如下：

```
sklearn.tree.DecisionTreeClassifier(criterion='gini',splitter= 'best',max_depth=None,min_samples_split=2,min_samples_leaf=1,max_features=None,min_impurity_decrease=0.0)
```

- criterion：决定不纯度的计算方法，默认为 gini，包含两个值——entropy 信息熵和 gini 基尼系数。
- splitter：特征划分标准，默认为 best，即在特征的所有划分点中找出最优的划分点；也可以设置为 rundom，即随机的在部分划分点中找局部最优的划分点。默认的 best 适合样本量不大的时候，而如果样本数据量非常大，此时决策树构建推荐 random。
- max_depth：限制树的最大深度，超过设定全部剪掉。
- min_samples_split：一个节点必须要包含至少 min_samples_split 个训练样本，这个节点才允许被分支，否则分支就不会发生。
- min_samples_leaf：一个节点在分支后的每个子节点都必须包含至 min_samples_leaf 个训练样本，否则分支就不会发生。
- max_features：在划分数据集时考虑的最多的特征值数量。
- min_impurity_decrease：信息增益的阈值，当信息增益小于该值，则停止剪枝。

DecisionTreeClassifier 类的主要方法和属性如下：

- fit(xtrain,ytrain)：用训练集数据训练模型，xtrain 为训练集的特征属性，ytrain 为训练集的分类属性。
- score(xtest,ytest)：返回模型预测的准确性，xtest 为测试集的特征属性，ytest 为训练集的分类属性。
- apply()：返回每个测试样本所在的叶节点的索引。
- predict()：返回每个测试样本的分类结果。
- feature_importances_：能够查看各个特征对模型的重要性。

3. 绘制决策树

绘制决策树需要安装 graphviz 模块，安装方法为：在 Anaconda 中选择 Environment，在其中勾选 graphviz 和 Python-graphviz 进行安装。安装后使用以下命令进行调用：

```
import graphviz
```

export_graphviz 函数的格式及其参数的具体含义如下：

```
sklearn.tree.export_graphviz(decision_tree, out_file=None, max_depth=None, feature_names=None, class_names=None, filled=False, rounded=False)
```

- decision_tree：分类决策树的训练模型对象。
- out_file：输出文件的名称。如果设置为 None，表示将生成内容以字符串方式返回。
- feature_names：特征变量的名称，其中 X_train.columns 则是测试训练集的表头名称，也即这个决策树模型的特征变量名称。
- class_names：分类结果。
- filled：决策树的节点是否填充颜色。当设置为 True 时，绘制节点以指示分类的多数类。
- rounded：节点是否为圆角矩形。

【例 6-1】对 Sklearn 自带的红酒数据集进行决策树分类分析，并使用 export_graphviz 函数进行决策树的绘制。

```
from sklearn import tree
from sklearn.datasets import load_wine
from sklearn.model_selection import train_test_split
wine=load_wine()
xtrain,xtest,ytrain,ytest = train_test_split(wine.data,wine.target,test_size=0.3,random_state=30)
clf=tree.DecisionTreeClassifier(criterion="entropy")
result=clf.fit(xtrain,ytrain)
score=result.score(xtest,ytest)
print("score=%.2f"%score)
feature_names = ['酒精','苹果酸','灰','灰的碱性','镁','总酚','类黄酮','非黄烷类酚类','花青素','颜色强度','色调','稀释葡萄酒','脯氨酸']
import graphviz
#result 为已经训练好的决策树模型
dot_data=tree.export_graphviz(result,feature_names=feature_names,class_names=wine.target_names,filled=True,rounded=True,out_file=None)
# 生成决策树，并使用中文字体显示属性名称
graph=graphviz.Source(dot_data.replace("helvetica", "MicrosoftYaHei"))
graph.view()
```

输出结果为：score=0.94，生成的决策树如图 6-4 所示。

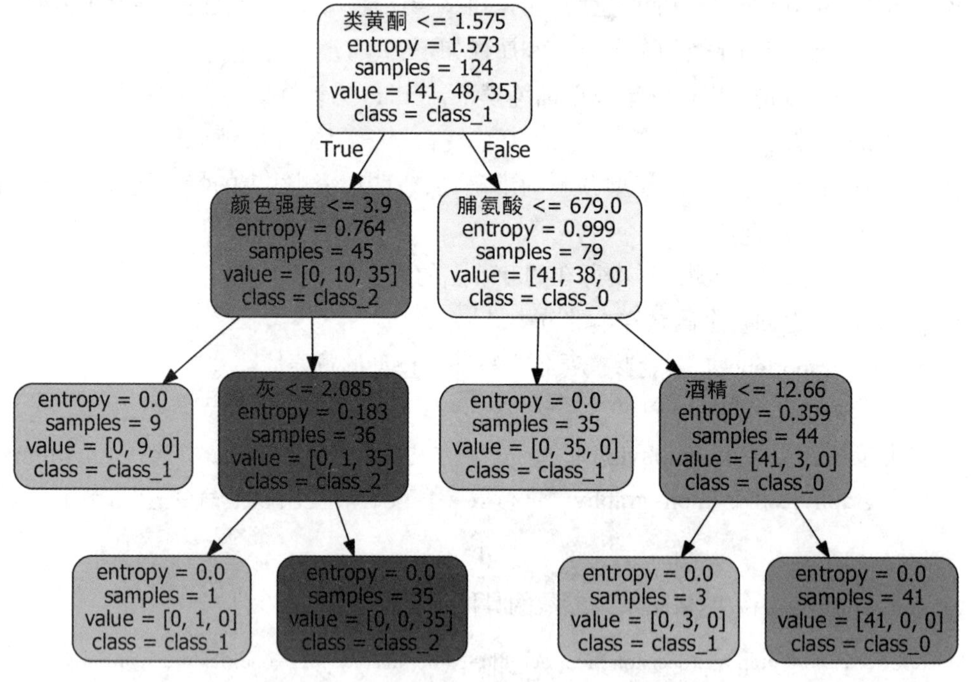

图 6-4 决策树

从图 6-4 中可以看出，决策树共有 11 个节点，其准确性为 0.94。通过已经构建好的决策树很容易生成规则的集合，生成方式为由决策树的根节点到叶节点的每一条路径构建一个规则。规则可以使用 IF-THEN 来表示，路径上的内部节点对应着规则的条件，即 IF 部分，而叶节点对应着分类的结论，即 THEN 部分。决策树的路径和其对应的 IF-THEN 规则集合是等效的，同时它具有以下很重要的性质：

（1）决策树产生的规则穷举了所有分类结果。

（2）规则之间是互斥的，它们之间不存在冲突。

也就是说规则之间是互斥并且完备的。在决策树中，每一条记录都被一条路径或一条

规则所覆盖，而且只被一条规则所覆盖，规则更容易被理解。图 6–4 的决策树可以产生如下 6 条规则：

1）IF 类黄酮 <=1.575 AND 颜色强度 <=3.9 THEN class_1

2）IF 类黄酮 <=1.575 AND 颜色强度 >3.9 AND 灰 <=2.085 THEN class_1

3）IF 类黄酮 <=1.575 AND 颜色强度 >3.9 AND 灰 >2.085 THEN class_2

4）IF 类黄酮 >1.575 AND 脯氨酸 <=679.0 THEN class_1

5）IF 类黄酮 >1.575 AND 脯氨酸 >679.0 AND 酒精 <=12.66 THEN class_1

6）IF 类黄酮 >1.575 AND 脯氨酸 >679.0 AND 酒精 >12.66 THEN class_0

通过决策树很形象化地将分类结果进行图像化表示。在图 6–4 决策树中，我们使用的是信息熵度量，每个节点都包含 entropy 值、该分支的样本数、样本数据所属类别的个数列表。entropy 值从根节点到叶节点逐渐递减，说明信息不确定性逐渐减少，最终叶节点的 entropy 值为 0。

6.2.6 决策树算法应用实例

决策树算法应用实例

我们对 Titanic 数据集进行分类分析，该数据的具体含义及预处理过程参考 4.4 节。预处理后的数据前 5 行如图 6–5 所示。

	Survived	Pclass	Sex	Age	SibSp	Parch	Fare	Embarked
0	0	3	1	22.0	1	0	7.2500	0
1	1	1	0	38.0	1	0	71.2833	1
2	1	3	0	26.0	0	0	7.9250	0
3	1	1	0	35.0	1	0	53.1000	0
4	0	3	1	35.0	0	0	8.0500	0

图 6–5 处理后的 Titanic 数据前 5 行

1. 生成决策树

使用 ID3 决策树算法对该数据集进行分析，预测乘客是否可以幸存。具体实现代码如下：

```
# 将数据集中的特征属性列设置为 X，分类属性列设置为 y
X = data.iloc[:,data.columns != "Survived"]
y = data.iloc[:,data.columns == "Survived"]
# 随机选取数据集中 70% 的数据作为训练集，其余 30% 的数据作为测试集
Xtrain, Xtest, Ytrain, Ytest = train_test_split(X,y,test_size=0.3)
# 采用 ID3 算法进行分类
clf = tree.DecisionTreeClassifier(random_state=1,criterion="entropy")
# 使用训练集建模
model = clf.fit(Xtrain, Ytrain)
# 使用测试集对模型准确度进行计算
score= model.score(Xtest, Ytest)
score
Out[45]: 0.7715355805243446
# 从数据分析结果可以得出，预测准确度为 0.77，准确率较高
# 特征的重要性
model.feature_importances_
# 将特征名称与特征重要性进行打包合并，形成元组为元素的列表，重要性最大的为根节点
feature_names=data.columns[:-1]
[*zip(feature_names,model.feature_importances_)]
```

输出结果为：

```
[('Survived', 0.14983042397780222),
 ('Pclass', 0.31651573013734186),
```

```
('Sex', 0.2480831289563428),
('Age', 0.024490642729168902),
('SibSp', 0.03916232802426127),
('Parch', 0.22191774617508297),
('Fare', 0.0)]
```

从该结果可以看出，属性 'Pclass' 的重要性最大，属性 'Fare' 的重要性最小。

2. 决策树的剪枝

为了进一步提高模型的预测准确度，需要对模型进行参数的选择。在机器学习中手动输入的参数叫作参数，超参数的选择过程叫作调参。对于 Sklearn 中的决策树方法 DecisionTreeClassifier，我们对参数 max_depth、min_samples_leaf 和 min_samples_split 进行调整。

（1）调整参数 max_depth。让 max_depth 从 1 到 10 进行变化，计算不同 max_depth 取值下，模型的预测准确度，具体代码如下：

```
import matplotlib.pyplot as plt
# 在不同 max_depth 下观察模型的预测准确度
train_score = []                    # 保存不同 max_depth 下训练集的预测准确度
test_score = []                     # 保存不同 max_depth 下测试集的预测准确度
for i in range(10):
    clf = tree.DecisionTreeClassifier(random_state=1,max_depth=i+1,criterion="entropy")
    # 使用之前已经划分好的测试集及训练集进行模型构建
    model = clf.fit(Xtrain, Ytrain)
    tr_s = model.score(Xtrain,Ytrain)
    te_s = model.score(Xtest, Ytest)
    train_score.append(tr_s)
    test_score.append(te_s)
print(" 预测准确度的最大值为 %.2f"%max(test_score))
plt.rcParams['font.family']=['SimHei']
plt.rcParams['font.size']=15
plt.plot(range(1,11),train_score,color="blue",label="Train_Dataset")
plt.plot(range(1,11),test_score,linestyle='--',color="red",label="Test_Dataset")
plt.xlabel('max_depth')
plt.ylabel(' 预测准确度 ')
plt.legend()
plt.title(' 折线图 ')
```

输出结果及可视化图（图 6-6）如下：

```
预测准确度的最大值为 0.83
```

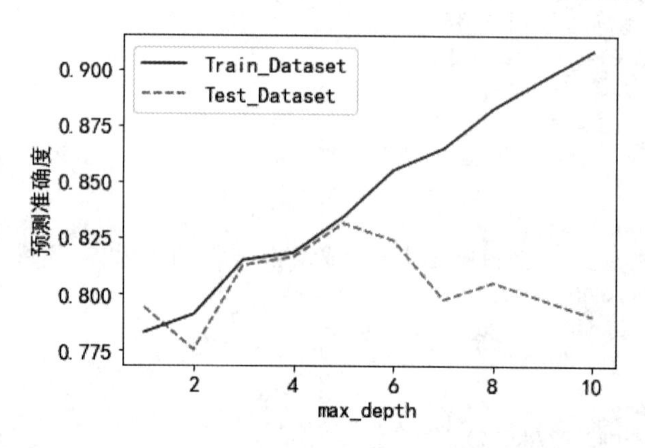

图 6-6 不同 max_depth 取值下的模型准确度曲线

由图 6-6 看出，随着 max_depth 取值增大，模型预测准确度在训练集上逐渐增加，而测试集上的准确度在 max_depth=5 时达到最大。这表明，随着决策树规模的增加，在训练集上出现了过拟合，造成测试集上的准确度降低，因此我们可以对决策树进行剪枝，即取 max_depth=5，防止模型的过拟合，并使预测值最大，该预测值为 0.83。

（2）调整参数 min_samples_leaf。固定 max_depth=5，让 min_samples_leaf 从 1 到 5 进行变化，计算不同 min_samples_leaf 取值下，模型的预测准确度，具体代码如下：

```
# 在不同 min_samples_leaf 下观察模型的预测准确度
train_score = []          # 保存不同 min_samples_leaf 下训练集的预测准确度
test_score = []           # 保存不同 min_samples_leaf 下测试集的预测准确度
for i in range(5):
  clf = tree.DecisionTreeClassifier(random_state=1,max_depth=5,min_samples_leaf=i+1,criterion="entropy")
  # 使用之前已经划分好的测试集及训练集进行模型构建
  model = clf.fit(Xtrain, Ytrain)
  tr_s = model.score(Xtrain,Ytrain)
  te_s = model.score(Xtest, Ytest)
  train_score.append(tr_s)
  test_score.append(te_s)
print(" 预测准确度的最大值为 %.2f"%max(test_score))
plt.rcParams['font.family']=['SimHei']
plt.rcParams['font.size']=15
plt.plot(range(1,6),train_score,color="blue",label="Train_Dataset")
plt.plot(range(1,6),test_score,linestyle='--,color="red",label="Test_Dataset")
plt.xticks(range(1,6))
plt.xlabel('min_samples_leaf')
plt.ylabel(' 预测准确度 ')
plt.legend()
plt.show()
```

输出结果及可视化图（图 6-7）如下：

```
预测准确度的最大值为 0.83
```

从图 6-7 中可以看出，随着 min_samples_leaf 取值增大，模型预测准确度在训练集上逐渐降低，在测试集上的准确度在 min_samples_leaf=3 时最大，其预测准确度的最大值为 0.83，其预测准确性没有太大的提升，因此可以不设置该参数。

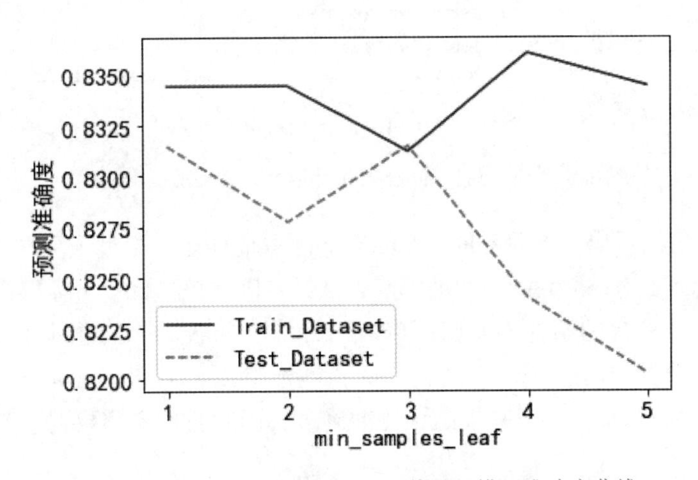

图 6-7　不同 min_samples_leaf 取值下的模型准确度曲线

（3）调整参数 min_samples_split。让 min_samples_split 从 2 到 10 进行变化，计算不

同 min_samples_split 取值下模型的预测准确度，具体代码如下：

```
# 在不同 min_samples_split 下观察模型的预测准确度
train_score = []          # 保存不同 min_samples_split 下训练集的预测准确度
test_score = []           # 保存不同 min_samples_split 下测试集的预测准确度
for i in range(10):
clf = tree.DecisionTreeClassifier(random_state=1,max_depth=5,min_samples_split=i+2,criterion="entropy")
  # 使用之前已经划分好的测试集及训练集进行模型构建
  model = clf.fit(Xtrain, Ytrain)
  tr_s = model.score(Xtrain,Ytrain)
  te_s = model.score(Xtest, Ytest)
  train_score.append(tr_s)
  test_score.append(te_s)
print(" 预测准确度的最大值为 %.2f"%max(test_score))
plt.rcParams['font.family']=['SimHei']
plt.rcParams['font.size']=15
plt.plot(range(2,12),train_score,color="blue",label="Train_Dataset")
plt.plot(range(2,12),test_score,linestyle='--',color="red",label="Test_Dataset")
plt.xticks(range(2,12))
plt.xlabel('min_samples_split')
plt.ylabel(' 预测准确度 ')
plt.legend()
plt.show()
```

输出结果及可视化图（图 6–8）如下：

```
预测准确度的最大值为 0.81
```

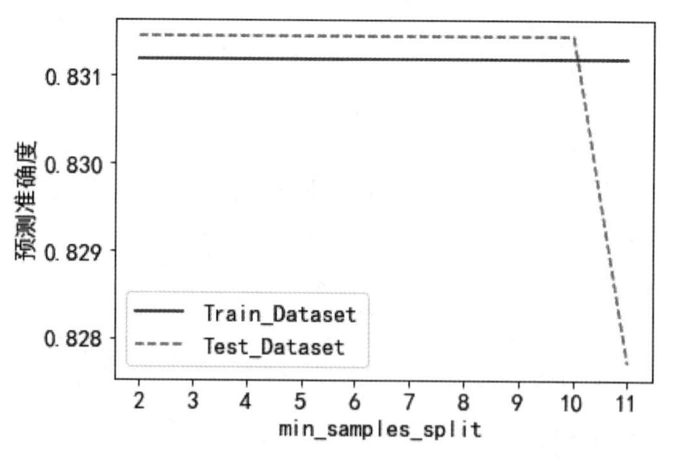

图 6–8　不同 min_samples_split 取值下模型准确度曲线

从图 6–8 中可以看出，随着 min_samples_split 取值变化，模型预测准确度在测试集和训练集上基本没有变化，最大的预测准确度为 0.83，因此该参数也不需要设置。

通过上述 3 个参数的调整，我们可以看出，针对 max_depth 的调整，预测准确性的变化较大，当该值为 5 时，可以得到较好的预测准确度，对于 min_samples_leaf 和 min_samples_split 参数的调整，并没有提高预测准确度，因此我们不需要对它们进行设置，采用默认值即可。

6.3 随机森林

6.3.1 随机森林概述

随机森林（Random Forest）是典型的集成机器学习方法之一，它采用bootstrap抽样方法来构建训练数据集，抽取样本时采取随机有放回的方式，也就是每次抽取一个样本，再将其放回样本集中，下次还有可能抽到这个样本；而每轮中未抽到的数据组合起来，形成袋外数据集（Out of Band, OOB），用来在模型中做测试集，对分类决策树性能进行估量。随机森林重复上述步骤 *m* 次，得到 *m* 个独立的训练样本集，对每个样本集分别建立相互独立的分类决策树，这些独立的分类决策树共同构建了整个随机森林，其分类结果也由所有分类决策树共同投票进行。该算法将多棵相互之间并无关联的决策树整合起来形成一个森林，通过各棵树投票产生最终的分类模型，随机森林算法的实现流程如图 6-9 所示。

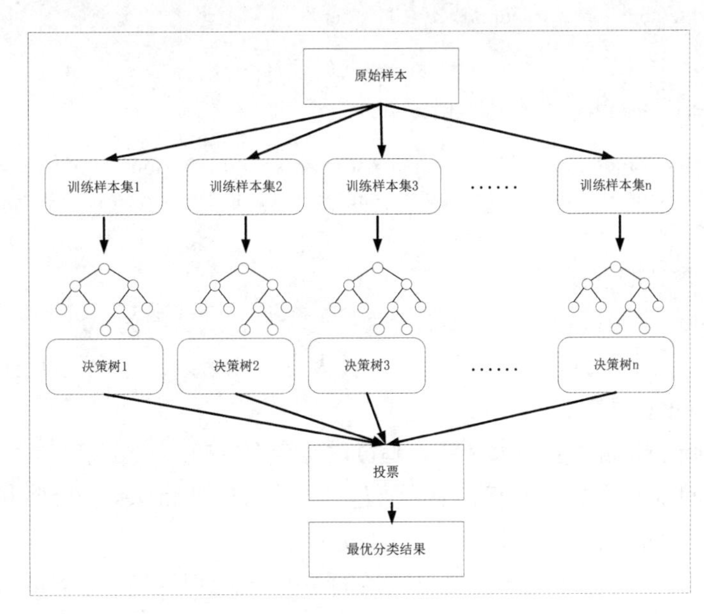

图 6-9 随机森林算法流程图

随机森林算法有以下优点：

（1）随机森林算法通过抽取不同的训练集以及随机抽取属性进行训练的方式，来达到增加分类模型间差异的目的，最终结果由彼此之间并无相关性的多棵决策树共同决定，可以很好地避免决策树分类中的过拟合问题，能够有效减少单个分类模型的误差。

（2）随机森林模型简单易懂、便于实现，不需要调整过多的参数，对训练样本数量的需求和人工干预均较少。

（3）随机森林算法具有更高的稳定性，预测能力好，分类精度高。

（4）随机森林算法适用于大样本数据集，尤其对高维数据的处理更快速、更高效，很少发生过拟合的现象并且抗噪能力强。

（5）随机抽取样本和随机选取属性值是随机森林算法最大的特征之一，因此算法能很好地容忍异常值和缺失值，避免个别差值对模型造成的过大影响。

（6）随机森林算法在训练过程中产生的多棵决策树之间并无关联性，因此算法非常适合在并行环境下运行，加入并行计算框架可以大大减少大体量数据集的训练时间。

尽管随机森林具有以上这些优势，但该算法也会受到以下条件的限制：

（1）随机森林分类的效果受任意两棵树相关性的影响。树之间的相关性越大，分类能力越差。

（2）随机森林中单棵树的分类能力影响整个随机森林的性能，每棵树的分类能力越强，则相应的随机森林分类能力也就越强。

（3）算法遵循少数服从多数的原则，因此在面对各类间样本量相差悬殊的数据集时，容易将少数类归为多数类，造成很高的假分类精度。

（4）过多的冗余属性会扰乱模型的学习能力，导致模型过拟合，限制模型的普适性。

6.3.2 Sklearn 中随机森林算法的实现

1. 导入 ensemble 模块

在 Sklearn 中实现随机森林算法需要导入 ensemble 模块中的 RandomForestClassifier 类，代码如下：

```
from sklearn.ensemble import RandomForestClassifier
```

2. 随机森林算法 RandomForestClassifier 类的介绍

RandomForestClassifier 类的基本格式如下：

```
sklearn.ensemble.RandomForestClassifier(n_estimators=100,criterion='gini',max_depth=None,min_samples_split=2, min_samples_leaf=1, max_features='auto', min_impurity_decrease=0.0, bootstrap=True, oob_score=False, random_state=None)
```

主要参数的含义如下：

- n_estimators：随机森林中构建的分类树的个数，默认值为 100。
- criterion：决定不纯度的计算方法，默认为 gini 指数，包含两个值——entropy 信息熵和 gini 基尼系数。
- max_depth：限制树的最大深度，超过设定全部剪掉。
- min_samples_split：一个节点必须要包含至少 min_samples_split 个训练样本，这个节点才允许被分支，否则分支就不会发生。
- min_samples_leaf：一个节点在分支后的每个子节点都必须包含至 min_samples_leaf 个训练样本，否则分支就不会发生。
- max_features：在划分数据集时考虑的最多的特征值数量。
- min_impurity_decrease：信息增益的阈值，当信息增益小于该值，则停止剪枝。
- bootstrap：默认值为 True，代表采用有放回的随机抽样技术。如果设置为 False，表示使用整个数据集构建每棵分类树。
- random_state：如果不设置该值，则每次构建的随机森林分类模型不同。

6.3.3 随机森林算法应用实例

随机森林算法应用实例

对 Titanic 数据集进行随机森林算法分析，并采用与 6.2.6 节中相同的预处理方式。代码的实现过程如下：

```
import pandas as pd
from sklearn.ensemble import RandomForestClassifier
from sklearn.model_selection import train_test_split
data = pd.read_csv('E:\\Titanic_preprocess.csv')
X = data.iloc[:,data.columns != "Survived"]
y = data.iloc[:,data.columns == "Survived"]
```

```
# 随机选取数据集中 70% 的数据作为训练集，其余 30% 的数据作为测试集
Xtrain, Xtest, Ytrain, Ytest = train_test_split(X,y,test_size=0.3)
rfc = RandomForestClassifier(random_state=1)
model_rfc = rfc.fit(Xtrain,Ytrain)
score_r = model_rfc.score(Xtest,Ytest)
print(" 随机森林算法的预测准确度为 :%.2f"%score_r)
```

得到该随机森林算法的预测准确度为：0.81。

为了进一步提高模型的预测准确度，我们对参数 criterion、n_estimators、max_depth、min_samples_leaf 和 min_samples_split 等进行调整。

（1）调整参数 criterion。criterion 参数的默认值为 gini 指数，我们将其设置为信息熵 entropy。具体代码如下：

```
rfc = RandomForestClassifier(n_estimators=68,random_state=1,criterion="entropy")
model_rfc = rfc.fit(Xtrain,Ytrain)
score_r = model_rfc.score(Xtest,Ytest)
print(" 随机森林算法的预测准确度为 :%.2f"%score_r)
```

输出的预测值为 0.83，也相对较高。

（2）调整参数 n_estimators。固定 criterion 的值为 entropy，让参数 n_estimators 从 10 到 200 每隔 20 来变换，计算不同 n_estimators 取值下模型的预测准确度，具体代码如下：

```
from sklearn.tree import DecisionTreeClassifier
Xtrain, Xtest, Ytrain, Ytest = train_test_split(X,y,test_size=0.3)
scorel = []
for i in range(10,200,20):
  rfc = RandomForestClassifier(n_estimators=i,random_state=1,criterion= "entropy")
  model_rfc = rfc.fit(Xtrain,Ytrain)
  score_r = model_rfc.score(Xtest,Ytest)
  scorel.append(score_r)
print(max(scorel),(scorel.index(max(scorel))*20)+10)
plt.rcParams['font.family']=['SimHei']
plt.rcParams['font.size']=15
plt.plot(range(10,200,20),scorel,color="red",label="Titanic")
plt.xticks(range(10,200,20))
plt.xlabel('n_estimators')
plt.ylabel(' 预测准确度 ')
plt.legend()
plt.show()
```

输出预测准确性为 0.8352059925093633，对应 n_estimators=70。

最终结果如图 6-10 所示。

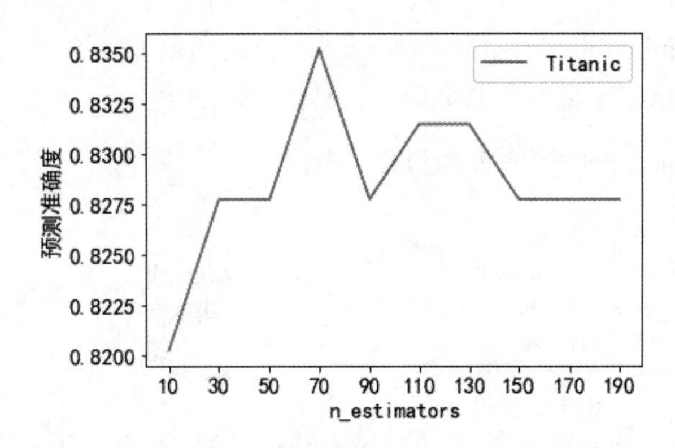

图 6-10 调整参数 n_estimators

从图 6–10 所示的曲线中看出，在不同 n_estimators 取值下，模型预测准确度不同，当 n_estimators=70 时，模型的预测准确度最大，该预测准确度为 0.8352059925093633。

（3）继续细化调整参数 n_estimators。为了进一步精确 n_estimators 的取值，我们让 n_estimators 从 60 到 80 变化，程序代码如下：

```
import numpy as np
scorel = []
for i in range(60,80):
    rfc = RandomForestClassifier(n_estimators=i,random_state=1,criterion="entropy")
    model_rfc = rfc.fit(Xtrain,Ytrain)
    score_r = model_rfc.score(Xtest,Ytest)
    scorel.append(score_r)
print(max(scorel),(scorel.index(max(scorel))+60))
plt.rcParams['font.family']=['SimHei']
plt.rcParams['font.size']=15
plt.plot(range(60,80),scorel,color="red",label="Titanic")
plt.xticks(range(60,80))
plt.yticks(np.arange(0.82, 0.84, step=0.005))
plt.xlabel('n_estimators')
plt.ylabel(' 预测准确度 ')
plt.legend()
plt.show()
```

最终结果如图 6–11 所示。

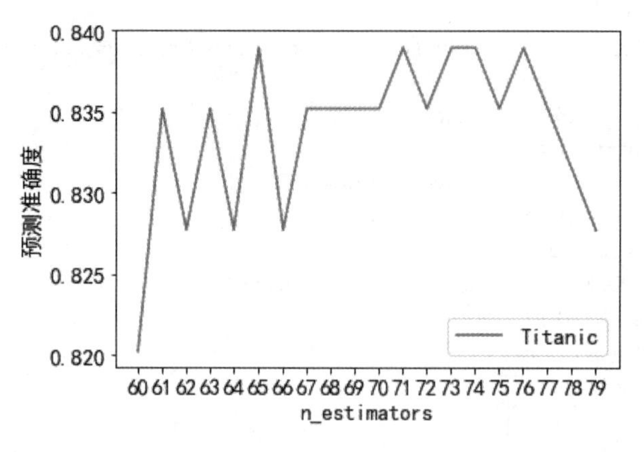

图 6–11 调整参数 n_estimators

从上图 6–11 中可以看出，当 n_estimators=65 时，模型的预测准确度最大为 0.8389513108614233。

（4）调整参数 min_samples_leaf。让 min_samples_leaf 从 1 到 5 进行变化，计算不同 min_samples_leaf 取值下模型的预测准确度，具体代码如下：

```
# 在不同 min_samples_leaf 下观察模型的预测准确度
scorel = []
for i in range(5):
rfc = RandomForestClassifier(min_samples_leaf=i+1,n_estimators=65,
random_state=1,criterion="entropy")
    model_rfc = rfc.fit(Xtrain,Ytrain)
    score_r = model_rfc.score(Xtest,Ytest)
    scorel.append(score_r)
print(max(scorel),(scorel.index(max(scorel))+1))
```

```
plt.rcParams['font.family']=['SimHei']
plt.rcParams['font.size']=15
plt.plot(range(1,6),scorel,color="red",label="Titanic")
plt.xticks(range(1,6))
plt.yticks(np.arange(0.82, 0.85, step=0.005))
plt.xlabel('min_samples_leaf')
plt.ylabel(' 预测准确度 ')
plt.legend()
plt.show()
```

最终结果如图 6-12 所示。

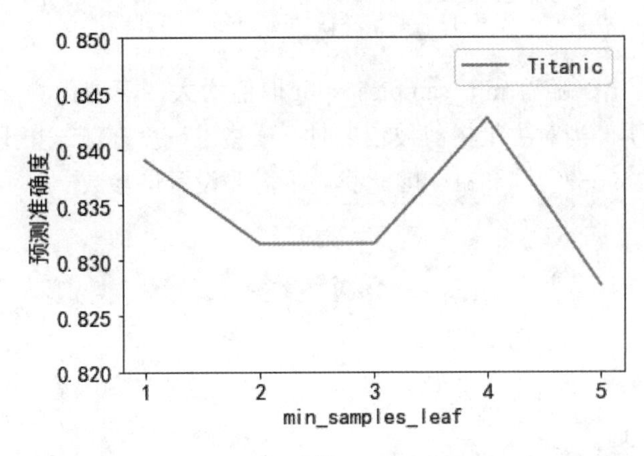

图 6-12　调整参数 min_samples_leaf

从图 6-12 所示的曲线可以看出，min_samples_leaf=4 时预测准确度最大，其值为 0.8426966292134831。

（5）调整参数 min_samples_split。让 min_samples_split 从 2 到 10 进行变化，计算不同 min_samples_split 取值下模型的预测准确度，具体代码如下：

```
# 在不同 min_samples_split 下观察模型的预测准确度
scorel = []
for i in range(10):
    rfc = RandomForestClassifier(min_samples_split=i+2,min_samples_leaf=4,n_estimators=65,
random_state=1,criterion="entropy")
    model_rfc = rfc.fit(Xtrain,Ytrain)
    score_r = model_rfc.score(Xtest,Ytest)
    scorel.append(score_r)
print(max(scorel),(scorel.index(max(scorel))+2))
plt.rcParams['font.family']=['SimHei']
plt.rcParams['font.size']=15
plt.plot(range(2,12),scorel,color="red",label="Titanic")
plt.xticks(range(2,12))
plt.yticks(np.arange(0.82, 0.85, step=0.005))
plt.xlabel('min_samples_split')
plt.ylabel(' 预测准确度 ')
plt.legend()
plt.show()
```

最终结果如图 6-13 所示。

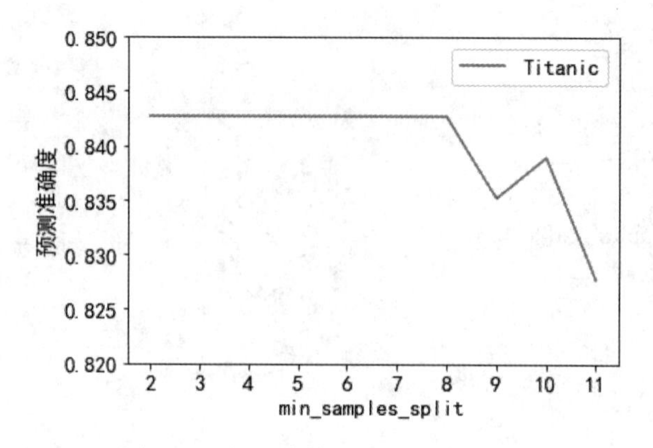

图 6–13 调整参数 min_samples_split

从图 6–13 中看出，随着 min_samples_split 取值增大，模型预测准确度在测试集上基本没有变化。这表明，当对决策树剪枝较多时，模型准确度在测试集上基本不变，最大的预测准确度为 0.8426966292134831，因此我们不需要设置该参数。

6.4 分类算法评估

6.4.1 评估准则

对同一数据集，不同分类算法会产生不同的分类结果。为了评估算法的效果，需要对不同分类模型进行比较，通常从以下几个方面进行：

1. 算法的准确性

对于数据分析算法来说，准确性是衡量算法最重要的尺度。设计算法的首要目标是保证算法预测结果的准确性。

2. 算法的速度

这主要涉及产生和使用分类算法的计算开销问题，并且与具体的计算机硬件条件有关。当数据量较大时，算法的速度将是衡量算法优劣的重要尺度。

3. 算法的可伸缩性

可伸缩性是指当需要分析的数据量增大时，能够有效进行分类的能力。可伸缩性强是指对一系列规模逐渐增大的数据集可以进行有效分析。

4. 算法的鲁棒性

鲁棒性通常用来描述数据集包含噪声数据或缺失值时分类模型做出正确预测的能力，一般使用一系列噪声数据与缺失值逐渐增多的合成数据集来进行评估。由于在实际应用中需要进行分类的数据对象可能会存在不完整的数据，因此一个好的分类算法应该能对包含噪声或缺失值的数据集有较强的适应能力。

5. 算法的可解释性

可解释性是指分类结果是否容易理解，是否符合常识并容易被使用。

6.4.2 评估过程

分类算法的评估过程如图 6–14 所示。首先将含有类标号的数据以一定的规则分成两部分，一部分作为训练集，一部分作为测试集，训练集与测试集的数据要相互独立，避免高估模型的准确性。先使用训练数据构建分类模型，然后使用测试集对该模型进行准确率的评估，准确率为正确分类的记录个数占总记录个数的比例。

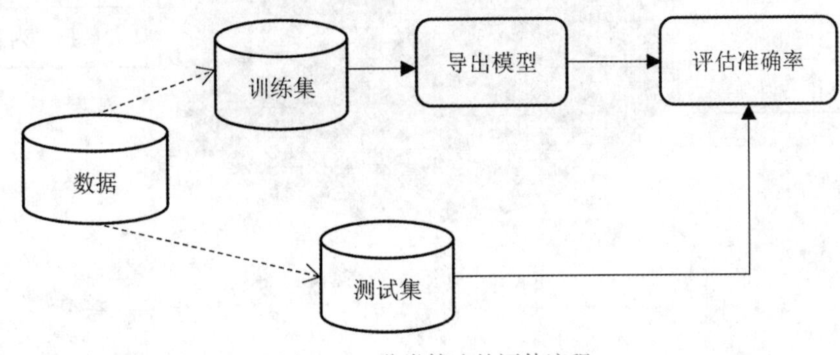

图 6–14 分类算法的评估流程

6.4.3 评估方法

分类算法有很多种评估方法，常用的评估方法包括保持方法、随机二次抽样方法、交叉验证方法等，根据数据集的规模以及模型构建的复杂程度可以选择不同的评估方法，下面我们进行具体的介绍。

1. 保持方法

保持方法是将数据集按照设定的比例进行划分，例如，设该比例为 3:1，则对整个数据集进行无放回的随机抽样，抽取数据集中的 3/4 作为训练集构建分类模型，其余 1/4 作为测试集进行准确率的评估。保持方法有两个缺陷：一是由于用于训练集的样本较少，建立的模型不如使用所有样本建立的模型好；二是模型可能高度依赖于训练集和测试集的构成。训练集越小，模型的方差越大，训练集太大，较小测试集给出的准确率又不太可靠。

2. 随机二次抽样方法

重复保持方法 k 次，总准确率为每次保持方法计算的准确率的平均值。该方法具有很强的局限性，如训练阶段没有利用尽可能多的数据，没有控制每次记录用于训练和测试的次数，有些用于训练的记录使用的频率可能比其他记录高很多。

3. 交叉验证方法

交叉验证方法又称为 k– 折交叉验证法，通常 k 值取 10，即 10– 折交叉验证，其示意图如 6–15 所示。该方法是将整个数据集分成 k 份（以 10 份为例），第一次取第 1 份作为测试集，其余 9 份作为训练集构建模型，然后在测试集上进行测试，第二次取第 2 份作为测试集，其余 9 份作为训练集进行模型构建，以此类推，这样做 10 次，每一份数据都用于测试集一次，并且保证每次构建模型时训练集与测试集都是独立的。该方法是分类评估中的常用方法，充分利用了数据集中的数据，既解决了数据样本较少的问题，又保证了训练集与测试集的独立性。

k– 折交叉验证方法具有以下特点：

（1）每个样本用于训练的次数相同，并仅用于一次测试。

（2）准确率估计等于 k 次迭代正确分类的记录总数 /k 次迭代的记录总数之和。

（3）具有较低的偏移和方差。

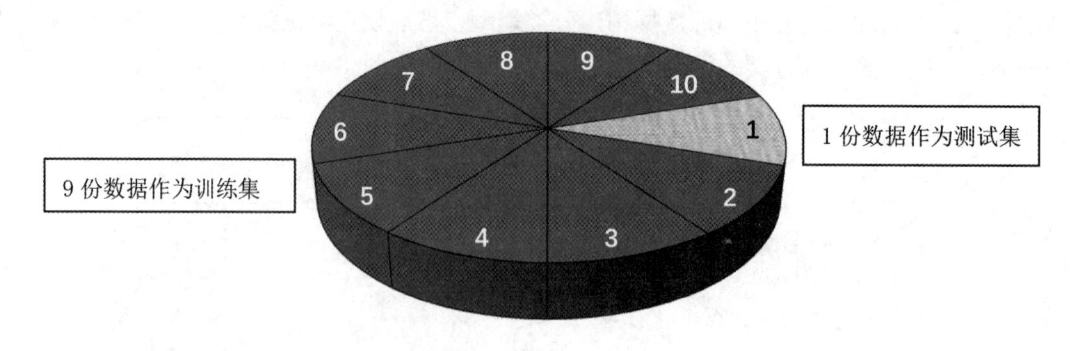

图 6-15 *k*- 折交叉验证

6.4.4 评估实例

在 6.2.6 节和 6.3.3 节的分类算法的应用实例中，使用评估方法中的保持方法对分类算法进行了评估，对相同的数据集进行划分，将 70% 的数据集作为训练集，其余 30% 作为测试集。通过调整参数，得到了决策树和随机森林算法的准确率分别为 0.83 和 0.84，即随机森林分类算法准确率略高，分类效果略好。

下面我们分别对两种分类算法进行 10- 折交叉验证，使用 model_selection 模块中的函数 cross_val_score() 进行数据集的划分，该函数自动划分训练集和测试集，具体格式及参数含义如下：

```
cross_val_score(estimator, x, y, cv=None, scoring=None, ⋯)
```

- estimator：已构建的分类模型。
- x：特征数据。
- y：标签数据。
- cv：设置交叉验证折数，一般为 10。
- scoring：评价标准，即模型质量的衡量指标，不同的评价指标，得到的结果不同。默认值为 accuracy，即模型正确分类的记录个数占总记录个数的比例。

【例 6-2】使用交叉验证方法分别对决策树和随机森林方法进行评估

我们采用交叉方法，对 6.2.6 节和 6.3.3 节的两种分类算法实例重新进行评估，选择预测准确度最高的参数设置。具体代码及结果如下：

交叉验证方法实例

```
from sklearn.model_selection import cross_val_score
clf = tree.DecisionTreeClassifier(random_state=1,min_samples_leaf=3,
max_depth=5,criterion="entropy")
rfc = RandomForestClassifier(min_samples_leaf=4,n_estimators=65,
random_state=1,criterion="entropy")
DT_cross = cross_val_score(clf,X,y,cv=10).mean()
RF_cross = cross_val_score(rfc,X,y,cv=10).mean()
print(" 决策树和随机森林的交叉验证评估结果分别为：%.2f 和 %.2f"%(DT_cross,RF_cross))
```

输出结果为：

```
决策树和随机森林的交叉验证评估结果分别为：0.82 和 0.83
```

通过使用交叉验证的方法对决策树和随机森林分类算法的准确率进行评估，得到结果均略低于保持方法的准确率；同时对于 Titanic 数据集，随机森林算法较决策树算法略优。

本章小结

分类问题作为机器学习领域重要的研究内容，其包含的算法种类非常多。本章主要介绍了分类方法中的两种重要的分类算法——决策树分类及随机森林，后续章节也会继续讲解其他分类算法，如支持向量机、朴素贝叶斯方法、人工神经网络等。在机器学习模型中，需要通过调整参数来提高模型的预测准确性，如在本章分类实例中，调整了不纯度度量、树的深度、树的分支等参数，该方法通过计算某一参数在不同取值下的模型预测准确性来挑选参数。我们也可以通过搜索方法，来获得需要调整参数的最佳组合。常用的搜索策略有网格搜索、随机搜索等，这些方法可以自动化得到超参数，但是该过程计算量大，耗费时间长。

习　题

对 UCI 数据库中的乳腺癌数据集进行分类分析，该数据集含有 10 个属性，共 286 条记录，该数据集的主要目标是通过分析乳腺癌患者的患病情况预测疾病是否复发。数据集的属性名称及类型见表 6-1。对该数据集进行分类分析，主要完成以下任务：

（1）导入数据集并进行预处理，如删除属性列、缺失值处理、数据类型转换等。

（2）分别使用 ID3 算法、随机森林算法对该数据集进行分类分析。

（3）对分类模型的参数进行调整，达到较高的预测准确性，并对分类分析结果进行解释。

（4）评估算法性能，比较两种算法的优劣。

表 6-1　乳腺癌复发数据集属性含义及其取值范围

属性名称	含　义	数据类型及取值
Age	年龄	分类属性，有 20–29，30–39，40–49，50–59，60–69，70–79，六个年龄段
Menopause	绝经情况	分类属性，lt40（40 岁之前绝经），ge40（40 岁之后绝经），prememo（未绝经）
TumorSize	肿瘤大小	分类属性，0–4，5–9，10–14，15–19，20–24，25–29，30–34，35–39，40–44，45–49，50–54
InvNodes	淋巴结个数	分类属性，0–2，3–5，6–8，9–11，12–14，15–17，18–20
NodeCaps	是否有结节冒	yes，no
DegMalig	肿瘤恶性程度	数值型，分为 1、2、3 三种，3 的恶性程度最高
Breast	肿瘤位置	left，right
BreastQuad	肿块所在象限	left–up，left–low，right–up，right–low，central
Irradiat	是否放疗	yes，no
Class	是否复发	recurrence–events（复发），no–recurrence–events（未复发）

第 7 章　支持向量机

本章导读

支持向量机是深度学习流行之前很流行的一种机器学习算法，其功能强大，算法容易理解，可以解决非线性问题，从而得到广泛应用。本章介绍了支持向量机算法及其在分类、回归和异常检测中的实现方法与应用案例，以及在人脸识别中的应用。读者在理解相关概念和算法的基础上掌握支持向量机的实现方法及优化方法，并能在实际问题中加以应用。

本章要点

- 线性可分和线性不可分
- 支持向量机
- 核函数
- 支持向量机在分类、回归和异常检测的实现方法

7.1　支持向量机算法概述

支持向量机（Support Vector Machine，SVM），是常见的一种监督学习模型，可应用于分类、回归分析和异常检测，在人脸识别、文本分类等问题中得到广泛应用。1963 年SVM 首次被提出，随后算法不断被改进，出现了线性 SVM 和非线性 SVM，使 SVM 不仅可以解决线性分类问题，也可应用于非线性问题中。SVM 可用于解决高维小样本问题，一直是机器学习算法中表现较好的算法。

介绍支持向量机之前，先了解一下线性可分的概念。在二维空间中如果能找到一条直线将两类数据直接分开，则称该组数据线性可分，如图 7–1 所示。延伸到高维空间，如果可以找到一个超平面将不同类别的点分开，则称数据在高维空间为线性可分的。

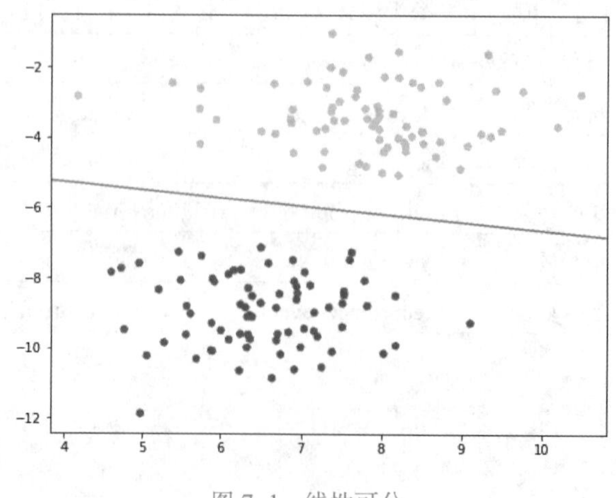

图 7–1　线性可分

为了使算法更具鲁棒性，SVM 算法尝试寻找最优的超平面，企图把两类样本以最大间隔分开，使两类样本中距离最近的样本距离最远。该超平面称为最大间隔超平面，两类样本中距离最近的点称为支持向量，如图 7–2 所示。支持向量到超平面的距离称为间隔。SVM 算法目的是找到最优的分类线，使两类的分类间隔最大。支持向量机优化准则是寻找使分类间隔最大的超平面作为分类超平面。

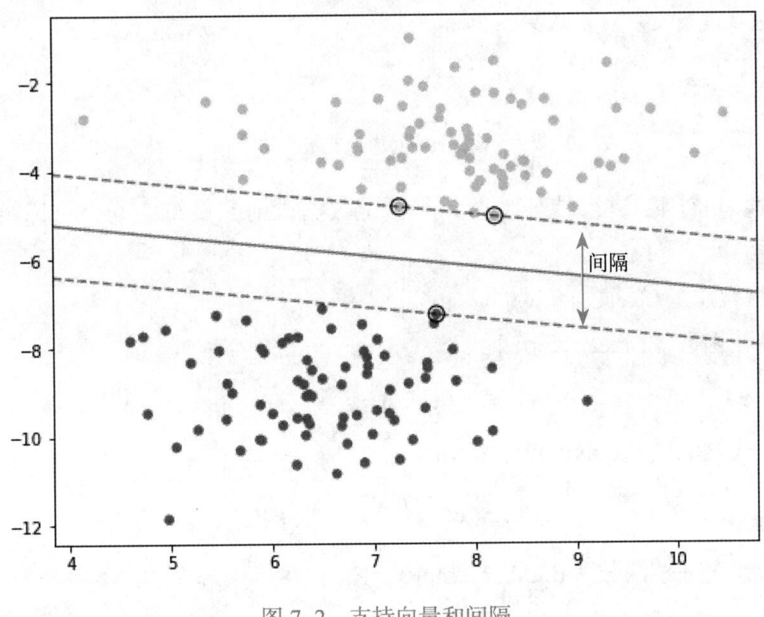

图 7–2 支持向量和间隔

现实生活中很多数据是线性不可分的，如图 7–3 所示的数据是线性不可分的。对于线性不可分的数据，线性模型就无能为力了。SVM 通过核函数来解决线性不可分的问题。如图 7–4 所示虚线上的带圈数据，在低维特征空间很难找到一条直线将其分开。但是如果进行特征映射，将低维特征映射到高维空间，就很容易通过寻找最大间隔的最优超平面将其分开，这就是非线性 SVM。

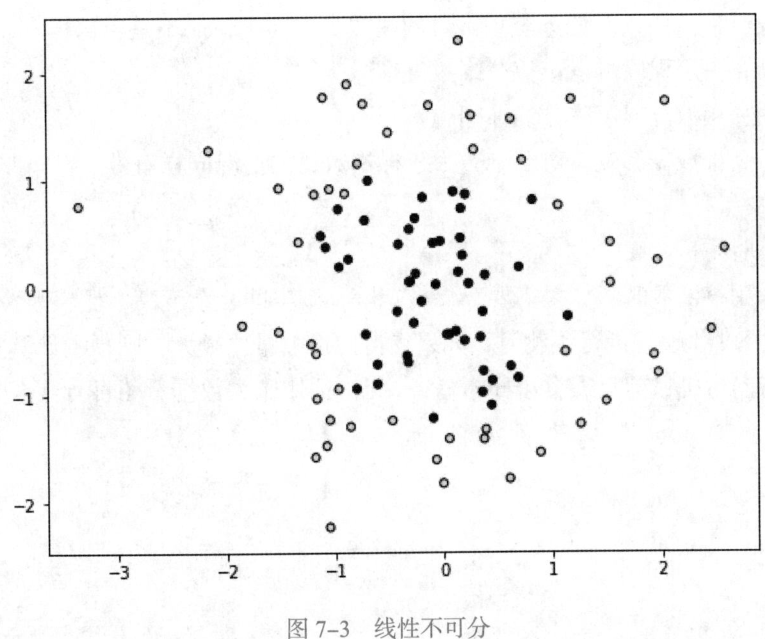

图 7–3 线性不可分

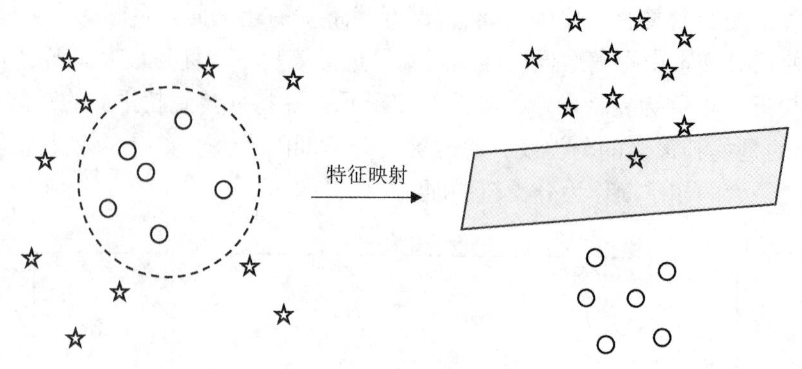

图 7-4 线性不可分数据通过核函数进行特征映射

SVM 中通过核函数进行特征映射，将低维数据投射到高维空间，可以解决线性不可分的问题。

SVM 中最常用的核函数有：

（1）线性核函数（Linear Kernel）：

$$k(x_i, x_j) = x_i^{\mathrm{T}} x_j$$

（2）多项式核函数（Polynomial Kernel）：

$$k(x_i, x_j) = \left(\gamma\left(x_i^{\mathrm{T}} x_j\right) + r\right)^d$$

（3）高斯径向基核函数（Radial Kernel）：

$$k(x_i, x_j) = \exp\left(-\frac{\|x_i - x_j\|^2}{2\delta^2}\right)$$

（4）S 型核函数（Sigmoid Kernel）：

$$k(x_i, x_j) = \tanh(x_i^{\mathrm{T}} x_j + r)$$

SVM 的优势有：

（1）有严格的数据理论依据作支撑，简化了通常的分类和回归问题。

（2）决策函数只依赖对任务至关重要的少数支持向量，而不是全部样本，将其进行分类，效率较高，一定程度可以避免“维数灾难”。

（3）采用核函数可以解决非线性问题。

（4）对于高维数据有效，对于维数大于样本数目的情况同样有效。

SVM 的缺点有：

（1）训练时间长。

（2）当采用核函数时，如果需要存储核矩阵，则空间复杂度高，比较浪费存储空间。

（3）采用 SVM 模型进行预测时，如果支持向量数量比较大，则预测计算复杂度较高。

（4）支持向量机目前只适合小样本任务，无法适用于大数据量（百万甚至上亿的样本）的任务。

7.2 SVM 的分类实现方法及案例

SVM 分类算法可采用 Sklearn 中 svm 模块的 SVC、NuSVC 和 LinearSVC 三种方法来实现。

7.2.1 SVC 支持向量分类算法

SVC（Switching Virtual Circuit）是基于 libsvm 实现的支持向量机分类方法，该方法训练时间受样本数量影响较大，不适用于超过上万数量级的样本。SVC 不仅可以实现两分类，也可以实现多类别分类。多类别分类是按照一对一方案进行处理的。

1. SVC 算法实现

在 Sklearn 中实现 SVC 算法需要导入 svm 模块，代码如下：

```
from sklearn.svm import SVC
```

SVC 的主要参数如下：

- C：正则化参数，默认值为 1。
- kernel：核函数，值为 {'linear', 'poly', 'rbf', 'sigmoid', 'precomputed'} 几种核函数之一 。默认情况下为 rbf 核函数。
- degree：多项式核函数（kernel = 'poly'）的次数，默认值为 3。
- gamma：核函数为 poly、rbf 或 sigmoid 时的核系数，值可以是 {'scale', 'auto'}。当参数设置为 scale 时，gamma 值设置为 1 / (n_features * X.var())；当参数设置为 auto 时，gamma 值设置为 1 / n_features；默认值为 scale。

SVC 的主要方法如下：

- fit(X, y[, sample_weight])：采用训练样本训练 SVC 模型。
- predict(X)：采用 SVC 模型对样本 X 进行分类预测。
- predict_proba(X)：计算 X 中样本属于每类的概率。
- score(X, y[, sample_weight])：返回模型对样本 X 预测的平均正确率。

2. SVC 案例

下面采用 SVC 方法对鸢尾花的数据进行分类。

SVC 对鸢尾花分类方法的实现

【例 7-1】采用 SVC 对鸢尾花的数据进行分类。

```
from sklearn.datasets import load_iris
from sklearn.model_selection import train_test_split
from sklearn import svm
# 读入数据
X, y = load_iris (return_X_y=True)
# 训练样本测试样本划分
X_train, X_test, y_train, y_test = train_test_split(X, y, test_size=0.3, random_state=0)
# 初始化 SVM 分类器
svc_classifier = svm.SVC()
# 采用训练数据训练 SVM 分类器
svc_classifier.fit(X_train, y_train)
# 对测试样本进行预测
y_pred = svc_classifier.predict(X_test)
# 用测试样本对模型进行评价
```

```
svc_accuracy = svc_classifier.score(X_test,y_test)
print("SVM 分类器采用 SVC 实现的分类正确率为：%f %%"%(100*svc_accuracy))
```

程序运行结果如下：

```
SVM 分类器采用 SVC 实现的分类正确率为：98 %
```

从分类结果来看，SVC 采用默认参数，核函数默认是高斯径向基核函数，不用调整参数，算法就可以取得 98% 的正确率，效果是非常好的。

3. 不同核函数 SVC 算法的案例

下面我们采用不同核函数的 SVC 算法来实现对鸢尾花数据的分类。

不同核函数的
SVC 分类比较

【例 7-2】采用不同核函数的 SVC 对鸢尾花数据进行分类。

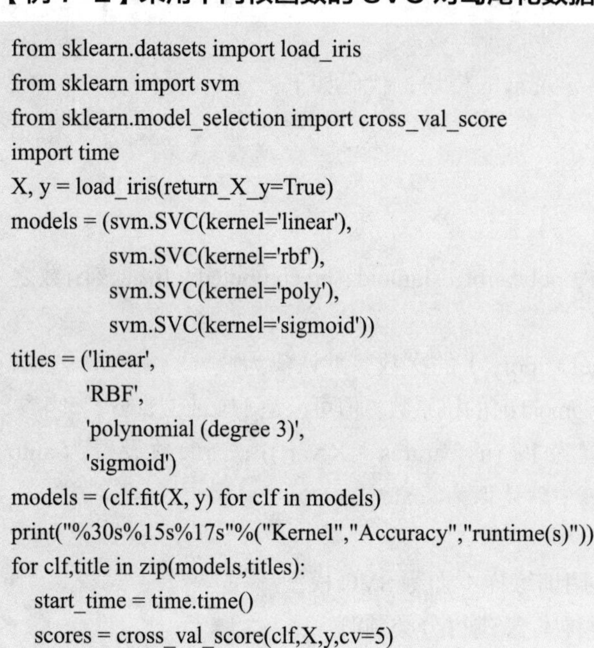

```
from sklearn.datasets import load_iris
from sklearn import svm
from sklearn.model_selection import cross_val_score
import time
X, y = load_iris(return_X_y=True)
models = (svm.SVC(kernel='linear'),
          svm.SVC(kernel='rbf'),
          svm.SVC(kernel='poly'),
          svm.SVC(kernel='sigmoid'))
titles = ('linear',
          'RBF',
          'polynomial (degree 3)',
          'sigmoid')
models = (clf.fit(X, y) for clf in models)
print("%30s%15s%17s"%("Kernel","Accuracy","runtime(s)"))
for clf,title in zip(models,titles):
  start_time = time.time()
  scores = cross_val_score(clf,X,y,cv=5)
  end_time = time.time()
  run_time = end_time - start_time
  print("%30s   %10.2f     %10.2f "%(title,scores.mean(),run_time))
```

程序运行结果如图 7-5 所示。

```
                Kernel        Accuracy        runtime(s)
                linear          0.98             0.01
                   RBF          0.97             0.01
 polynomial (degree 3)          0.98             0.01
               sigmoid          0.07             0.02
```

图 7-5　采用不同核函数的 SVC 进行分类的结果

从运行结果可以看出线性核、（3 阶）多项式核的正确率高于高斯径向核、sigmoid 核函数，其中 sigmoid 核正确率最低，不适于该组数据。从运行效率上来说线性核、多项式核和高斯核速度较 sigmoid 核速度更快。图 7-6 中显示了前两个特征的不同核函数 SVC 算法的分类界面，从图中可以看出线性核的分类界面是直线，而其他三种核函数的分类界面是非线性的曲面。

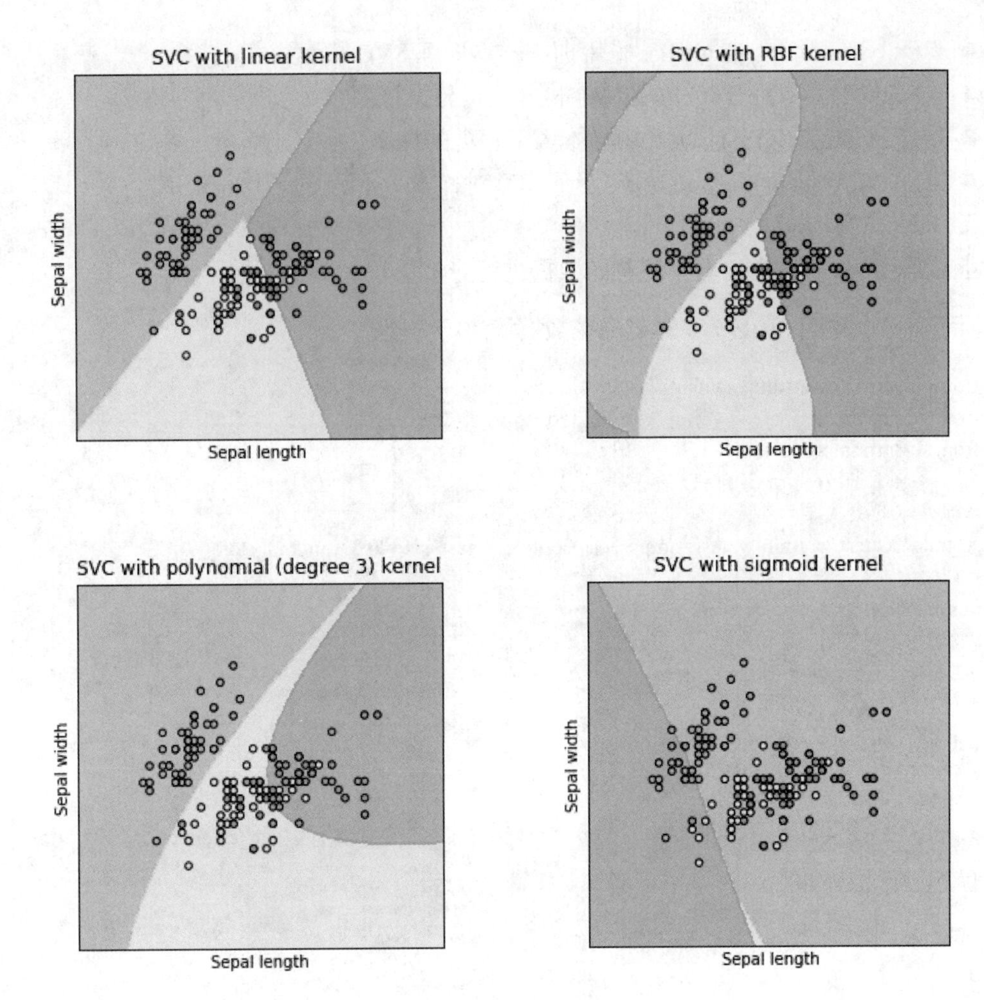

图 7-6 不同核函数的 SVC 算法分类界面

7.2.2 NuSVC 支持向量分类算法

NuSVC 是基于 libsvm 实现的支持向量机分类算法，类似于 SVC 算法。和 SVC 不同之处在于 NuSVC 算法通过参数对支持向量的个数进行控制。

1. NuSVC 算法实现

NuSVC 算法位于 Sklearn 的 svm 模块，使用时需导入，代码如下：

```
from sklearn.svm import NuSVC
```

NuSVC 的主要参数如下：

- Nu：边界错误样本比例的上界，支持向量占总样本比例的下界。值为 [0,1] 之间的小数，默认值为 0.5。
- Kernel：核函数，值为 {' linear' , ' poly' , ' rbf ' , ' sigmoid ' , ' precomputed ' } 几种核函数之一，默认值为 rbf。
- Degree：多项式核函数（kernel = ' poly ' ）的次数，默认值为 3。
- Gamma：核函数为 ' poly ' ' rbf ' 或 ' sigmoid ' 时的核系数。值可以是 { ' scale' , ' auto' }。当参数设置为 scale 时，gamma 值设置为 1 / (n_features * X.var())；当参数设置为 auto 时，gamma 值设置为 1 / n_features。gamma 默认值为 scale。

NuSVC 的主要方法如下：

- fit(X, y[, sample_weight])：采用训练样本训练 SVC 模型。
- predict(X)：采用 SVC 模型对样本 X 进行分类预测。
- predict_proba(X)：计算 X 中样本属于每类的概率。
- score(X, y[, sample_weight])：返回模型对样本 X 预测的平均正确率。

2. NuSVC 案例

下面采用 NuSVC 方法对鸢尾花的数据进行分类。

【例 7-3】采用 NuSVC 对鸢尾花数据集进行分类。

```
from sklearn.datasets import load_iris
from sklearn.model_selection import train_test_split
from sklearn import svm
X, y = load_iris (return_X_y=True)
# 训练样本测试样本划分
X_train, X_test, y_train, y_test = train_test_split(X, y, test_size=0.3, random_state=0)
# 初始化 SVM 分类器
nusvc_classifier = svm.NuSVC()
# 采用训练数据训练 SVM 分类器
nusvc_classifier.fit(X_train, y_train)
# 对测试样本进行预测
y_pred = nusvc_classifier.predict(X_test)
svc_accuracy = nusvc_classifier.score(X_test,y_test)
# 用测试样本对模型进行评分
print("SVM 分类器采用 NuSVC 实现的分类正确率为: %f %%"%(100*svc_accuracy))
```

程序运行结果如下：

```
SVM 分类器采用 NuSVC 实现的分类正确率为: 97.777778%
```

3. 不同核函数的 NuSVC 实现案例

下面我们采用不同核函数的 NuSVC 算法来实现对鸢尾花数据的分类。

【例 7-4】采用不同核函数的 NuSVC 对鸢尾花数据进行分类。

```
from sklearn.datasets import load_iris
from sklearn import svm
from sklearn.model_selection import cross_val_score
import time
X, y = load_iris(return_X_y=True)
models = (svm.NuSVC(kernel='linear'),
        svm.NuSVC(kernel='rbf'),
        svm.NuSVC(kernel='poly'),
        svm.NuSVC(kernel='sigmoid'))
titles = ('linear',
        'RBF',
        'polynomial (degree 3)',
        'sigmoid')
models = (clf.fit(X, y) for clf in models)
print("%30s%15s%17s"%("Kernel","Accuracy","runtime(s)"))
for clf,title in zip(models,titles):
    start_time = time.time()
    scores = cross_val_score(clf,X,y,cv=5)
    end_time = time.time()
    run_time = end_time - start_time
    print("%30s   %10.2f    %10.2f "%(title,scores.mean(),run_time))
```

程序运行结果如图 7-7 所示。

Kernel	Accuracy	runtime(s)
linear	0.96	0.01
RBF	0.97	0.01
polynomial (degree 3)	0.89	0.01
sigmoid	0.72	0.01

图 7-7 不同核函数的 NuSVC 的分类结果

从程序的运行结果看出 NuSVC 算法中 RBF 核取得最好的分类结果，从算法的运行效率来看，四个核核函数运行时间是一样的。分类界面如图 7-8 所示。

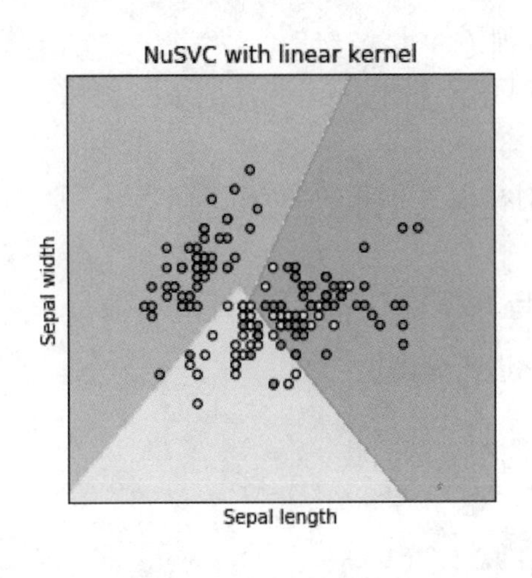

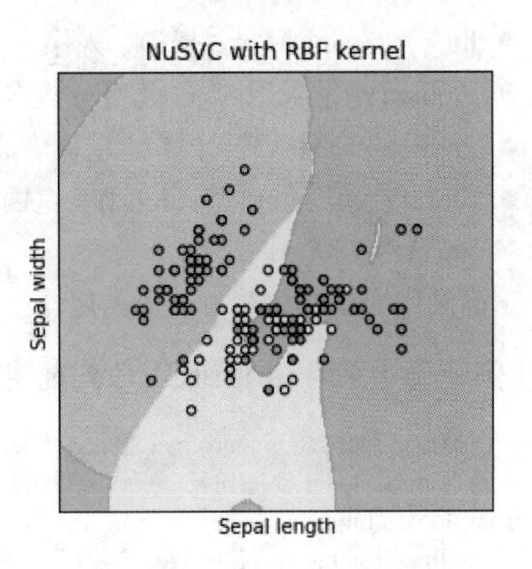

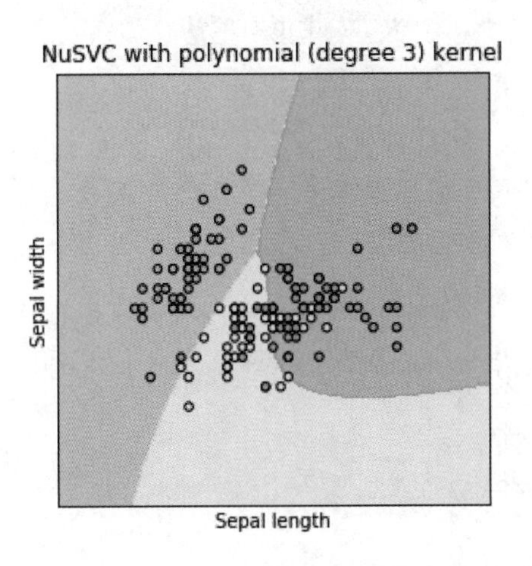

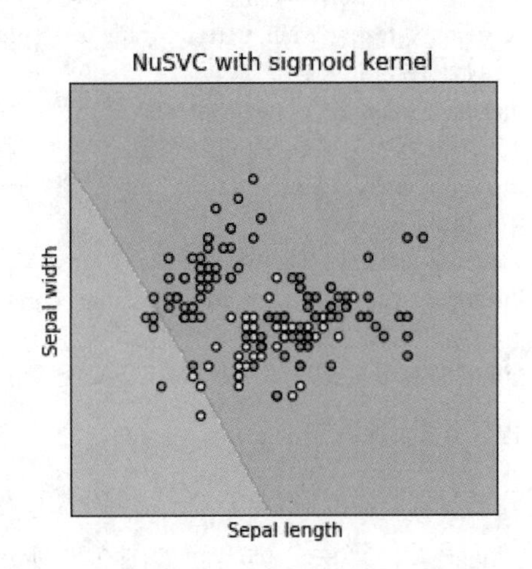

图 7-8 不同核函数的 NuSVC 算法分类界面

7.2.3 LinearSVC 线性支持向量分类算法

1. LinearSVC 算法实现

LinearSVC 相似于核函数为线性核时的 SVC 算法，不同之处在于该算法是基于 liblinear 实现的而不是 libsvm，因此在选择惩罚因子和损失函数时更具灵活性，而且能更好适用于大样本。

LinearSVC 算法属于 Sklearn 的 svm 模块中的方法，使用时首先通过以下语句导入：

```
from sklearn.svm import LinearSVC
```

LinearSVC 的主要参数如下：

- penalty：指定惩罚范式，可以是 L1 或 L2 范式。
- losss：损失函数，可以是 {' hinge' ,' squared_hinge '}，' hinge' 是标准损失函数。默认值为 squared_hinge 。
- dual：布尔值，默认值为 True。选择是否解决对偶或原始优化问题。
- tol：优化停止条件的容忍度。
- C：正则化参数，默认值为 1。正则化的强度与 C 成反比。
- Multi_class：多类解决方案，可以是 {' ovr ' , ' crammer_singer ' }，默认值为 ovr。

LinearSVC 的主要方法如下：

- fit(X, y[, sample_weight])：采用训练样本训练 SVC 模型。
- predict(X)：采用 SVC 模型对样本 X 进行分类预测。
- predict_proba(X)：计算 X 中样本属于每类的概率。
- score(X, y[, sample_weight])：返回模型对样本 X 预测的平均正确率。

2. LinearSVC 案例

下面采用 LinearSVC 方法对鸢尾花的数据进行分类。

【例 7-5】采用 LinearSVC 对鸢尾花数据进行分类。

```
from sklearn.datasets import load_breast_cancer
from sklearn.model_selection import train_test_split
from sklearn import svm
X, y = load_iris(return_X_y=True)
# 训练样本测试样本划分
X_train, X_test, y_train, y_test = train_test_split(X, y, test_size=0.3, random_state=0)
# 初始化 SVM 分类器
linearsvc_classifier = svm.LinearSVC()
# 采用训练数据训练 SVM 分类器
linearsvc_classifier.fit(X_train, y_train)
# 对测试样本进行预测
y_pred = linearsvc_classifier.predict(X_test)
linearsvc_accuracy = linearsvc_classifier.score(X_test,y_test)
# 用测试样本对模型进行评分
print("SVM 分类器采用 LinearSVC 实现的分类正确率为: %f %%"%(100*linearsvc_accuracy))
```

程序运行结果如下：

```
SVM 分类器采用 LinearSVC 实现的分类正确率为: 93.333333%
```

LinearSVC 算法分类界面如图 7-9 所示。

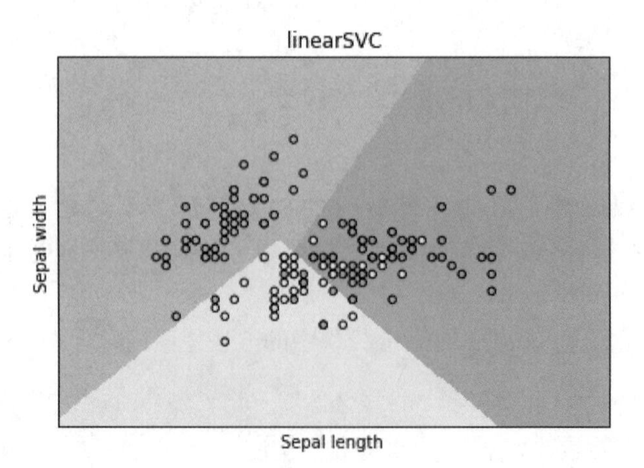

图 7-9 LinearSVC 算法分类界面

对于鸢尾花数据来说，从上面的三个实例可以看出采用 SVC 算法取得最高的正确率。

7.3 SVM 的回归实现方法及案例

同支持向量分类器类似，支持向量回归算法仅仅依赖训练样本的子集——支持向量样本集。SVM 回归算法可采用 Sklearn 中 svm 模块的 SVR、NuSVR 和 LinearSVR 三种方法来实现。

7.3.1 SVR 回归实现方法

SVR 算法是基于 libsvm 库实现的，训练时间复杂度与样本数量平方成正比，因此很难应用于超过一万个样本数量级的样本集，对数据量比较大的样本可以考虑使用 LinearSVR 或 SGDRegressor 算法。

SVR 的常用参数和方法类似于前面所讲的 SVC 算法，在此不再重复。下面以模拟数据为例来说明不同核函数的 SVR 在回归问题中的应用方法。

【例 7-6】采用不同核函数的 SCVR 对生成的模拟数据进行回归。

```
import numpy as np
from sklearn.svm import SVR
import matplotlib.pyplot as plt
# 产生样本数据
X = np.sort(10 * np.random.rand(40, 1), axis=0)
y = np.sin(X).ravel()
# 为样本数据添加噪声
y[::5] += 2 * (0.5 - np.random.rand(8))
# 初始化回归模型
svr_rbf = SVR(kernel="rbf", C=100, gamma=0.1, epsilon=0.1)
svr_lin = SVR(kernel="linear", C=100, gamma="auto")
svr_poly = SVR(kernel="poly", C=100, gamma="auto", degree=3, epsilon=0.1, coef0=1)
# 可视化结果
lw = 2
svrs = [svr_rbf, svr_lin, svr_poly]
kernel_label = ["RBF", "Linear", "Polynomial"]
model_color = ["m", "c", "g"]
fig, axes = plt.subplots(nrows=1, ncols=3, figsize=(15, 10), sharey=True)
for ix, svr in enumerate(svrs):
    axes[ix].plot(
        X,
        svr.fit(X, y).predict(X),
        color=model_color[ix],
        lw=lw,
        label="{} model".format(kernel_label[ix]),
    )
    axes[ix].scatter(
        X[svr.support_],
        y[svr.support_],
        facecolor="none",
        edgecolor=model_color[ix],
        s=50,
        label="{} support vectors".format(kernel_label[ix]),
```

```
    )
    axes[ix].scatter(
        X[np.setdiff1d(np.arange(len(X)), svr.support_)],
        y[np.setdiff1d(np.arange(len(X)), svr.support_)],
        facecolor="none",
        edgecolor="k",
        s=50,
        label="other training data",
    )
    axes[ix].legend(
        loc="upper center",
        bbox_to_anchor=(0.5, 1.1),
        ncol=1,
        fancybox=True,
        shadow=True,
    )
fig.text(0.5, 0.04, "data", ha="center", va="center")
fig.text(0.06, 0.5, "target", ha="center", va="center", rotation="vertical")
fig.suptitle("Support Vector Regression based SVR", fontsize=14)
plt.show()
```

程序运行结果如图 7-10 所示。

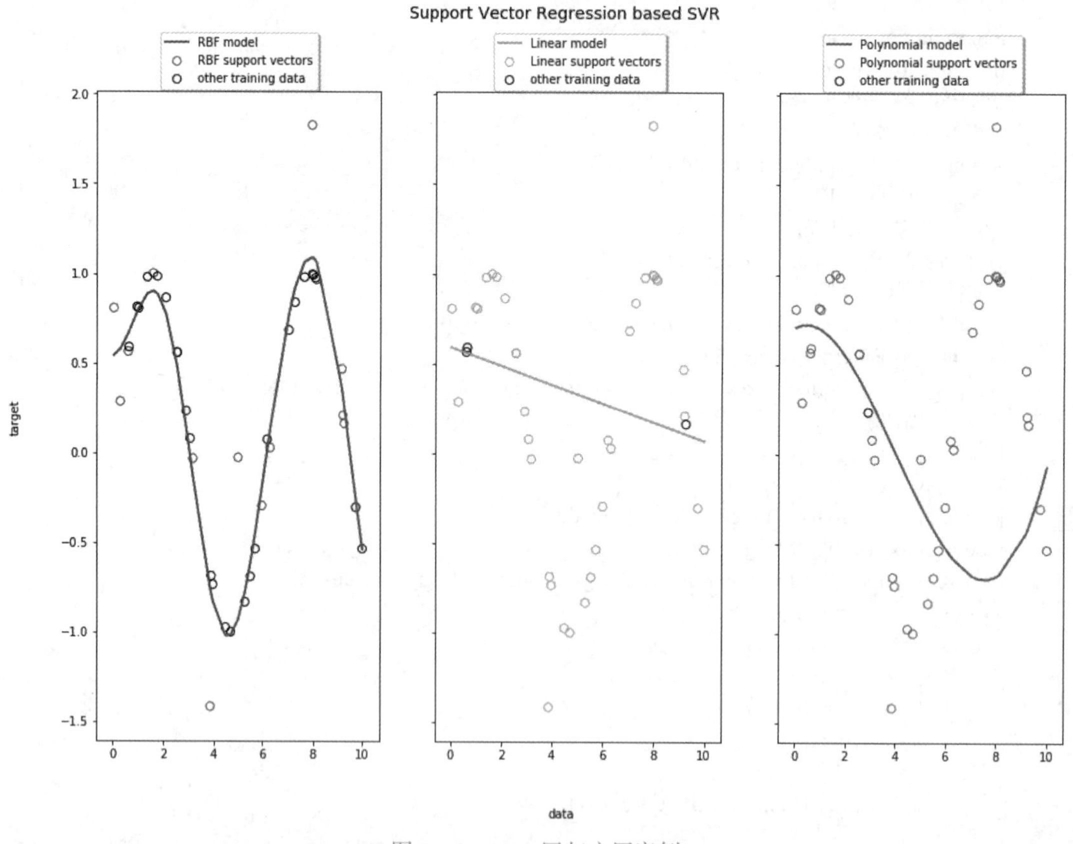

图 7-10 SVR 回归应用案例

该程序分别采用高斯核、线性核和多项式核三个不同的核函数的 SVR 算法对生成的模拟数据进行回归拟合，并将拟合结果以图形方式显示。从程序的运行结果可以看出，线性核的拟合结果是一条直线，高斯核和多项式核的拟合结果都是曲线，对该组拟合数据来说效果要优于线性核算法的拟合结果。

7.3.2 NuSVR 回归实现方法

NuSVR 算法与 NuSVC 算法相似，该算法是基于 libsvm 实现的，通过设置参数 nu 来控制支持向量的个数。下面以模拟数据为例来说明 NuSVR 在回归问题中的应用方法。

【例 7-7】采用不同核函数的 NuSVR 对生成的模拟数据进行回归。

```
import numpy as np
from sklearn.svm import NuSVR
import matplotlib.pyplot as plt
# 生成样本数据
X = np.sort(10 * np.random.rand(40, 1), axis=0)
y = np.sin(X).ravel()
# 为样本数据添加噪声
y[::5] += 2 * (0.5 – np.random.rand(8))
# 初始化回归模型
nu_svr_rbf = NuSVR(kernel="rbf", C=100, gamma=0.1)
nu_svr_lin = NuSVR(kernel="linear", C=100, gamma="auto")
nu_svr_poly = NuSVR(kernel="poly", C=100, gamma="auto", degree=3,coef0=1)
```

程序运行结果如图 7–11 所示。

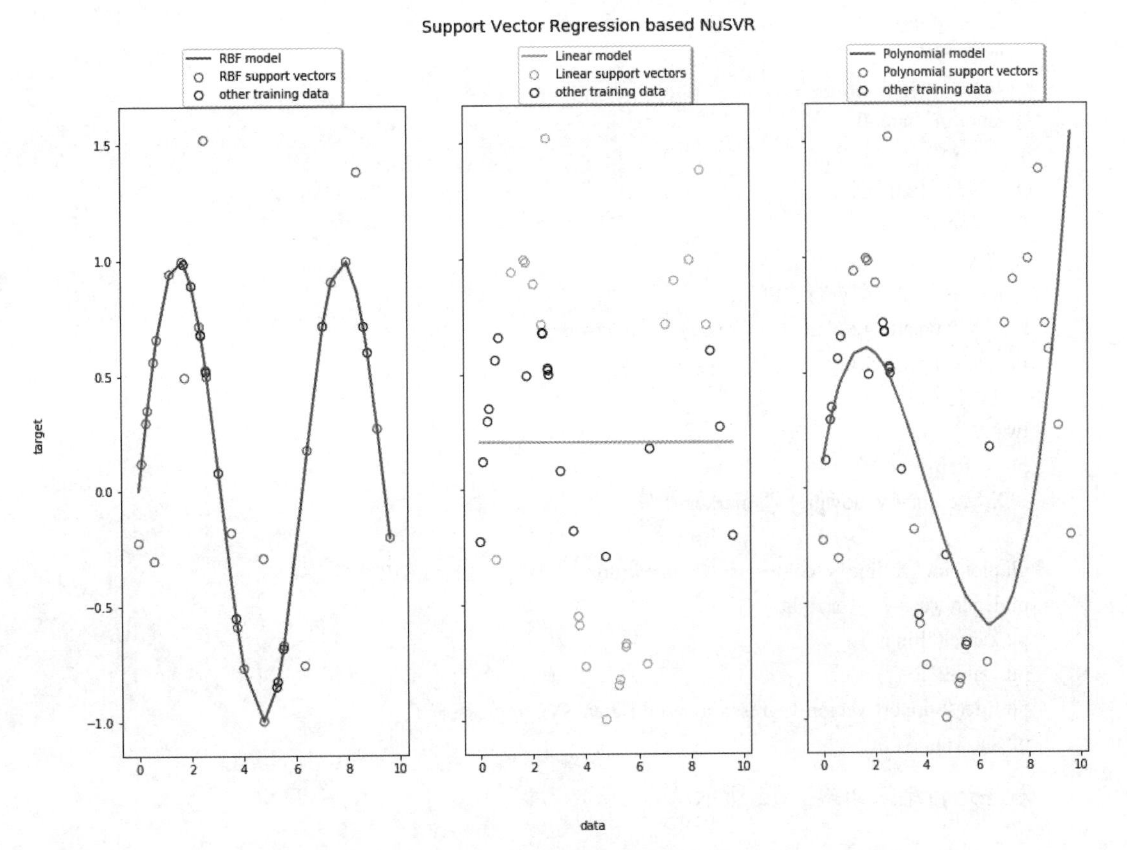

图 7–11　NuSVR 回归应用案例

该程序分别采用高斯核、线性核和多项式核三个不同的核函数的 NuSVR 算法对生成的模拟数据进行回归拟合，并将拟合结果以图形方式显示（显示程序类似例 7–6）。从程序的运行结果可以看出，线性核的拟合结果是一条直线，高斯核和多项式核的拟合结果都是曲线，对该组拟合数据来说效果要优于线性核算法的拟合结果。对比前面的 SVR 的拟

合结果，可以看到采用相同核函数的 SVR 和 NuSVR 的拟合结果相似，但因为实现方法不同，拟合结果存在差异。

7.3.3 LinearSVR 回归实现方法

LinearSVR 是基于 liblinear 库实现的，是三个算法中速度最快的算法，但是该算法只能实现线性核的支持向量机算法，相当于线性核函数的 SVR 算法。下面以模拟回归数据为例来说明 LinearSVR 在回归问题中的应用方法。

【例 7-8】采用 LinearSVR 对生成的模拟数据进行回归。

```
from sklearn.datasets import make_regression
from matplotlib import pyplot
from sklearn.svm import LinearSVR
# 生成样本数据
n_samples = 1000
n_outliers = 50
X, y, coef = make_regression(
    n_samples=n_samples,
    n_features=1,
    n_informative=1,
    noise=10,
    coef=True,
    random_state=0,
)
# 初始化回归模型
lr = LinearSVR()
lr.fit(X, y)
# 采用生成的模型进行预测
line_X = np.arange(X.min(), X.max())[:, np.newaxis]
line_y = lr.predict(line_X)
# 可视化结果
lw = 2
plt.scatter(
    X, y, color="yellowgreen", marker="."
)
plt.plot(line_X, line_y, color="navy", linewidth=lw, label="LinearSVC regressor")
plt.legend(loc="lower right")
plt.xlabel("Input")
plt.ylabel("Response")
plt.title("Support Vector Regression based LinearSVC regressor" )
plt.show()
```

程序运行结果如图 7-12 所示。

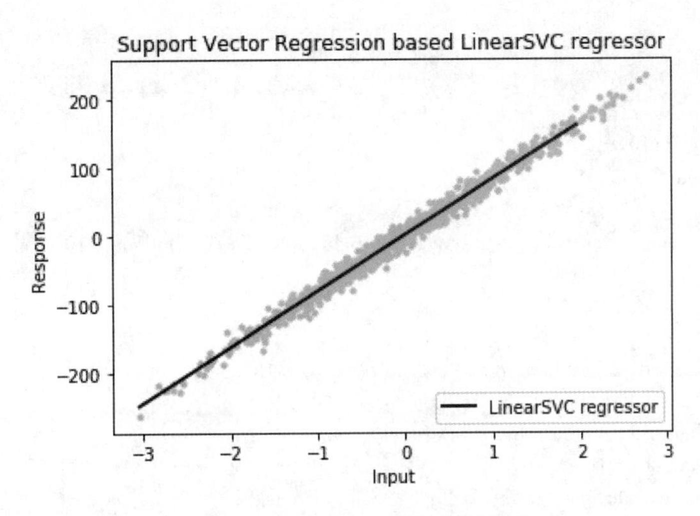

图 7-12 LinearSVR 回归应用案例

7.4 SVM 异常检测的实现方法

在很多应用中都需要对数据集进行异常检测和清洗数据，以提高后期数据分析的性能。假设数据集包含两类数据：正常数据和异常数据。正常数据是数据集中大多数数据，通常正常数据在各个维度上比较聚集。异常数据占数据集的少数，通常比较分散。

异常检测分为两类：奇异点检测（Novelty Detection）和外点检测（Outlier Detection）。

（1）奇异点检测中训练样本被认为是正常样本，所有跟训练集样本不同的点，不论它与正常样本有多像，也不论其分布有多聚集都属于异常数据。奇异点检测属于半监督学习。

（2）外点检测中只有分布稀疏而且离正常样本较远的点才是异常数据，外点检测属于无监督学习。

Sklearn 中通过 svm.OneClassSVM 实现异常检测。SVM 通过核函数把原始空间映射到一个高维特征空间中，进而使不同类别的样本在特征空间中很容易分开。OneClassSVM 也是采用核方法，比如高斯核（RBF kernel）将原始空间映射到特征空间，在特征空间由支撑向量确定边界，区分正常点和异常点，从而实现异常检测。

下面采用案例来说明 SVM 在异常检测中的应用。

【例 7-9】SVM 算法在异常监测中的应用。

```
import numpy as np
import matplotlib
import matplotlib.pyplot as plt
from sklearn import svm
from sklearn.datasets import  make_blobs
n_samples = 500
outliers_fraction = 0.15
n_outliers = int(outliers_fraction * n_samples)
n_inliers = n_samples - n_outliers
# 模型初始化
anomaly_algorithms = svm.OneClassSVM(nu=outliers_fraction, kernel="rbf", gamma=0.1)
# 生成数据集
```

```
blobs_params = dict(random_state=0, n_samples=n_inliers, n_features=2)
datasets = make_blobs(centers=[[0, 0], [0, 0]], cluster_std=0.5, **blobs_params)[0]
xx, yy = np.meshgrid(np.linspace(-7, 7, 150), np.linspace(-7, 7, 150))
plt.figure(figsize=(10, 8))
rng = np.random.RandomState(42)
# 添加外点
X = np.concatenate([datasets, rng.uniform(low=-6, high=6, size=(n_outliers, 2))], axis=0)
# 训练模型
anomaly_algorithms.fit(X)
# 可视化模型
plt.title("Anomaly detection bansed one class SVM", size=18)
y_pred = anomaly_algorithms.fit(X).predict(X)
Z = anomaly_algorithms.predict(np.c_[xx.ravel(), yy.ravel()])
Z = Z.reshape(xx.shape)
plt.contour(xx, yy, Z, levels=[0], linewidths=2, colors="black")
colors = np.array(["#377eb8", "    #ff7f00"])
plt.scatter(X[:, 0], X[:, 1], s=10, color=colors[(y_pred + 1) // 2])
plt.xlim(-7, 7)
plt.ylim(-7, 7)
plt.xticks(())
plt.yticks(())
plt.show()
```

程序运行结果如图 7-13 所示。

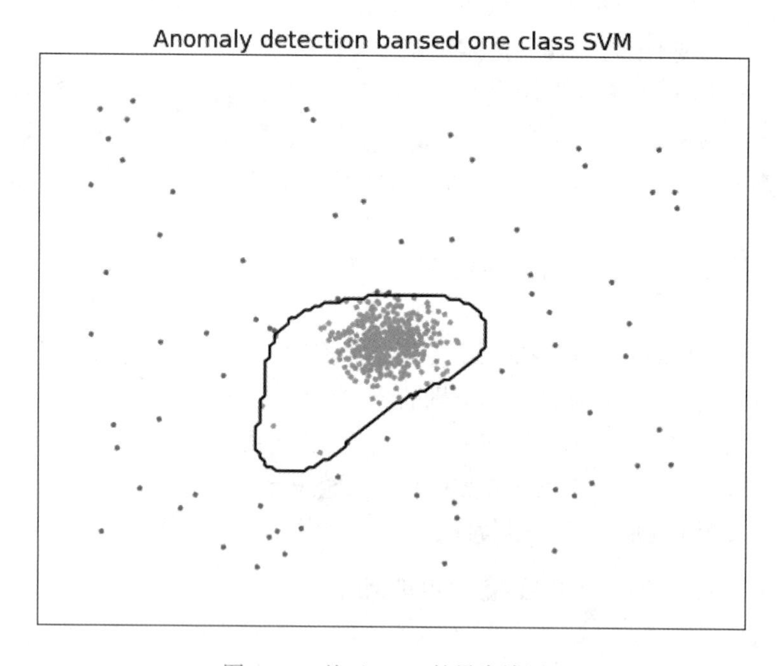

图 7-13　基于 SVM 的异常检测

7.5　SVM 实战——人脸识别

本案例采用支持向量机算法来解决实际生活的人脸识别问题。案例采用 1992 年 4 月至 1994 年 4 月期间在剑桥 AT&T 实验室拍摄的人脸图像——Olivetti 人脸数据集为数据源。

7.5.1 导入并显示数据集

Olivetti 人脸数据集包含 40 个不同志愿者的 400 张人脸图像，每个志愿者有 10 张不同时间、不同光照条件、不同面部表情、不同细节、不同角度的照片。图 7–14 显示了其中 5 个志愿者的不同照片。该数据集包含 40 个类别，每类只有 10 个样本数据，属于典型的高维小样本问题，使用该数据集进行分类，挑战还是比较大的。

图 7–14 部分人脸图像

Sklearn 封装了该数据集，导入方法如下：

```
from sklearn.datasets import fetch_olivetti_faces
faces = fetch_olivetti_faces()
```

faces 数据包含以下关键字：data、images、target 和 DESCR。data 里存放图像的特征，它是一个 (400, 4096) 的数组，也就是包含 400 张人脸图像，每张图像的特征是将图像矩阵按行拉伸成一维向量的结果，维数是 4096。images 是一个 (400,64,64) 的三维数组，存放了 400 张 64×64 的图像数据。target 存放了每张图像所对应的类别，是 (400,1) 的一维矩阵。

接下来我们显示数据库中 40 个不同类别的代表图像，以便直观了解数据库中的数据。程序代码如下：

```
import matplotlib.pyplot as plt
image_shape = (64, 64)
plt.figure(figsize=(20,20))
for i in range(0,400,10):
    true_face = faces.images[i,:,:]
    sub = plt.subplot(8, 5, i//10 + 1)
    sub.axis("off")
    sub.imshow(true_face,
           cmap=plt.cm.gray,
           interpolation="nearest")
```

运行结果如图 7–15 所示。

图 7-15　人脸数据库中 40 个不同类别的代表图像

7.5.2　SVM 分类器模型选择和优化

为了确定最适用于人脸识别应用的 SVM 分类模型，分别采用不同核函数的 SVC 和 NuSVC 方法进行分类建模，基于模型的分类正确率和运行效率进行模型选择，实现的程序代码如下：

```
from sklearn import svm
from sklearn.model_selection import cross_val_score
import time
X=faces.data
y=faces.target
models = (svm.SVC(kernel='linear'),
        svm.SVC(kernel='rbf'),
        svm.SVC(kernel='poly'),
        )
titles = ('linear',
        'RBF',
        'polynomial (degree 3)',
        )
models = (clf.fit(X, y) for clf in models)
print("%50s"%("SVC Classifier"))
print("%30s%15s%17s"%("Kernel","Accuracy","runtime(s)"))
for clf,title in zip(models,titles):
   start_time = time.time()
   scores = cross_val_score(clf,X,y,cv=5)
```

```
    end_time = time.time()
    run_time = end_time - start_time
    print("%30s  %10.2f    %10.2f "%(title,scores.mean(),run_time))
models = (svm.NuSVC(kernel='linear'),
        svm.NuSVC(kernel='rbf'),
        svm.NuSVC(kernel='poly'),
        )

models = (clf.fit(X, y) for clf in models)
print("\n\n%50s"%("NuSVC Classifier"))
print("%30s%15s%17s"%("Kernel","Accuracy","runtime(s)"))
for clf,title in zip(models,titles):
    start_time = time.time()
    scores = cross_val_score(clf,X,y,cv=5)
    end_time = time.time()
    run_time = end_time - start_time
    print("%30s  %10.2f    %10.2f "%(title,scores.mean(),run_time))
```

运行结果如图 7-16 所示。

```
                     SVC Classifier
              Kernel       Accuracy      runtime(s)
              linear         0.97           5.38
                 RBF         0.94           6.46
polynomial (degree 3)        0.96           5.05


                    NuSVC Classifier
              Kernel       Accuracy      runtime(s)
              linear         0.96           5.84
                 RBF         0.95           6.44
polynomial (degree 3)        0.91           6.03
```

图 7-16 不同核函数的 SVC 和 NuSVC 方法的分类结果

从运行结果可以看出分别采用不同核函数的 SVC 和 NuSVC 分类方法中，采用线性核函数的 SVC 分类模型取得了最高的分类正确率 97%，并且运行时间较短。采用 3 阶多项式核的 SVC 算法，运行时间最短，效率最高，分类结果也可以达到 96% 的正确率。因此，如果从正确率角度进行模型选择，可以选择线性核函数的 SVC 分类模型，而从运行效率角度考虑，可以选择多项式核的 SVC 分类模型。

为了直观地了解分类器的预测情况，利用下面程序对测试图像和预测结果进行显示，显示程序代码如下：

```
import matplotlib.pyplot as plt
import random
image_shape = (64, 64)
plt.figure(figsize=(20,5))
svc_classifier = svm.SVC(kernel='linear')
svc_classifier.fit(X,y)
for i in range(0,10):
    j = random.randint(0,9)
    face_id = 10 * i + j
    true_face = faces.images[face_id,:,:]
    predict_id = svc_classifier.predict(true_face.reshape(1,-1))
    predict_face = faces.images[10 * predict_id]
```

```
    sub = plt.subplot(2, 10, i+1)
    sub.axis("off")
    sub.imshow(true_face.reshape(64,64),
            cmap=plt.cm.gray,
            interpolation="nearest")
    sub = plt.subplot(2, 10, 10+ i + 1)
    sub.axis("off")
    sub.imshow(predict_face.reshape(64,64),
            cmap=plt.cm.gray,
            interpolation="nearest")
```

程序运行结果如图 7–17 所示。

图 7–17　测试样本预测结果显示

运行结果中的第一行为测试图像，第二行为预测结果对于类别所代表的图像。从运行结果可以看出通过优化的模型在人脸识别中正确率还是比较高的，对于不同拍摄角度、不同表情、戴不戴眼镜都可以准确识别。

本章小结

本章从介绍支持向量机的应用及历史入手，介绍了支持向量机算法相关概念、实现方法及应用案例。

（1）支持向量机相关概念。介绍了线性可分和线性不可分的概念，SVM 算法中的支持向量的概念，SVM 算法优化的准则，SVM 算法对非线性问题解决方案，常见核函数和 SVM 算法的优缺点。

（2）支持向量机的实现方法。介绍了 Sklearn 中 SVM 算法应用于分类的三种实现方法、应用于回归的三种实现方法，以及应用于异常检测的实现方法及优化方法。

（3）SVM 在人脸识别中的应用案例。以剑桥大学 AT&T 实验室拍摄的人脸图像——Olivetti 人脸数据集为例，介绍了采用 SVM 实现人脸识别的各个环节以及模型选择与优化的方法。

习　题

一．选择题

1.SVM 算法属于（　　）算法。

A. 监督学习　　　　B. 非监督学习

C. 半监督学习　　　　D. 强化学习

2.SVM 算法适用于（　　）。

A. 大数据　　B. 高维小样本

C. 线性可分数据　　D. 非线性数据

二 . 填空题

1. SVM 优化的准则是________________。

2. SVM 中常用的核函数有____________、____________、____________和____________。

三、设计题

采用 SVM 的不用方法实现对 Sklearn 数据集中的乳腺癌数据进行分类，并比较其结果。

第 8 章　朴素贝叶斯方法

本章导读

贝叶斯分类是一类分类算法的总称，这类算法均以贝叶斯定理为基础，故统称为贝叶斯分类。朴素贝叶斯方法是贝叶斯分类中最简单的一种，通常适用于维度非常高的数据集。本章将首先介绍朴素贝叶斯方法的数学理论及基本原理；然后，介绍两种适用于不同数据分布的朴素贝叶斯方法——高斯贝叶斯方法和多项式贝叶斯方法，并通过 Python 编程演示朴素贝叶斯分类器在经典文本分类数据集上的应用；最后，介绍概率类模型特有的评估指标。

本章要点

- 朴素贝叶斯方法的基本原理
- 高斯朴素贝叶斯方法
- 多项式朴素贝叶斯方法
- 布利尔分数
- 对数似然函数
- 可靠性曲线

8.1　朴素贝叶斯方法概述

朴素贝叶斯方法是基于贝叶斯定理与特征条件独立假设的分类方法，是经典的分类算法之一。之所以称为朴素，是因为它有着非常强的前提条件，即所有特征都是相互独立的。该算法简单易懂、学习效率高、在某些领域的分类问题中能够与决策树、神经网络相媲美。

8.1.1　贝叶斯定理

朴素贝叶斯算法的主要理论基础就是贝叶斯公式，贝叶斯公式的基本定义如下：

$$P(A|B)=\frac{P(B|A)P(A)}{P(B)} \tag{8.1}$$

其中，$P(A|B)$表示在 B 事件发生的条件下 A 事件发生的概率，$P(B|A)$为 A 事件发生条件下 B 事件发生的条件概率，$P(A)$为 A 事件的概率，$P(B)$为 B 事件发生的概率。$P(A)$，$P(B)$ 也称为先验概率，$P(A|B)$ 称为后验概率。通过已知的 $P(B|A)$，$P(A)$，$P(B)$，可以应用贝叶斯公式来统计推断 $P(A|B)$ 的值。

【例 8-1】在流感高发期，假设全国人口有 13 亿人，感染流感的有 8 万人，感染流感以后发热的人数为 6.5 万，没有感染流感而由于其他原因发热的人数为 100 万人。试推断出自己发热感染流感的概率。

【案例分析】根据式（8.1）可得

$$P(\text{流感}\mid\text{发热})=\frac{P(\text{发热}\mid\text{流感})P(\text{流感})}{P(\text{发热})}$$

按照统计数字可以计算出经验概率为：

$$P(\text{发热}\mid\text{流感})=\frac{6.5}{8}=0.8125$$

$$P(\text{流感})=\frac{8}{130000}=0.0000615$$

$$P(\text{发热})=\frac{6.5+100}{130000}=0.000819$$

因此

$$P(\text{流感}\mid\text{发热})=\frac{0.8125\times0.0000615}{0.000819}=0.06$$

即发热条件下确定为感染者的概率为 0.061，未感染的概率为 0.9389。所以未感染流感的概率更大。朴素贝叶斯方法就是利用贝叶斯公式计算后验条件概率，从而进行分类的方法。

8.1.2 朴素贝叶斯方法原理

假设数据集有 n 个特征 $\{D_1,D_2,\cdots D_n\}$，分为 m 个类别（标签），Y 为类变量，$Y=(Y_1,Y_2,\cdots,Y_m)$。对于给定的一个具体实例 $X=(x_1,x_2,\cdots,x_n)$，根据式（8.1）可以计算出 X 属于类 Y_k，$k=(1,2,\cdots,\ m)$ 的后验概率为：

$$P(Y_k\mid X)=\frac{P(Y_k)P(X\mid Y_k)}{P(X)} \quad (8.2)$$

由于特征集 $\{D_1,D_2,\cdots,D_n\}$ 中各特征之间相互独立，因此

$$P(X\mid Y_k)=\prod_{i=1}^{n}P(x_i\mid Y_k) \quad (8.3)$$

将上式代入式（8.2）可得

$$P(Y_k\mid X)=\frac{P(Y_k)\prod_{i=1}^{n}P(x_i\mid Y_k)}{P(X)} \quad (8.4)$$

这是朴素贝叶斯分类的基本公式，为了预测 X 的类别，对每个类 Y_k 分别计算 $P(Y_k\mid X)$，当且仅当 $P(Y_k\mid X)>P(Y_j\mid X)$，$1\leqslant j\leqslant m,\ j\neq k$ 时，X 属于 Y_k 类。

因此，朴素贝叶斯分类器模型可以表示为：

$$y = \underset{Y_k}{\operatorname{argmax}} \frac{P(Y_k)\prod_{i=1}^{n} P(x_i \mid Y_k)}{P(X)} \quad (k = 1, 2, \cdots, m) \tag{8.5}$$

由于式（8.5）中$P(X)$对于所有类都为常数，分类测试时，只需要找出使分子$P(Y_k)\prod_{i=1}^{n} P(x_i \mid Y_k)$最大的类即可，所以朴素贝叶斯分类器模型可以简化为：

$$y = \underset{Y_k}{\operatorname{argmax}}\ P(Y_k)\prod_{i=1}^{n} P(x_i \mid Y_k) \tag{8.6}$$

显然，朴素贝叶斯分类器的训练过程是基于训练数据集估计类先验概率$P(Y_k)$和每个特征的条件概率$P(x_i \mid Y_k)$，然后应用式（8.6）计算特征集 X 的类别标签。

对于独立同分布的数据集，类先验概率$P(Y_k)$可由属于该类的样本数与样本总数的比值来估计。

当特征为离散值时，可以根据类Y_t中特征值等于x_i的训练样本出现的比例来估计条件概率$P(x_i \mid Y_k)$。例如，例 8-1 中感染流感的人数是 8 万，感染流感以后发热的人数为 6.5 万，因此条件概率$P(\text{发热} \mid \text{流感}) = 0.8125$。当特征为连续值时，可考虑概率密度函数，应用概率密度函数估计类条件概率。

实际应用中，训练数据集的分布是已知的，但是数据分布的概率是未知的，需要对每种类标签的生成模型进行假设，假设数据满足某种特定的概率分布，然后才能估计出类条件概率。对数据分布的不同假设，决定了不同类型的朴素贝叶斯分类器。

8.2 不同分布下的贝叶斯方法

在不同的场景下，我们应该根据特征变量数据分布的不同，选择不同类型的朴素贝叶斯分类方法，下面我们介绍两种常用的朴素贝叶斯分类方法。

8.2.1 高斯朴素贝叶斯方法

高斯朴素贝叶斯方法（Gaussian Naive Bayes）适合处理特征变量是连续变量且符合高斯分布的情况。比如身高、体重、物体长度这种自然界的现象就比较适合用高斯朴素贝叶斯来处理。

假定连续性特征变量x服从均值为μ，标准差为σ的高斯分布，高斯分布定义如下：

$$g(x, \mu, \sigma) = \frac{1}{\sqrt{2\pi}\sigma} \mathrm{e}^{-\frac{(x-u)^2}{2\sigma^2}} \tag{8.7}$$

因此对每个类Y_k，特征值x_i类条件概率为：

$$P(x_i \mid Y_k) = g(x_i, \mu_{iY_k}, \sigma_{iY_k}) \tag{8.8}$$

其中，μ_{iY_k}是Y_k类中训练数据的属性D_i的样本均值，σ_{iY_k}为Y_k类中训练数据的特征D_i的样本方差。

因此，类条件概率通过式（8.8）估计出来后，我们就可以应用式（8.6）进行朴素贝叶斯分类了。

【例 8-2】下面做一个性别的分类，观测特征包括身高、体重、脚掌的尺寸，训练数据集见表 8-1。已知某人身高 6 英尺、体重 130 磅、脚掌 8 英寸，判断该人的性别。

表 8-1　人类身体特征的统计

性　别	身高 / 英尺	体重 / 磅	脚掌 / 英寸
男	6	180	12
男	5.92	190	11
男	5.58	170	12
男	5.92	165	10
女	5	100	6
女	5.5	150	8
女	5.42	130	7
女	5.75	150	9

【案例分析】训练数据集中，三个特征变量身高、体重、脚掌都是连续变量，不能采用离散变量的方法计算概率。假设这三个特征变量都符合高斯分布，利用表 8-1 中的数据集训练一个高斯朴素贝叶斯分类器，对测试样本 X=(身高 =6 英尺，体重 =130 磅，脚掌 =8 英寸) 进行分类。

首先估计类先验概率$P(Y_k)$：

$$P(\text{性别}=\text{男})=\frac{4}{8}=0.5$$

$$P(\text{性别}=\text{女})=\frac{4}{8}=0.5$$

然后计算每个特征的类均值μ_{iY_k}和方差σ_{iY_k}，见表 8-2。

表 8-2　各特征的类均值和方差

性　别	$\mu_{\text{身高}}$	$\sigma_{\text{身高}}$	$\mu_{\text{体重}}$	$\sigma_{\text{体重}}$	$\mu_{\text{脚掌}}$	$\sigma_{\text{脚掌}}$
男	5.855	0.187	176.25	11.086	11.25	0.957
女	5.418	0.312	132.5	23.629	7.5	1.291

因此由式（8.8）可得 $P(\text{身高}=6|\text{男})=\frac{1}{\sqrt{2\pi}\cdot 0.187}\mathrm{e}^{-\frac{(6-5.585)^2}{2\cdot 0.187^2}}=1.5789$，该值大于 1，是因为这是密度函数的值，只用来反映各个值的相对可能性，并不是真正的概率。

$$P(\text{身高}=6|\text{女})=\frac{1}{\sqrt{2\pi}\cdot 0.312}\mathrm{e}^{-\frac{(6-5.418)^2}{2\cdot 0.312^2}}=0.2235$$

$$P(\text{体重}=130|\text{男})=\frac{1}{\sqrt{2\pi}\cdot 11.086}\mathrm{e}^{-\frac{(130-176.25)^2}{2\cdot 11.086^2}}=5.987\times 10^{-6}$$

$$P(\text{体重}=130|\text{女})=\frac{1}{\sqrt{2\pi}\cdot 23.629}e^{-\frac{(130-132.5)^2}{2\cdot 23.629^2}}=0.0168$$

$$P(\text{脚掌}=8|\text{男})=\frac{1}{\sqrt{2\pi}\cdot 0.957}e^{-\frac{(8-11.25)^2}{2\cdot 0.957^2}}=0.0013$$

$$P(\text{脚掌}=8|\text{女})=\frac{1}{\sqrt{2\pi}\cdot 1.291}e^{-\frac{(6-7.5)^2}{2\cdot 1.291^2}}=0.2867$$

于是有:

$P(\text{性别}=\text{男})\times P(\text{身高}=6|\text{男})\times P(\text{体重}=130|\text{男})\times P(\text{脚掌}=8|\text{男})=6.1970\times 10^{-9}$

$P(\text{性别}=\text{女})\times P(\text{身高}=6|\text{女})\times P(\text{体重}=130|\text{女})\times P(\text{脚掌}=8|\text{女})=5.3778\times 10^{-4}$

由于$5.3779\times 10^{-4}>6.1984\times 10^{-9}$，因此高斯朴素贝叶斯分类器将测试样本判别为女性。

8.2.2 多项式朴素贝叶斯方法

多项式朴素贝叶斯方法（Multinomial Naive Bayes）适合处理特征变量是离散变量且服从多项式分布的情况。多项式分布可以描述各种类型样本出现次数的概率，因此该方法适用于描述出现次数或者出现次数比例的特征。

在多项式模型中，估计类先验概率$P(Y_k)$和条件概率$P(x_i|Y_k)$时，为了避免某个特征值在训练集中没有与某个类同时出现时，估计类条件概率为零的情况，通常要进行“平滑”处理，常用拉普拉斯修正，公式为：

$$P(Y_k)=\frac{N_{Y_k}+1}{N+m} \tag{8.9}$$

其中，N为总的样本个数，m为类别个数，N_{Y_k}是类别为Y_k的样本个数。

$$P(x_i|Y_k)=\frac{N_{x_iY_k}+1}{N_{Y_k}+n} \tag{8.10}$$

其中，$N_{x_iY_k}$是类别为Y_k的样本中，第i维特征的值是x_i的样本的个数，n为特征的维数。

多项式朴素贝叶斯分类器常用于文本分类，其特征变量体现在待分类文本中单词出现的次数或频次。例如假设某文档$X=(x_1,x_2,\cdots,x_n)$，x_i是该文档中出现过的单词，允许重复，判断文档X所属的类标签Y_k。下面通过一个简单的例子来说明多项式朴素贝叶斯方法的基本原理。

【例 8-3】给定一组分类的文本训练数据集如表 8-3 所示，利用该数据集训练多项式朴素贝叶斯模型，对测试文本“订阅优惠优惠保真”进行分类。

表 8-3 文本训练数据集

序 号	文 本	类 别
1	尊敬的顾客欢迎促销	垃圾邮件
2	尊敬的顾客订阅优惠	垃圾邮件
3	顾客优惠订阅	垃圾邮件

续表

序号	文本	类别
4	宠物约会有趣	正常邮件
5	朋友约会游玩	正常邮件

【案例分析】该数据分为2个类别：垃圾邮件和正常邮件。首先将训练文本进行分词，生成词汇表（尊敬的，顾客，欢迎，促销，订阅，优惠，宠物，约会，有趣，朋友，游玩），其中每个词就是一个特征，共有11个特征。该数据集出现了17个词，类“垃圾邮件”中有11个词，类“正常邮件”中有6个词。

由于多项式模型是以词为粒度，因此类先验概率由式（8.9）可得：

$$P(\text{垃圾邮件})=\frac{\text{类“垃圾邮件”词总数}+1}{\text{训练集词总数}+\text{类别数}}=\frac{11+1}{17+2}=\frac{12}{19}$$

$$P(\text{正常邮件})=\frac{\text{类“正常邮件”词总数}+1}{\text{训练集词总数}+\text{类别数}}=\frac{6+1}{17+2}=\frac{7}{19}$$

统计每个特征在不同类别邮件中出现的次数，并根据式（8.10）计算类条件概率，结果见表8–4。

表8-4 文本特征频率

特征（x_i）	$N_{x_i\text{垃圾邮件}}$	$N_{x_i\text{正常邮件}}$	$P(x_i\mid\text{垃圾邮件})$	$P(x_i\mid\text{正常邮件})$
尊敬的	2	0	$\frac{3}{22}$	$\frac{1}{17}$
顾客	3	0	$\frac{4}{22}$	$\frac{1}{17}$
欢迎	1	0	$\frac{2}{22}$	$\frac{1}{17}$
促销	1	0	$\frac{2}{22}$	$\frac{1}{17}$
订阅	2	0	$\frac{3}{22}$	$\frac{1}{17}$
优惠	2	0	$\frac{3}{22}$	$\frac{1}{17}$
宠物	0	1	$\frac{1}{22}$	$\frac{2}{17}$
约会	0	2	$\frac{1}{22}$	$\frac{3}{17}$
有趣	0	1	$\frac{1}{22}$	$\frac{2}{17}$
朋友	0	1	$\frac{1}{22}$	$\frac{2}{17}$
游玩	0	1	$\frac{1}{22}$	$\frac{2}{17}$

从该例中我们能看到，当特征“尊敬的”没有出现在类“正常邮件”中时，由式（8.10）估计的$P(\text{尊敬的}\mid\text{正常邮件})=\frac{1}{17}$，从而避免了出现概率为0的情况。

对测试文本“订阅优惠优惠保真”进行分词，得到该文本的特征向量集X=(订阅，优惠，优惠，保真)，类别集合为 Y=(垃圾邮件 , 正常邮件)。因此分类器为：

$$y=\underset{Y_k}{\operatorname{argmax}} P(Y_k)P(订阅|Y_k)P(优惠|Y_k)P(优惠|Y_k)P(保真|Y_k)$$
$$=\underset{Y_k}{\operatorname{argmax}} P(Y_k)P(订阅|Y_k)P^2(优惠|Y_k)P(保真|Y_k)$$

注意：该分类器中$P^2(优惠|Y_k)$为特征“优惠”的多项式项，代表该特征出现了两次。

特征值“保真”没有出现在词汇表当中，但其类条件概率$P(优惠|Y_k)$仍然可以应用式（8.10）计算得到：

$$P(保真|垃圾邮件)=\frac{1}{22}$$

$$P(保真|正常邮件)=\frac{1}{17}$$

因此：

$$P(订阅|垃圾邮件)P^2(优惠|垃圾邮件)P(保真|垃圾邮件)P(垃圾邮件)=7.279\times10^{-5}$$

$$P(订阅|正常邮件)P^2(优惠|正常邮件)P(保真|正常邮件)P(正常邮件)=4.411\times10^{-6}$$

由于 $7.279\times10^{-5}>4.411\times10^{-6}$，因此该测试文本为垃圾邮件。

如果对测试文本“订阅优惠优惠保真”的词的顺序进行调整，使其成为一个新的文本“优惠保真订阅优惠”，则多项式朴素贝叶斯方法计算出来的二者的条件概率完全一样，所以朴素贝叶斯方法失去了词语之间的顺序信息。因此这种情况也称作词袋子模型。

伯努利贝叶斯方法应用实例

应用朴素贝叶斯分类器对文本进行分类的另一种常用分类器是伯努利贝叶斯方法，该方法是基于伯努利模型的假设特征变量是服从伯努利分布的二值变量，当特征值出现时，该特征变量的值记为 1，否则记为 0。对文本进行分类时，伯努利朴素贝叶斯是以文件为粒度，如果该单词在某文件中出现了即为 1，否则为 0，因此该实现方式中并不考虑词在文档中的出现次数。

新闻文本分类的实现

8.3 朴素贝叶斯实例——文本分类

朴素贝叶斯模型有着广泛的实际应用环境，特别是对文本的分类。例如，互联网新闻的分类、垃圾邮件的筛选等。下面，我们将使用经典的 20 类新闻文本作为试验数据，训练朴素贝叶斯分类器，进而对未知的文本数据实例进行类别的预测。

1. 数据的获取

20 类新闻文本数据集可以通过 Sklearn 获取。Sklearn 提供了该数据的接口：Sklearn.datasets.fetch_20newsgroups，获取数据的代码如下：

```
from sklearn.datasets import fetch_20newsgroups
news=fetch_20newsgroups(subset='all')
# 查验数据规模和细节
print (len(news.data))                    # 输出数据集的长度
print(list(news.target_names))            # 输出数据集的类别标签
print (news.data[0])                      # 输出第一个文本数据的具体内容
```

由以上代码的输出结果，可知该数据集由 1884 条新闻数据组成，共分为 20 个不同的类别，包含 alt.atheism、comp.graphics、comp.os.ms-windows.misc 等。每条数据为不定长的原始文本文件，既没有被设定特征，也没有数字化的量度。因此，在交给朴素贝叶斯分类器学习之前要对数据进行预处理。

2. 数据预处理

（1）划分训练与测试数据。sklearn.datasets.fetch_20newsgroups 本身可以根据 subset 参数来选择训练数据和测试数据，程序如下：

```
news_train = fetch_20newsgroups(subset='train')
news_test = fetch_20newsgroups(subset='test')
X_train = news_train.data          # 训练数据有 11314 条，占总数据集的 60%
X_test = news_test.data            # 训练数据有 7533 条，占总数据集的 40%
y_train = news_train.target        # target 存放的是文本数据的分类，一共有 20 个类别，记作 0~19
y_test = news_test.target
```

（2）将文本内容转化为特征向量。对文本内容进行特征提取，特征提取过程就是分词，每个词就是一个特征。目前比较好的中文分词器有中科院的 ictclas、庖丁和 IK 等。对文本分词后，可以过滤掉停用词，然后可以应用特征选择算法进行特征的选择。特征选择有 TF-IDF、CHI 等算法，就不在此赘述。

sklearn.feature_extraction.text 模块提供了构建特征向量的工具，可以用不同的方法对文本内容进行特征提取。

- CountVectorizer()：将文本转换为词频矩阵。
- TfidfTransformer()：将 CountVectorizer() 词频矩阵转化为 TF-IDF 矩阵。
- HashingVectorizer()：将文本转化为 Hash 矩阵。
- TfidfVectorizer()：将文本直接转化为 TF-IDF 矩阵。

在词袋模型统计词频时，可以使用 Sklearn 中的 CountVectorizer() 来完成。具体代码如下：

```
from sklearn.feature_extraction.text import CountVectorizer    # 导入 CountVectorizer 模块
vec=CountVectorizer()                                           # 创建词袋数据结构
X_train=vec.fit_transform(X_train)                              # 得到训练数据的特征向量
X_test=vec.transform(X_test)                                    # 得到测试数据的特征向量
```

3. 最后构建朴素贝叶斯分类器

利用朴素贝叶斯模型从训练数据中估计参数，利用这些概率参数对同样转化为特征向量的测试新闻样本进行类别预测。

Sklearn 提供了 3 种朴素贝叶斯分类算法，分别为 GaussianNB()（高斯朴素贝叶斯）、MultinomialNB()（多项式朴素贝叶斯）和 BernoulliNB()（伯努利朴素贝叶斯）。在不同的应用场景下，应该根据特征变量数据分布的不同选择不同的算法。

由于文本分类使用词的出现次数作为特征，因此可以用多项分布来描述这一特征，我们使用 sklearn.naive_bayes 模块的 MultinomialNB 类来构建分类器。代码如下：

```
from sklearn.naive_bayes import MultinomialNB      # 导入朴素贝叶斯模型
mnb=MultinomialNB()                                 # 使用默认配置初始化朴素贝叶斯模型
mnb.fit(X_train,y_train)                            # 利用训练数据对模型参数进行估计
y_predict=mnb.predict(X_test)                       # 对测试数据进行类别预测
print(' 预测的文章类别为：',y_predict)               # 输出预测结果
```

运行结果为：

```
预测的文章类别为：[7,11,0 … 9 3 15]
```

4. 对多项式朴素贝叶斯分类器的性能进行评估

应用 Sklearn 中的 classification_report() 函数显示主要分类指标的文本报告。在报告中显示分类器的准确率及每个类标签的精确率、召回率和 F1 得分，代码如下：

```
from sklearn.metrics import classification_report
print(classification_report(y_test,y_predict,target_names=news.target_names))
```

输出结果如图 8–1 所示。

```
                          precision    recall  f1-score   support

             alt.atheism       0.79      0.77      0.78       319
           comp.graphics       0.67      0.74      0.70       389
 comp.os.ms-windows.misc       0.20      0.00      0.01       394
comp.sys.ibm.pc.hardware       0.56      0.77      0.65       392
   comp.sys.mac.hardware       0.84      0.75      0.79       385
          comp.windows.x       0.65      0.84      0.73       395
            misc.forsale       0.93      0.65      0.77       390
               rec.autos       0.87      0.91      0.89       396
         rec.motorcycles       0.96      0.92      0.94       398
      rec.sport.baseball       0.96      0.87      0.91       397
        rec.sport.hockey       0.93      0.96      0.95       399
               sci.crypt       0.67      0.95      0.78       396
         sci.electronics       0.79      0.66      0.72       393
                 sci.med       0.87      0.82      0.85       396
               sci.space       0.83      0.89      0.86       394
  soc.religion.christian       0.70      0.96      0.81       398
      talk.politics.guns       0.69      0.91      0.79       364
   talk.politics.mideast       0.85      0.94      0.89       376
      talk.politics.misc       0.58      0.63      0.60       310
      talk.religion.misc       0.89      0.33      0.49       251

                accuracy                           0.77      7532
               macro avg       0.76      0.76      0.75      7532
            weighted avg       0.76      0.77      0.75      7532
```

图 8–1 主要分类指标

输出的文本报告中 accuracy 表示准确率，即正确预测样本量与总样本量的比值；macro avg 表示宏平均，为所有类别对应指标的平均值；weighted avg 表示加权平均，为类别样本占总样本的比重与对应指标的乘积的累加和。从该报告中可以看到，朴素贝叶斯分类器对 4712 条新闻测试样本分类的准确率为 0.77，平均精确率为 0.76，平均召回率为 0.76，平均 F1 得分为 0.77。该模型的表现不是太好，可能是提取特征向量的时候没有进行特征的筛选导致的。

朴素贝叶斯分类器有着坚实的数学基础，以及稳定的分类效率，被广泛应用于海量互联网文本分类任务。由于其特征条件独立假设，使得模型预测所需要估计的参数很少，极大地节约了内存消耗和计算时间，对缺失数据不太敏感，算法也比较简单。但是，也正是受这种强假设的限制，模型训练时无法考量各个特征之间的联系，从而使得该模型在数据特征关联性较强的分类任务上性能表现不佳。

8.4 概率类模型评估的评估指标

概率类模型在进行分类时，基本上和朴素贝叶斯分类方法的原理一样，先计算出测试样本属于各类别的概率，然后取概率最大的类作为最终的分类标签。在上一节中我们应用准确率、精确率、召回率和F1得分等指标来评估朴素贝叶斯分类器的分类效果。然而应用概率类模型进行分类时，有时候不仅想知道分类的效果，也希望看到预测的相关概率。通过预测概率我们能够知道分类结果的可信度。概率预测的准确程度被称为“校准程度”，是衡量算法预测出的概率和真实结果的差异的一种方式。校准程度越高，模型对概率的预测越准确，算法在作判断时就越有自信，模型就会更稳定。下面介绍几个概率模型特有的关于校准程度的评估指标。

8.4.1 布利尔分数

布利尔分数（Brier Score）是一种比较常用的衡量概率校准程度的指标，它计算了预测概率和期望值之间的均方误差，公式为：

$$BS=\frac{1}{N}\sum_{i=1}^{N}(p_i-y_i)^2 \tag{8.11}$$

其中，y_i为样本的真实类别标签，取值为0或1；p_i为这个样本在$y_i=1$下的预测概率；N是样本数量。BS的取值范围是[0,1]，分数越低预测校准程度越好。布利尔分数主要用于二分类问题，对于多分类问题，可以分别计算各个类标签的BS值。

在Sklearn中，计算布利尔分数的函数为brier_score_loss()。该函数可以用于任何可以使用predict_proba接口调用概率的模型。下面我们应用该函数对8.3节中文本分类模型进行评估，具体代码如下：

```
# 对测试集的标签进行哑变量变换
import pandas as pd
proba= mnb.predict_proba(X_test)              # 得到样本的概率
y_test_= y_test.copy()                        # 生成测试数据标签的副本
y_test_ = pd.get_dummies(y_test_)             # 将测试数据标签转换成哑变量
# 计算每个类别的布利尔分数
from sklearn.metrics import brier_score_loss as BS
import numpy as np
k=np.arange(0,20,1)                           # 文本数据的 20 个类别标签
bs=[]                                         # 创建存放每个类别标签的数组
for i in k:
  b= BS(y_test_[i],proba[:,i])                # 计算每个类标签的布利尔分数
  bs.append(b)
# 将每个标签类别下的布利尔分数可视化
import matplotlib.pyplot as plt
plt.plot(k,bs)
plt.xticks(k)
plt.xlabel('Y')
plt.ylabel('BS')
plt.show()
```

输出结果如图8-2所示。图中曲线的横坐标为代表类别标签的数字，纵坐标为每个类的布利尔得分，可以看出该模型测试集的布利尔分数基本小于0.05，效果还可以。

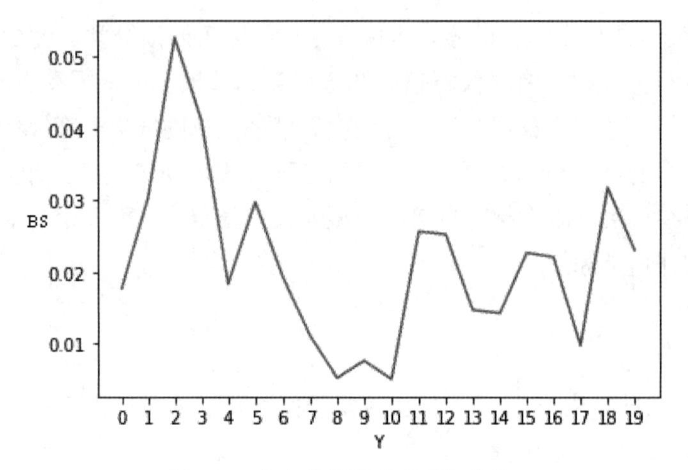

图 8–2 文本分类模型布利尔分数

8.4.2 对数损失函数

对数损失函数 (Logarithmic Loss)，又称对数似然损失函数、逻辑损失或交叉熵损失，它的定义为对于一个给定的概率分类器，在预测概率为条件的情况下，真实概率发生的可能性的负对数。对于给定的第i个测试样本所对应的对数似然函数的公式为：

$$-\log P\,(y_i\mid p_i)=-(\,y_i\times\log\,(p_i)+(1-y_i)\times\log(1-p_i)) \tag{8.12}$$

其中，y_i和p_i的含义与式（8.11）中的相同。

对数似然函数的取值越小，概率估计越准确，模型越理想。在现实应用中，对数似然函数是概率类模型评估的黄金指标。

在 Sklearn 当中，对数似然函数为 log_loss ()，该函数可以用于任何使用 predict_proba 接口调用的概率模型中。下面我们应用该函数对 8.3 节中文本分类模型进行评估，具体代码如下：

```
from sklearn.metrics import log_loss
ls=log_loss(y_test,proba)
print(' 对数似然函数值为：',ls)
```

输出结果为：

```
对数似然函数值为：4.8535166417695095
```

该值较大，因此该模型不是特别理想，还需要想办法调节概率的校准程度。虽然对数似然是评估概率类模型的优先选择，但是该函数的取值没有一个范围，需要根据经验来判断，不像布利尔分数有上限，可以作为参考，而且它的解释性也不如布利尔分数，这是它的局限性。

8.4.3 可靠性曲线

绘制可靠性曲线

可靠性曲线 (Reliability Curve) 又叫作概率校准曲线（Probability Calibration Curve），可靠性图（Reliability Diagrams）是以预测概率为横坐标，真实标签为纵坐标的曲线。预测概率和真实值越接近，模型校准效果越好，因此可靠性曲线越接近对角线时，我们认为模型的性能越好。

与布利尔分数相似，可靠性曲线可应用于二分类情况。对于多分类情况，一类标签就会有一条曲线，我们也可以使用多个类标签下的平均曲线来表示整个模型的概率校准曲线。图 8–3 是 8.3 节文本分类模型中，类标签为 1 时绘制的可靠性曲线，代码如下：

```
plt.plot(proba[:,1],y_test_[1],'o')
plt.xlabel('Predproba')
plt.ylabel('True label')
plt.show()
```

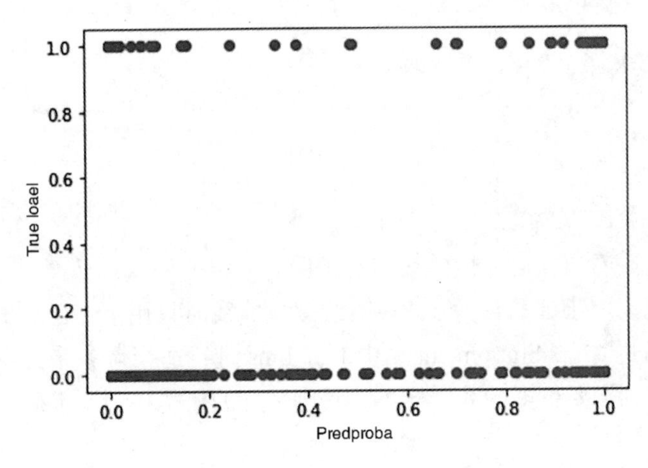

图 8–3 类标签为 1 的可靠性曲线

图 8–3 中横坐标是预测概率，纵坐标是类标签的真实值。可以看到真实标签的取值全部集中在了 0 和 1 上，该图形不能够评估模型概率的预测准确程度。因此这样绘制出来的图完全是没有意义的。

我们希望预测概率与真实值接近，因此真实取值也应该是概率。真实的概率可以通过估计得到。一个简单的做法是将数据进行分箱，然后规定每个箱子中真实标签为 1 的样本数与总的样本数的比值为该箱的真实概率，箱子中所有样本的预测概率的均值为这个箱子的预测概率，然后以预测概率为横坐标，真实概率为纵坐标，来绘制可靠性曲线。

在 Sklearn 中，该方法可以通过 calibration_curve() 函数来实现。该函数可以帮助我们获取横纵坐标，然后使用 Matplotlib 来绘制图像。图 8–4 是利用 calibration_curve() 函数绘制的 8.3 节文本分类模型中，类标签为 1 时的可靠性曲线，代码如下：

```
from sklearn.calibration import calibration_curve               # 导入 calibration_curve()
trueproba=[]                                                     # 创建存放真实概率的数组
predproba=[]                                                     # 创建存放预测概率的数组
# 通过循环计算出各个类标签的真实概率和预测概率
for i in k:
  tp, pp=calibration_curve(y_test_[i],proba[:,i],n_bins=5)      # 分箱的个数为 5
  trueproba.append(tp)
  predproba.append(pp)
# 绘制标签类别为 1 的可靠性曲线
plt.plot(predproba[1],trueproba[1],'o',linestyle='–')
plt.xlabel('Predproba')
plt.ylabel('Trueproba')
plt.show()
```

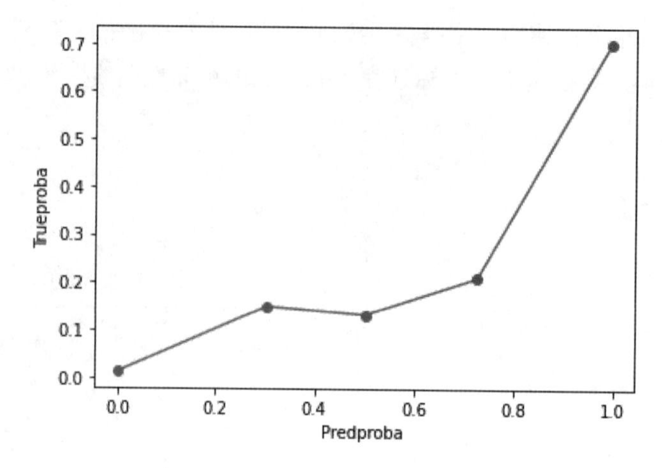

图 8–4　利用 calibration_curve() 函数绘制的可靠性曲线

通过图 8–4 可以看出，可靠性曲线与对角线有一定的偏差，从而说明预测概率和真实概率不是特别一致。由于分箱数为 5，表明绘制该曲线时只用了 5 个点的数据，因此曲线并不平滑，可以通过对 calibration_curve 中的 n_bins 进行适当调参来达到更好的效果。但是如果箱数很大，则需要更多的数据样本，否则估计的概率将会不准确。

本章小结

本章从介绍贝叶斯定理入手，主要介绍朴素贝叶斯方法的原理及应用，包括以下几个方面的内容。

1. 朴素贝叶斯方法的原理

朴素贝叶斯方法是由贝叶斯定理延伸而来的简单而强大的概率模型。该方法基于特征独立的假设，在估计类条件概率时，假设特征之间相互独立，从而化简了计算过程。

朴素贝叶斯分类器的训练过程是：

（1）基于训练数据集估计类先验概率$P(Y_k)$以及每个特征的条件概率$P(x_i \mid Y_k)$。

（2）计算特征集 X 在各个类别中出现的概率$P(Y_k \mid X)$，概率高类别为分类类标。

2. 朴素贝叶斯方法的常用模型及针对文本分类的具体应用

高斯朴素贝叶斯模型主要针对符合高斯分布的连续型特征变量，应用高斯分布来计算特征的条件概率。

多项式朴素贝叶斯模型适用于符合多项式分布的离散型特征变量，该模型能够体现出特征出现的具体次数。

应用朴素贝叶斯方法对文本进行分类的过程：

（1）获取实验数据。

（2）将实验数据划分为训练集和测试集。

（3）将文本数据转换为特征向量：对文本内容进行分词，然后进行特征的选择。

（4）训练模型。

（5）应用测试集对模型进行测试和评价。

3. 概率类模型的评估指标

概率类模型的评估指标包括布利尔分数、对数似然函数、可靠性曲线的理论及 Python 代码实现。

习 题

一、练习题

1. 为什么朴素贝叶斯分类称为“朴素”？简述朴素贝叶斯分类的主要思想。

2. 简述朴素贝叶斯分类的基本步骤。

3. 假设某高校肥胖的本科生比例为 15%，而肥胖的研究生占 23%。该高校五分之一的学生是研究生，其余的是本科生，那么肥胖的学生是研究生的概率是多少？

4. 根据色泽、根蒂、敲声来判断西瓜的好坏，试计算每个特征的类条件概率，数据集见表 8-5。

表 8-5 西瓜的色泽、根蒂和敲声

编 号	色 泽	根 蒂	敲 声	好 瓜
1	青绿	蜷缩	浊响	是
2	乌黑	蜷缩	沉闷	是
3	乌黑	蜷缩	浊响	是
4	乌黑	稍蜷	沉闷	否
5	青绿	硬挺	清脆	否

5. 可据密度和含糖率来判断西瓜的好坏，试编程实现高斯朴素贝叶斯模型，对样本（密度 =0.505，含糖率 =0.209）进行分类，训练数据集见表 8-6。

表 8-6 西瓜的密度和含糖率

编 号	密 度	含糖率	好 瓜
1	0.697	0.460	1
2	0.774	0.376	1
3	0.634	0.264	1
4	0.608	0.318	1
5	0.556	0.215	1
6	0.403	0.237	1
7	0.481	0.149	1
8	0.437	0.211	1
9	0.666	0.091	0
10	0.243	0.267	0
11	0.245	0.057	0
12	0.343	0.099	0
13	0.639	0.161	0

续表

编 号	密 度	含糖率	好 瓜
14	0.657	0.198	0
15	0.360	0.370	0
16	0.593	0.042	0
17	0.719	0.103	0

6. 朴素贝叶斯中文文本舆情分析，假设存在如下所示 10 条 Python 书籍订单评价信息，每条评价信息对应一个结果（好评或差评），试编程实现多项式朴素贝叶斯模型对评价信息“该书作者写得很认真，是一本好书”进行分类，训练数据集见表 8-7。

表 8-7 书籍订单评价信息

编 号	内 容	评 价
1	这是一本非常优秀的书籍，值得读者购买	好评
2	Python 技术非常火热，这也是一本很好的数据书，作者很用心	好评
3	数据逻辑比较混乱	差评
4	这是我见过最差的一本 Python 数据分析书籍	差评
5	非常好的一本书籍，值得大家学习	好评
6	简直是误人子弟	差评
7	书籍作者还是写得比较认真的，但是思路有点乱，需优化下	差评
8	强烈推荐大家购买这本书籍，这么多年难得一见的好书	好评
9	一本优秀的书籍，值得读者拥有	好评
10	很差，不建议买，准备退货	差评

7. 使用高斯朴素贝叶斯对 Sklearn 库中的鸢尾花数据集（iris）进行分类，数据集中包含 150 个样本、4 个特征变量和 1 个类别变量。鸢尾植物分三类，分别是山鸢尾(iris-setosa)、变色鸢尾（iris-versicolor）和维吉尼亚鸢尾（iris-virginica）。将该数据集划分为包含 70% 样本的训练集和 30% 样本的测试集，应用准确率、召回率和 F1 得分对分类效果进行评价，应用布利尔分数、对数似然函数和可靠性曲线对概率校准程度进行评估。

第 9 章　聚类分析方法

本章导读

与分类方法不同，聚类分析方法是一种无监督学习方法。本章主要介绍了有监督学习和无监督学习、聚类分析方法的基本概念及原理、*k*– 均值聚类、密度聚类、聚类算法的评估。通过本章的学习，读者应该理解有监督学习与无监督学习的区别，掌握 *k*– 均值算法和 DBSCAN 算法的设计原理，可以熟练地使用 Sklearn 库中的模块对实际数据进行聚类分析及算法评估。

本章要点

- 聚类分析方法的原理
- 有监督学习和无监督学习
- *k*– 均值聚类算法
- 密度聚类算法
- 算法的评估

9.1　聚类分析方法与无监督学习

9.1.1　聚类分析方法

聚类分析方法是通过特定的距离度量将数据集划分成若干个子集的分类方法。该方法的本质是将相似的数据对象聚为一类，将差异大的数据对象划到不同的类，从而将数据集划分成一系列具有不同特征的类别，即“物以类聚，人以群分”。聚类之后每个类别中任意两个数据样本之间具有较高的相似性，而不同类别的数据样本之间具有较低的相似性，该分析结果反映了数据内部的分布特征和结构模式。聚类分析方法为机器学习提供了一种识别事物的方法，使其像人一样具有识别事物的能力。

聚类分析方法具有广泛的应用，例如：运用该方法进行潜在致病因素的分析，探究生活习惯、地域位置、基因等遗传因素对疾病的影响；根据患者的症状及生理指标进行聚类分析，判断患者的病情轻重程度等。聚类分析方法也可以作为一种工具观察数据的分布，并在其他算法的预处理步骤中进行离群点检测。离群点是“远离”任何类的值，可能比普通情况更值得注意，例如当某种疾病发生多种变种时，可以使用聚类算法对变异的类进行分析，寻找样本中潜在的不同疾病变异亚型。

9.1.2 聚类分析和分类分析的区别

聚类分析和分类分析都是将数据集进行划分，但两者有本质区别，聚类分析属于无监督学习，分类分析属于有监督学习，二者的主要区别如下：

（1）分析对象不同。分类分析必须要有训练集与测试集，在训练集中找规律，并对测试集使用这种规律。聚类分析没有训练集，只有一组数据，在该组数据集内寻找规律。

（2）数据集中是否含有类标签。分类分析是识别事物，识别的结果表现在给待识别数据加上了标签。因此训练集必须由带标签的样本组成。而聚类分析只有要分析的数据集本身，预先没有什么标签。如果发现数据集呈现某种聚集性，则可按自然的聚集性分类。

（3）类别数是否固定。分类分析的训练集需要采集或者通过人工标注的方式获得类标号，该类别是预先设定好的，并且类别个数确定。聚类分析不需要人工标注和预先训练分类器，类别在学习过程中自动生成，因此在进行学习前并不知道该数据集要划分成几类，即类别数不是固定的。对于聚类分析可以通过设定不同的类数得到不同的结果。

聚类分析的应用范围很广，适合类别数不确定和分类体系不存在的场合，例如可以根据消费用户特征进行用户群划分。除此之外，聚类方法也可以应用在机器学习的数据预处理部分，进行数据异常值检测。根据数据的分布特点，聚类分析方法包括很多种不同算法，如 *k*- 均值聚类、密度聚类等，下面我们介绍这些方法的具体实现过程。

9.2 *k*- 均值聚类算法

9.2.1 *k*- 均值聚类算法概述

k- 均值聚类算法（*k*-means Clustering Algorithm）是聚类中最流行的算法之一，相较于其他的聚类算法，*k*- 均值聚类算法以效果较好、思想简单的优点在聚类算法中得到了广泛的应用。*k*- 均值聚类方法属于聚类划分方法中最基本的一种方法。划分方法的抽象描述如下：假设对包含 n 条数据记录的数据集 D 进行聚类，生成 k（$k \leqslant n$）个分区，每个分区称为一个簇，聚类的结果是使得在同一个簇中的对象是“相似的”，而不同簇中的对象是“相异的”。

划分方法需要满足如下前提条件，一是每个簇至少包含一条记录；二是每条记录必须属于且只属于一个簇。自然事物之间的界限，有些是确切的，有些则是模糊的。例如人群中的面貌相像程度之间的界限是模糊的，病情的轻重界限也是模糊的，因此当聚类涉及事物之间的模糊界限时，对于划分方法的前提条件中第二条可以适当放宽，即用介于 0，1 之间的隶属度值来确定每条记录属于各个类的程度，更准确刻画实际数据的分布情况。

1. *k*- 均值聚类算法的基本步骤

（1）输入 k 值，即预先设定聚类的个数。从数据集 D 中随机选择 k 个对象（k 条记录）作为初始簇中心。

（2）将数据集 D 中的其他对象根据其与各个簇中心的距离，重新分配到与它最近的簇中。

（3）计算每个簇中所有数据对象的平均值，并用该平均值代替相应的簇中心。

（4）重复步骤（2），直到所有的数据对象所属的类别不再发生变化，则停止该聚类过程。

2. *k*- 均值聚类算法的分析过程

为了更清晰地呈现聚类分析过程，我们仅考虑二维空间的数据集合，即数据集中只包含两个属性。在实际情况中数据集一般包含多个属性，可以很容易将聚类分析过程拓展到多维空间数据集合。如图 9–1 所示，原始数据为图 9–1(a)，令 *k*=3，即将所有数据划分成 3 个簇。

首先任选 3 个数据对象作为 3 个初始簇中心，其中簇中心在图 9–1(b) 中使用“×”标记。根据与簇中心的距离，每个对象被分配到最近的一个簇。这种分配形成了如图 9–1(b) 所示使用虚线框起来的 3 个簇。

对于 3 个簇中的对象，计算每个簇中所有对象的均值，该均值作为新的簇中心。使用这些新的簇中心，将所有对象重新分配，分配到离它们最近的簇中，即形成了新的簇，图 9–1(c) 所示。

重复上述过程，直到所有的数据对象所属的簇都没有再发生改变，聚类结束，返回结果簇，如图 9–1(d) 所示，其簇中心用“×”标记。

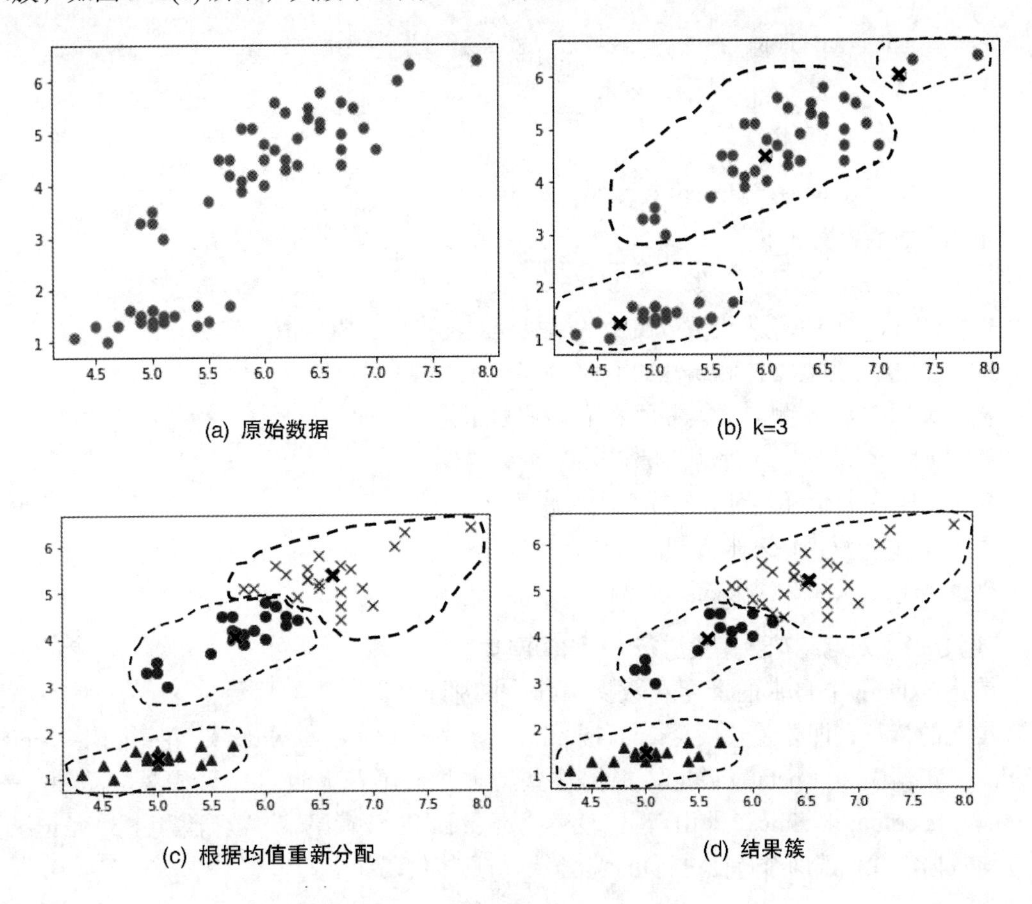

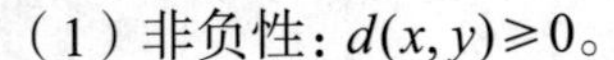

图 9–1　*k*– 均值聚类分析过程

9.2.2　距离度量

在聚类分析方法中，距离度量是衡量数据点之间或簇之间差异的一种度量方式。假设两个数据集 x 和 y，$x=(x_1,x_2\dots x_n)$，$y=(y_1,y_2\dots y_n)$，则 x 与和 y 之间的距离度量需要满足的基本性质如下：

（1）非负性：$d(x,y)\geqslant 0$。

（2）同一性：$d(x,y)=0$，当且仅当 $x=y$。

（3）对称性：$d(x,y)=d(y,x)$。

（4）直递性：$d(x,y)\leqslant d(x,z)+d(z,y)$。

距离度量包括欧氏距离、曼哈顿距离、切比雪夫距离、闵尔科夫斯基距离、余弦距离等。根据数据的特征，可以选择不同的距离度量方法进行聚类。由于最常用的距离度量方法为欧氏距离，因此在 Sklearn 中，无法进行距离度量的选择，只能使用欧氏距离。如果想使用其他距离来衡量簇之间的差异性，则需要使用其他库或者自己编程实现。

9.2.3 Sklearn 中 *k*- 均值聚类算法的实现

在 Sklearn 库中可以使用 KMeans 类进行 *k*– 均值聚类分析，其具体设置方法如下：

1. 导入 cluster 模块

在 sklearn 中实现 *k*– 均值聚类算法需要导入 cluster 模块，对应代码如下：

```
from sklearn import cluster
```

2. KMeans 类的介绍

KMeans 类的基本格式如下：

```
sklearn.cluster.KMeans (n_clusters=8, random_state=0)
```

主要参数的含义如下：

- n_clusters：模型分几类。
- random_state：用来设置分支中的随机模式的参数，默认值为 None。

KMeans 类的主要方法和属性如下：

- predict(X)：预测测试集中每个样本所属的簇。
- cluster_centers_：收敛后的簇中心。
- labels_：每个样本对应的标签（所属簇）。
- inertia_：簇内误差平方和。
- n_iter_：实际迭代次数。

k- 均值聚类算法的实现

【例 9–1】对鸢尾花数据集进行 *k*– 均值聚类。

使用 Sklearn 中自带的鸢尾花数据集 iris 来进行聚类。该数据集包含 4 个属性描述了鸢尾花的特征，即萼片长度（sepal length）、萼片宽度（sepal width）、花瓣长度（petal length）、花瓣宽度（petal width）。根据这些特征，鸢尾花大致可以分成 3 个品种——setosa、versicolor、virginica，即山鸢尾、变色鸢尾、维吉尼亚鸢尾。该数据集共 150 条记录。导入该数据集并挑选两个特征进行可视化显示，具体代码如下：

```
# 导入 cluster 库
from sklearn import cluster
# 导入 Sklearn 中的数据集 iris
from sklearn.datasets import load_iris
# 导入画图库 pyplot
import matplotlib.pyplot as plt
# 载入数据
data = load_iris()
# 显示前 4 个属性列的名称
data.feature_names
# 显示前 4 个属性列的数据
```

```
iris = data.data
print(iris[0:5])
# 显示分类属性列的名称
data.target_names
# 显示分类属性的数据
data.target
# 以散点图显示 sepal length 和 petal length 的关系
plt.scatter(iris[:,0],iris[:,2], marker='*')
plt.show()
```

得到如图 9–2 所示的结果。

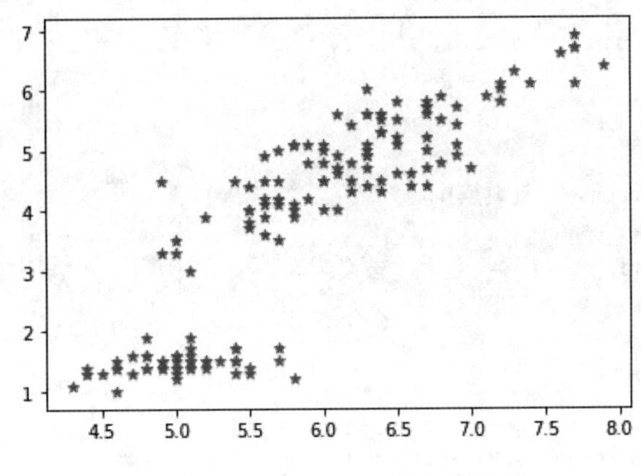

图 9–2　iris 数据集原始数据散点图

```
# 构建 k– 均值聚类模型，设置 k=3
k_means = cluster.KMeans(n_clusters=3)
result = k_means.fit(iris)                    #KMeans 自动分类
kc = result.cluster_centers_                  # 自动分类后的聚类中心
y_means = k_means.predict(iris)               # 预测 Y 值
# 绘制聚类结果的散点图
plt.scatter(iris[:,0],iris[:,2],c=y_means, marker='*')
plt.show()
```

输出结果如图 9–3 所示。

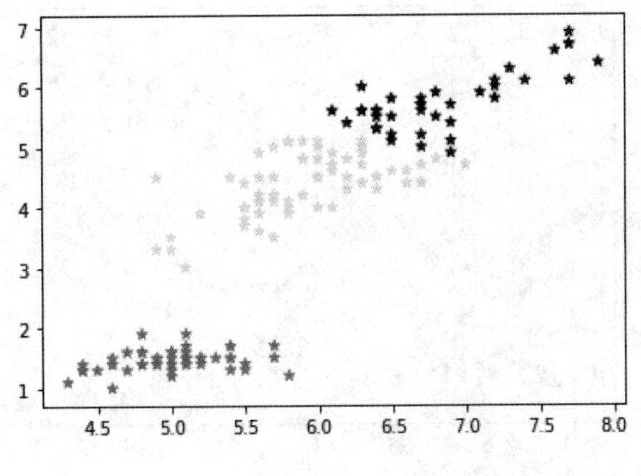

图 9–3　iris 数据集 k– 均值聚类结果

在图 9–3 中显示了第 0 列和第 2 列数据即萼片长度和花瓣长度数据的散点图，从图中可以清楚地看到聚类模型较好地将数据分成 3 类。使用 KMeans() 类中的属性对结果进行展示：

```
result.inertia_              # 簇内误差平方和
```

```
Out[3]: 78.851441426146
result.n_iter_              # 实际迭代次数
Out[4]: 5
y_pred=result.labels_   # 预测每个样本所属簇
y_pred
```

结果如图 9-4 所示。

```
Out[5]:
array([0, 0, 0, 0, 0, 0, 0, 0, 0, 0, 0, 0, 0, 0, 0, 0, 0, 0, 0, 0, 0, 0,
       0, 0, 0, 0, 0, 0, 0, 0, 0, 0, 0, 0, 0, 0, 0, 0, 0, 0, 0, 0, 0, 0,
       0, 0, 0, 0, 0, 0, 1, 1, 2, 1, 1, 1, 1, 1, 1, 1, 1, 1, 1, 1, 1, 1,
       1, 1, 1, 1, 1, 1, 1, 1, 1, 1, 1, 2, 1, 1, 1, 1, 1, 1, 1, 1, 1, 1,
       1, 1, 1, 1, 1, 1, 1, 1, 1, 1, 1, 1, 2, 1, 2, 2, 2, 2, 1, 2, 2, 2,
       2, 2, 2, 1, 1, 2, 2, 2, 2, 1, 2, 1, 2, 1, 2, 2, 1, 1, 2, 2, 2, 2,
       2, 1, 2, 2, 2, 2, 1, 2, 2, 2, 1, 2, 2, 2, 1, 2, 2, 1])
```

图 9-4　分类结果

```
# 重要属性 cluster_centers_，查看簇中心
centroid = result.cluster_centers_
print('centroid',centroid)
centroid.shape
```

结果如图 9-5 所示。

```
centroid [[5.006       3.428       1.462       0.246      ]
 [5.9016129  2.7483871  4.39354839 1.43387097]
 [6.85       3.07368421 5.74210526 2.07105263]]
Out[7]: (3, 4)
```

图 9-5　簇中心

进一步将该簇中心也绘制到聚类散点图中，代码如下：

```
fig, ax1 = plt.subplots(1)
ax1.scatter(iris[:,0],iris[:,2],c=y_means, marker='*')
ax1.scatter(centroid[:,0],centroid[:,2],marker="o",s=30,c="red")
plt.show()
```

结果如图 9-6 所示。

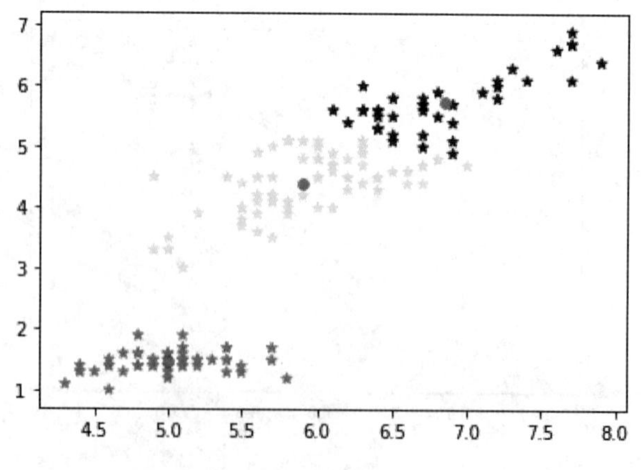

图 9-6　*k*- 均值聚类得到的簇中心

9.2.4　*k*- 均值聚类算法的优缺点

当数据点的分布较密集，簇与簇之间区别明显时，*k*- 均值聚类的效果较好，算法的

运行效率较快。k- 均值算法复杂度为 $O(tkn)$，其中 n 是数据对象的个数，k 是簇的个数，t 是迭代的次数，通常 k，$t \ll n$。但 k- 均值也存在以下缺陷：

（1）该聚类分析方法需要计算簇内所有数据点的平均值，因此只有当平均值有意义的情况下才能使用该算法，即该算法只能适用于数值型属性，对于类别型属性不适用。

（2）该聚类分析方法必须事先给定要生成簇的个数 k，设定不同的 k 值会得到不同的聚类结果，因此如何合理的设定 k 也是该聚类分析方法需要面临的问题。

（3）该聚类分析方法对初始选取的簇中心敏感，当设定不同的初始值时，得到的聚类结果也不同，很可能由于初始值设置的问题，很难获得全局最优。例如在图 9-7(a) 中，明显可以看出该数据分成 4 簇，并且该簇应该如图中虚线部分所示，但如果设置初始值为图 9-7(b) 所示的点（该点是有箭头指引的点），则会得到如图 9-7(c) 所示的 4 个簇，该结果是局部最优，不是全局最优解。

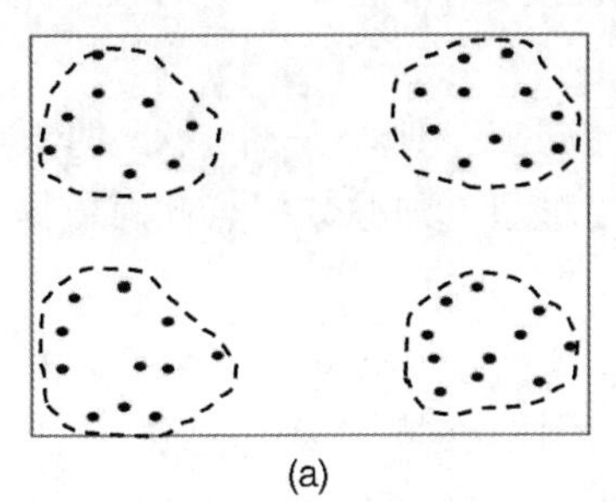
(a)

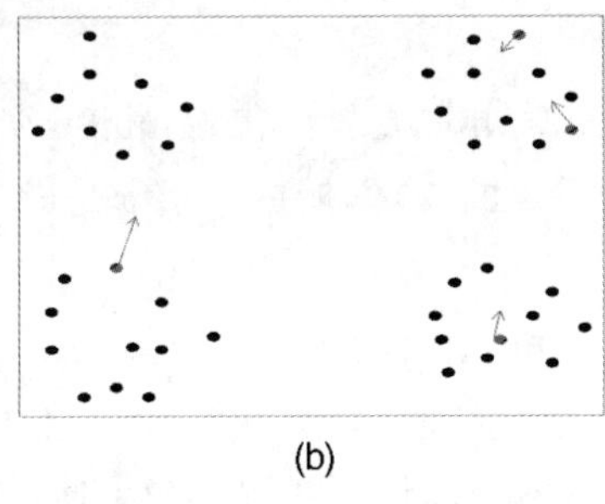
(b)

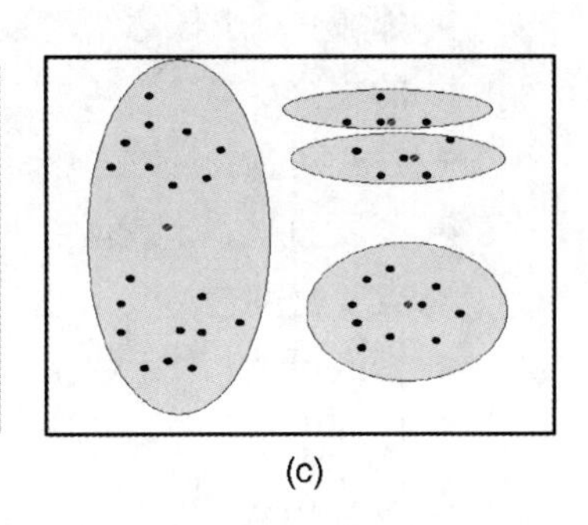
(c)

图 9-7　聚类分析结果

（4）该聚类分析方法对噪声和极值数据敏感，对图 9-8 所示的具有非球形簇的数据集很难达到全局最优。

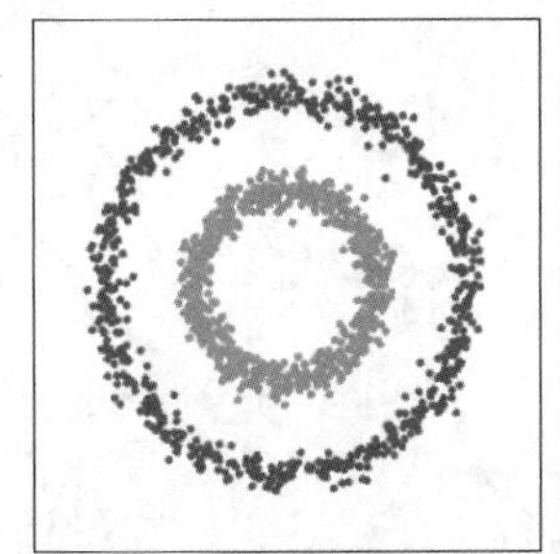

图 9-8　非球形簇的数据集

9.3　密度聚类算法

9.3.1　密度聚类算法概述

k- 均值聚类算法中相似性的度量是基于距离的，该算法对于球状簇数据的聚类效果较好，但是对于非球形簇其结果较差，如图 9-9 所示。因此，为了能发现任意形状的簇，可以使用密度聚类算法。

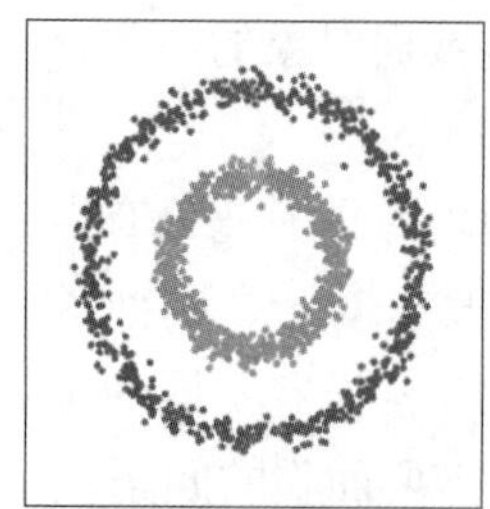
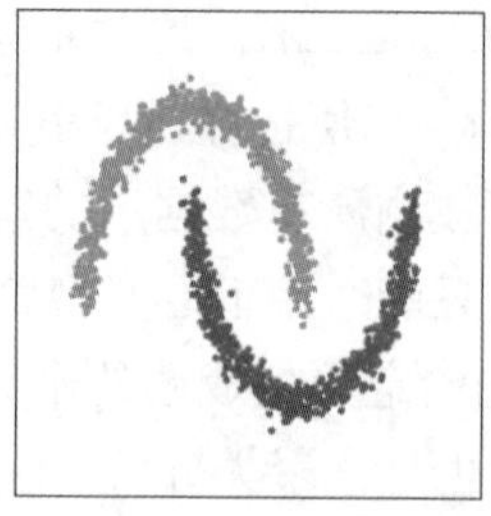
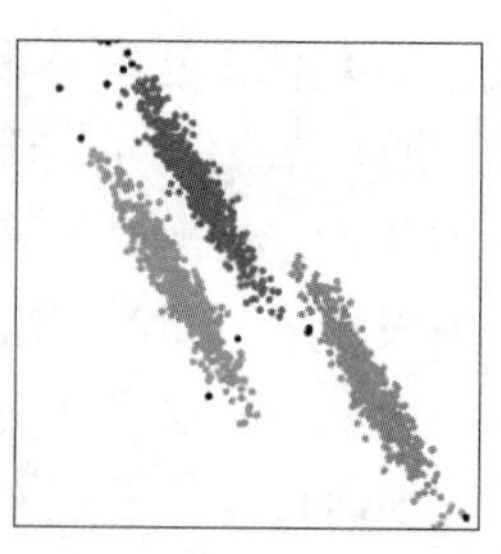

图 9-9 非球形簇

密度聚类算法中较经典的是 DBSCAN 算法，该算法使用关于“邻域”概念的参数来描述数据分布的紧密程度，将具有足够密度的区域划分成簇，且能在有噪声的条件下发现任意形状的簇。DBSCAN 算法的相关概念如下：

- 邻域：对于任意给定数据点 x 和距离ε，x 的 ε 邻域是指到 x 距离不超过ε的数据点的集合。
- 核心对象：若数据点 x 的 ε 邻域内至少包含 minPts 个数据点，则 x 是一个核心对象。
- 密度直达：若数据点 b 在 a 的 ε 邻域内，且 a 是核心对象，则称数据点 b 由数据点 a 密度直达。
- 密度可达：对于数据点 a 和 b，如果存在序列 p_1，p_2，…，p_n，其中，p_1=a，p_n=b，且序列中每一个数据点都与它的前一个数据点密度直达，则称数据点 a 与 b 密度可达。
- 密度相连：对于数据点 a 和 b，若存在数据点 k 使得 a 与 k 密度可达，且 k 与 b 密度可达，则 a 与 b 密度相连。

DBSCAN 算法相关概念的具体含义如图 9-10 所示，假设 minPts=3，虚线圈表示 ε 邻域，则从图中我们可以观察到 x_1 是核心对象；x_2 由 x_1 密度直达；x_3 由 x_1 密度可达；x_3 与 x_4 密度相连。

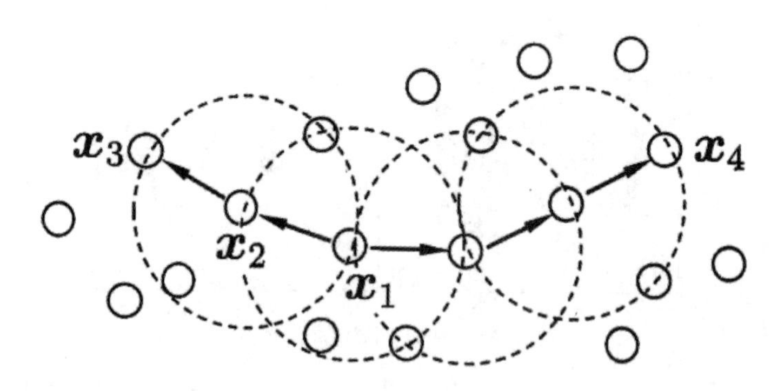

图 9-10 DBSCAN 算法的相关概念

DBSCAN 聚类算法的运行过程如下：初始时，数据集中所有的数据对象均为未标记，随机选择一个未被标记的核心对象，找到它的所有密度可达对象，即一个簇，这些核心对象以及它们 ε 邻域内的点被标记为同一个类；再找一个未标记过的核心对象，重复上述步骤，直到所有核心对象都被标记为止。具体算法的伪代码如下：

输入：

- D：包含 n 个对象的数据集。
- ε：半径参数。
- minPts：邻域密度阈值。

输出：

DBSCAN 算法得到的簇的集合。

过程：

```
1.  初始化所有的对象，所有对象设置为“未标记”
2.  while
3.      随机选择一个“未标记”对象 p
4.      设置 p 为“已标记”
5.      if p 的 ε 邻域内至少有 minPts 个对象
6.          创建一个新簇 C，把 p 添加到 C
7.          令 N 为 p 的 ε 邻域中的对象集合
8.          for N 中每个点 p’
9.              if p’ 是“未标记”
10.                 设置 p’ 为“已标记”
11.                 if p’ 的 ε 邻域至少有 minPts 个对象，则把这些对象添加到 N
12.                 if p’ 还不属于任何簇，则将 p’ 添加到 C
13.         end for
14.         输出 C
15.     else 标记 p 为噪声数据
16. until 没有“未标记”对象
```

9.3.2 DBSCAN 算法的实现

在 Sklearn 中可以使用 DBSCAN 类来进行密度聚类分析，其具体设置方法如下：

1. 导入 cluster 模块

```
from sklearn import cluster
```

2. DBSCAN 类的语法格式及其主要参数的含义

```
sklearn.cluster.DBSCAN(eps=0.5, min_samples=5, metric='euclidean',*)
```

- eps：邻域 ε，默认值为 0.5。
- min_samples：邻域密度阈值 minPts。
- metric：距离度量，默认为欧氏距离。

【例 9-2】采用 Sklearn 中自带的鸢尾花数据集 iris 来进行 DBSCAN 密度聚类。

```
# 导入 cluster 库
from sklearn import cluster
# 导入 Sklearn 中的数据集 iris
from sklearn.datasets import load_iris
# 导入画图库 pyplot
import matplotlib.pyplot as plt
# 载入数据
data = load_iris()
# 显示前 4 个属性列的名称
iris = data.data
# 构建密度聚类 DBSCAN 模型，设置邻域和邻域密度阈值
dbscan = cluster.DBSCAN(eps=0.4, min_samples=3)
result = dbscan.fit(iris)
# 分类结果
labels = result.labels_
a=[i for i,x in enumerate(labels) if x==-1]
# 计算聚类簇的个数，计算噪声点的个数
n_clusters = len(set(labels)) - (1 if -1 in labels else 0)
n_noise= list(labels).count(-1)
print(" 聚类结果中簇的个数：%d, 噪声点的个数：%d"%(n_clusters,n_noise))
```

```
#绘制聚类结果的散点图
plt.scatter(iris[:,0],iris[:,2],c=labels, marker='*')
#绘制噪声数据
for i in range (0,len(a)):
    plt.scatter(iris[a[i],0],iris[a[i],2],c='k', marker='*')
plt.savefig("cluster.pdf")
plt.show()
```

聚类输出结果为：

```
聚类结果中簇的个数：4，噪声点的个数：22
```

聚类的可视化结果如图 9-11 所示。

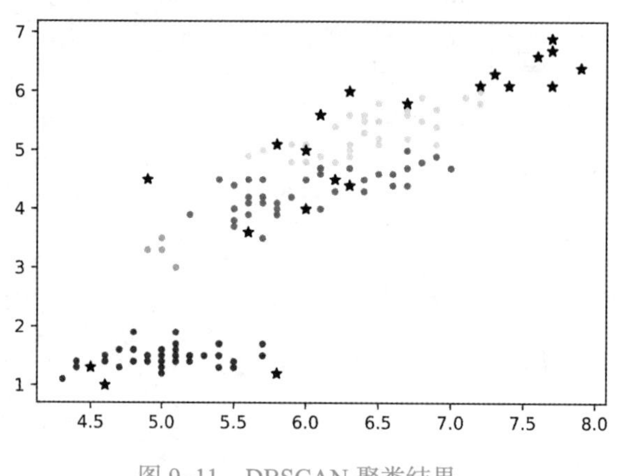

图 9-11 DBSCAN 聚类结果

从以上结果可以看出，密度聚类将数据集划分成了 4 类，图中星型标注的点为噪声点，其个数为 22 个。对于 $k-$ 均值算法，DBSCAN 算法最大的优势就是无须给定聚类个数 k，且能够发现任意形状的聚类，且在聚类过程中能自动识别出离群点。那么，我们在什么时候使用 DBSCAN 算法来聚类呢？一般来说，如果数据集比较稠密且形状非凸，用密度聚类的方法效果要好一些。但是 DBSCAN 也存在一些缺陷，对于密度不均匀，簇间分布差异大的数据集，聚类质量会变差。对于较大的数据集进行聚类时，DBSCAN 算法收敛时间较长，调整参数较复杂。

9.4 聚类算法的评估

聚类算法的评估是指在数据集上进行聚类的可行性及聚类质量的评价方法。它主要包括确定聚类簇数 k、计算聚类质量等，下面分别进行介绍。

9.4.1 确定聚类簇数 k

对于划分方法中的 $k-$ 均值聚类需要在聚类之前确定簇数 k，但如何选取 k 值对聚类结果起着非常重要的影响。最简单的方法是采用经验方法，对于 n 个点的数据集，设置簇数 p 大约为 $\sqrt{n/2}$。在期望情况下，每个簇大约有 $\sqrt{2n}$ 个点，该方法可以快速估计聚类的簇数 k。

为了得到更好的聚类结果，通常采用肘方法（Elbow Method）来确定聚类算法簇数 k。即对于任意给定的簇数 k（$k>0$）进行聚类，计算簇内误差平方和（Within-cluster Sum of Squared Errors，SSE）。绘制 SSE 关于 k 的曲线，如图 9-12 所示，该曲线是单调递减曲线，其中第一个（或者最显著的）拐点为“正确的”簇数。其拐点类似于胳膊肘，因此该确定簇数的方法叫“肘方法”。簇内误差平方和的计算公式为：

$$SSE=\sum_{i=1}^{k}\sum_{p\in C_i}|p-m_i|^2$$

其中，p为数据点，C_i表示第i个簇，m_i表示第i个簇的中心。

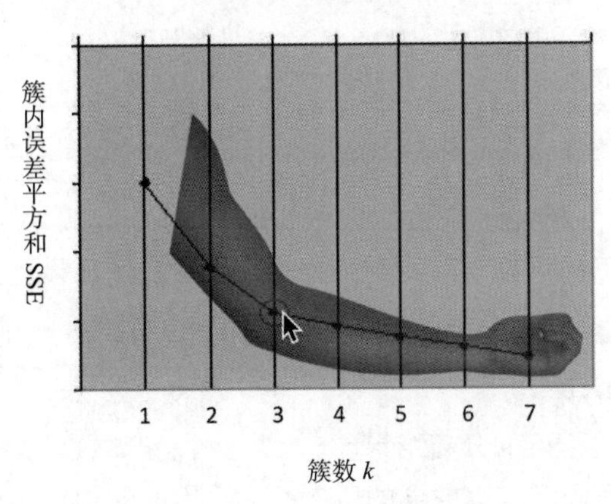

图 9–12　肘方法确定聚类簇数 k

对于 iris 数据集，假设我们不知道数据的簇数，使用肘方法来确定簇数，我们使用如下代码进行图形的绘制：

```
from sklearn import cluster
from sklearn.datasets import load_iris
import matplotlib.pyplot as plt
plt.rcParams['font.family']=['simhei']
plt.rcParams['font.size']=15
data = load_iris()
iris = data.data
SSE=[]
for k in range(2,11):
    k_means = cluster.KMeans(n_clusters=k)          # 构建 k- 均值聚类模型
    result = k_means.fit(iris)                       # KMeans 自动分类
    SSE.append(result.inertia_)                      # 簇内误差平方和
print(SSE)
plt.plot(range(2,11),SSE,marker='o',color="blue")
plt.xlabel('k 值 ')
plt.ylabel('SSE 簇内误差平方和 ')
plt.show()
```

输出结果如图 9–13 所示，随着簇数 k 值的增加，簇内平方和逐渐变小，在 k=3 左右其值的差异较大，因此可以选择聚类的簇数为 3，这也符合原始数据已知的分类个数。

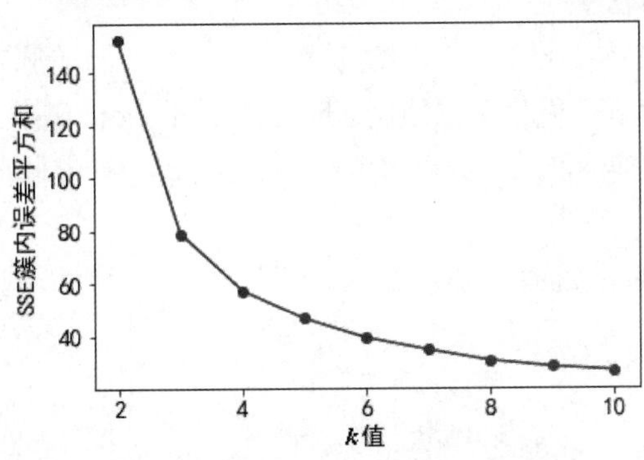

图 9–13　使用肘方法确定簇数 k

9.4.2 评估聚类质量

如何对聚类的质量进行评估是非常重要的问题。评估聚类质量是通过设置合理的质量衡量标准来比较相同数据集上不同算法的优劣，从而进一步对算法进行改进。高质量聚类的衡量标准为簇内相似度高，簇间相似度低。一般来说，评估聚类质量有两个方法，即外在方法和内在方法。

1. 外在方法

当原始数据集中含有类别信息时，可以使用与分类算法类似的评估方法对聚类结果进行评价。含有正确类别信息的数据称为基准数据，只需评判聚类结果与基准数据的符合程度即可评估聚类质量。在 Python 中可以使用 Sklearn.metrics 模块中的 adjusted_rand_score 函数进行算法聚类正确率的评估。该函数的格式及其参数的具体含义为：

```
adjusted_rand_score(labels_true, labels_pred)
```

- labels_true：真实分类。
- labels_pred：聚类模型的分类结果。

对于 iris 数据集，我们已知该数据的所属类别，因此使用该正确分类的类别数据分别对 *k*– 均值聚类和 DBSCAN 密度聚类进行算法正确率的评估，具体代码如下：

```
from sklearn import cluster
from sklearn.datasets import load_iris
from sklearn.metrics import adjusted_rand_score
data = load_iris()
iris = data.data
#k– 均值聚类，k=3
k_means = cluster.KMeans(n_clusters=3)
result_kmeans = k_means.fit(iris) #KMeans 自动分类
# 计算 k– 均值聚类模型的准确性
ad_s_kmeans=adjusted_rand_score(data.target,result_kmeans.labels_)
#DBSCAN 密度聚类
dbscan = cluster.DBSCAN(eps=0.4, min_samples=3)
result_dbscan = dbscan.fit(iris)
# 计算 DBSCAN 聚类模型的准确性
ad_s_dbscan=adjusted_rand_score(data.target,result_dbscan.labels_)
print("k– 均值聚类和 DBSCAN 聚类算法的准确性分别为 %.2f 和 %.2f"%(ad_s_kmeans,
ad_s_dbscan))
```

输出结果为：

```
k– 均值聚类和 DBSCAN 聚类算法的准确性分别为 0.73 和 0.71
```

根据该聚类结果，可知 *k*– 均值聚类和 DBSCAN 聚类算法的质量相近，*k*– 均值聚类结果略优于 DBSCAN 算法。

对于密度聚类 DBSCAN 算法，虽然不需要输入聚类簇数 *k*，但需要提前设定两个参数，即半径参数和邻域密度阈值。我们也可以使用 adjusted_rand_score 函数来计算每种参数设置下密度聚类的准确性，选择准确性最高的聚类模型对应的半径参数和邻域密度阈值。具体代码如下：

```
# 导入 metrics 库
from sklearn.metrics import adjusted_rand_score
# 导入 cluster 库
from sklearn import cluster
# 导入 Sklearn 中的数据集 iris
from sklearn.datasets import load_iris
```

```
# 载入数据
data = load_iris()
iris = data.data
# 使用 DBSCAN 算法
import numpy as np
score=np.zeros((10,10),dtype=np.float64())
# 设置半径参数从 0.1 到 1 变化和邻域密度阈值从 1 到 10 变化，分别计算这两个参数对应的聚类模型准确性
for i in range(10):
    for j in range(10):
        dbscan = cluster.DBSCAN(eps=0.1*(i+1), min_samples=j+1)
        #KMeans 自动分类
        result = dbscan.fit(iris)
        labels = result.labels_
        score[i,j]=adjusted_rand_score(labels, data.target)
# 输出所有参数组合下聚类模型的准确性
print(score)
# 准确性最大值对应的数组索引
score_max=np.argmax(score)
# 转换为半径参数和邻域密度阈值
eps_max=0.1*(score_max//10+1)
min_samples_max=(score_max%10+1)
print(" 准确性最高的聚类模型对应的半径参数和邻域密度阈值为：%.1f 和 %d"%(eps_max,
min_samples_max))
```

输出结果如图 9–14 所示。

```
[[0.00146044 0.00266833 0.         0.         0.         0.
  0.         0.         0.         0.        ]
 [0.04762704 0.0627514  0.07222036 0.04196528 0.04045587 0.03084616
  0.01367806 0.01057039 0.         0.        ]
 [0.28998702 0.27374049 0.28181907 0.29226239 0.28175609 0.28786961
  0.2545472  0.22941834 0.21450411 0.14172962]
 [0.70257635 0.70480533 0.70630138 0.68410815 0.58982391 0.58982391
  0.47191105 0.49163242 0.49121032 0.45693982]
 [0.52184889 0.52326091 0.52261224 0.52580162 0.52061852 0.52237132
  0.50997757 0.51435932 0.52062372 0.52879717]
 [0.53960949 0.53951387 0.54004792 0.54004792 0.5369966  0.53266651
  0.52996379 0.52996379 0.52996379 0.52996379]
 [0.56173213 0.56173213 0.56213643 0.56213643 0.56213643 0.55581283
  0.55393074 0.55393074 0.55135497 0.55135497]
 [0.56375102 0.56375102 0.56375102 0.56375102 0.56375102 0.56375102
  0.56213643 0.56213643 0.56007873 0.56007873]
 [0.56811594 0.56811594 0.56811594 0.56811594 0.56811594 0.56811594
  0.56811594 0.56811594 0.56811594 0.56811594]
 [0.56811594 0.56811594 0.56811594 0.56811594 0.56811594 0.56811594
  0.56811594 0.56811594 0.56811594 0.56811594]]
```

图 9–14 准确性最高的聚类模型对应的半径参数和邻域密度阈值

准确性最高的聚类模型对应的半径参数和邻域密度阈值为 0.4 和 3，因此当已知数据所属类别时，可以通过以上程序计算最优的半径参数和邻域密度阈值。

2. 内在方法

当数据集中不含类别数据时，则不能用外在方法进行聚类质量评价，我们需要根据数据集自身的特征进行评价，该方法称为内在方法。通常采用轮廓系数（Silhouette Coefficient）来评估聚类结果的质量。轮廓系数的定义如下：假设数据集 D 有 n 个数据点，该数据集被分成 k 簇，即 $\{C_1,\ldots,C_k\}$，对于每个数据点 $o \in D$。o 与所属簇的其他对象之间的平均距离定义为 $a(o)$，该参数反映 o 所属簇的紧凑性，该值越小，说明簇越紧凑。o 与

不属于所在簇的其他对象之间的最小平均距离定义为$b(o)$，$b(o)$值反映 o 与其他簇的分离程度，该值越大，说明 o 离其他簇越远。定义轮廓系数的计算公式如下：

$$s(o)=\frac{b(o)-a(o)}{max\{b(o)-a(o)\}} \tag{9-1}$$

轮廓系数同时兼顾了聚类的凝聚度和分离度，用于评估聚类的质量，该系数的取值范围为 [-1,1]。使用式（9-1）计算所有数据点的轮廓系数，然后对该系数求平均值，该值越接近 1，表示聚类的效果越好。

在 Sklearn 中可以使用 metrics 模块中的 silhouette_score 函数计算聚类结果的轮廓系数。它返回的是一个数据集中所有数据点的轮廓系数平均值。具体格式及参数的含义如下：

```
sklearn.metrics.silhouette_score(X,labels,metric="euclidean")
```

- X：要聚类的数据集，不包含分类数据。
- labels：聚类之后的所属类别。
- metric：距离的度量，默认为欧氏距离。

轮廓系数的取值范围是 [-1,1]，当同一簇中数据点之间的距离越近而不同簇中数据点之间的距离越远时，该轮廓系数值就越大。我们使用轮廓系数对 *k*- 均值聚类和 DBSCAN 聚类的质量进行评估，具体代码如下：

```
# 导入 metrics 模块
from sklearn import metrics
sl_kmeans=metrics.silhouette_score(iris,result_kmeans.labels_)
sl_dbscan=metrics.silhouette_score(iris,result_dbscan.labels_)
print("k- 均值聚类和 DBSCAN 聚类算法的轮廓系数分别为 %.2f 和 %.2f"%(sl_kmeans,
sl_dbscan))
```

输出结果为：

```
k- 均值聚类和 DBSCAN 聚类算法的轮廓系数分别为 0.55 和 0.33
```

从上述程序结果可以看出，*k*- 均值聚类得到的平均轮廓系数大于 DBSCAN 密度聚类算法，因此在 iris 数据集上，*k*- 均值聚类质量优于 DBSCAN 密度聚类，这与前面使用外在方法得到的结果一致。

9.5 聚类算法实例

【例 9-3】使用 Sklearn 中的 datasets 模块创建月牙形数据集和环形数据集。

使用 datasets 中的 make_moons 和 make_circles 函数分别创建月牙形数据集和环形数据集，该函数的具体用法和参数如下：

```
datasets.make_moons(n_samples=100, shuffle=True, noise=None, random_state=None)
datasets.make_circles(n_samples=100, shuffle=True, noise=None, random_state=None, factor=0.8)
```

- n_samples：数据集包含数据的个数，整数，默认值为 100。
- shuffle：数据是否打乱，True 或 Flase，默认值为 True。
- noise：是否设置噪声数据，默认值为 None。
- random_state：设置随机数。
- factor：内外圆之间的比例因子，取值为 (0,1)，默认值为 0.8，factor 设置的值越大，两个圆环越接近。

生成月牙形数据 data1 和环形数据 data2，具体代码如下：

```
from sklearn import datasets
import matplotlib.pyplot as plt
from sklearn import cluster
from sklearn.metrics import adjusted_rand_score
# 创建环形数据集，设置数据集中数据个数
n_samples = 1000
# 创建月牙形数据 data1，其分类数据为 target1
data1,target1= datasets.make_moons(n_samples=n_samples, noise=0.05)
# 创建环形数据 data2，其分类数据为 target2
data2,target2 = datasets.make_circles(n_samples=n_samples, noise=0.05, factor=0.5)
# 使用散点图绘制两个数据集
plt.rcParams['font.family']=['simhei']
plt.rcParams['font.size']=15
plt.rcParams['axes.unicode_minus']=False
fig, (ax1, ax2) = plt.subplots(nrows=1,ncols=2,figsize=(10,4))
color1 = ["red","blue"]
for i in range(2):
    ax1.scatter(data1[target1==i, 0], data1[target1==i, 1]
        ,marker='o'                          # 点的形状
        ,s=8                                 # 点的大小
        ,c=color1[i])
color2 = ["yellow","green"]
for i in range(2):
    ax2.scatter(data2[target2==i, 0], data2[target2==i, 1]
        ,marker='o'                          # 点的形状
        ,s=8                                 # 点的大小
        ,c=color2[i])
# 设置图表标题
plt.title(" 两个数据集的正确分类示意图 ",x=0,y=1.1)
ax1.text(0.9,1,"(a) 月牙形数据 ",fontsize=12)
ax2.text(0.5,1,"(b) 环形数据 ",fontsize=12)
# 显示两个数据集的散点图
plt.show()
```

生成的散点图如图 9-15 所示。

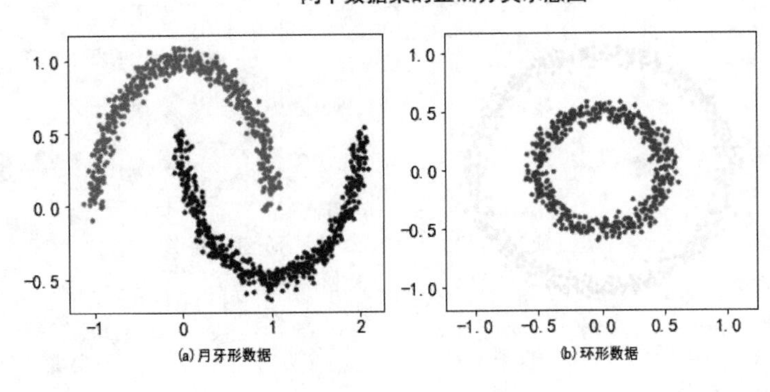

图 9-15　两个原始数据集

【例 9-4】分别使用 k- 均值聚类和 DBSCAN 密度聚类对例 9-1 中的两个数据集进行模型构建，并比较两个算法在两种非球形簇上的准确性。

两种聚类算法的实现

对月牙形数据使用 k- 均值聚类和 DBSCAN 密度聚类的具体代码如下：

```
# 对 data1 构建 k- 均值聚类模型，设置 k=2
k_means = cluster.KMeans(n_clusters=2)
result_kmeans_1 = k_means.fit(data1)                                    #KMeans 自动分类
ad_s_kmeans_1=adjusted_rand_score(target1,result_kmeans_1.labels_)  # 计算聚类模型的准确性
fig, (ax1, ax2) = plt.subplots(nrows=1,ncols=2,figsize=(12,5))
ax1.scatter(data1[:,0],data1[:,1],c=result_kmeans_1.labels_, marker='*')  #result.labels_ 每个样本对应的标签（所属簇）
# 对 data1 构建 DBSCAN 密度聚类
dbscan = cluster.DBSCAN(eps=0.1, min_samples=5)
result_dbscan_1 = dbscan.fit(data1)                                     #KMeans 自动分类
ax2.scatter(data1[:,0],data1[:,1],c=result_dbscan_1.labels_, marker='*')  #result.labels_ 每个样本对应的标签（所属簇）
plt.title(" 月牙形数据集 ",x=-0.1,y=1.05)
ax1.text(1,1,"(a)k- 均值聚类 ",fontsize=15)
ax2.text(0.7,1,"(b)DBSCAN 密度聚类 ",fontsize=15)
plt.show()
# 计算 DBSCAN 密度聚类模型的准确性
ad_s_dbscan_1=adjusted_rand_score(target1,result_dbscan_1.labels_)
# 输出 k- 均值聚类和 DBSCAN 聚类算法的准确性
print(" 对月牙形数据 data1 进行 k- 均值聚类和 DBSCAN 聚类，算法的准确性分别为 %.1f 和 %1f"%(ad_s_kmeans_1,ad_s_dbscan_1))
```

对 data1 月牙形数据使用 k- 均值聚类和 DBSCAN 聚类，得到结果的可视化图如图 9-16 所示。

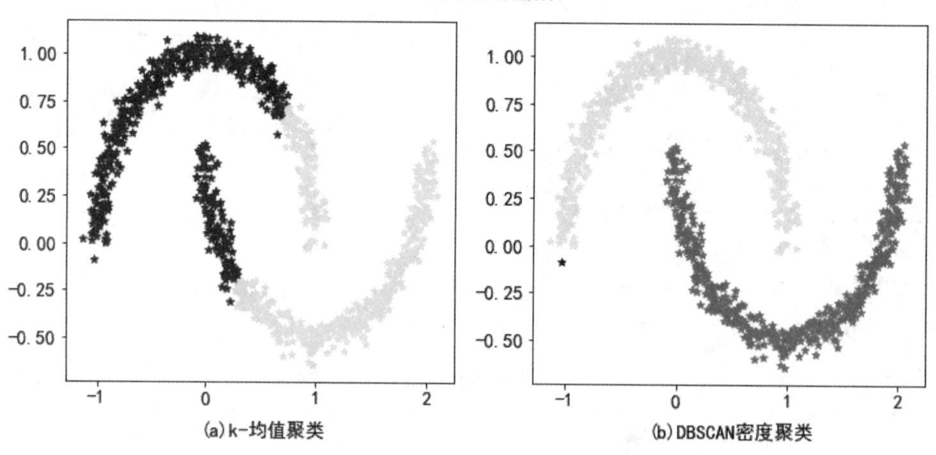

图 9-16 两种算法在月牙形数据集上聚类的结果

输出结果为：

```
对月牙形数据 data1 进行 k- 均值聚类和 DBSCAN 聚类，算法的准确性分别为 0.3 和 0.998002
```

对环形数据使用 k- 均值聚类和 DBSCAN 密度聚类的具体代码如下：

```
# 对 data2 构建 k- 均值聚类模型，设置 k=2
k_means = cluster.KMeans(n_clusters=2)
result_kmeans_2 = k_means.fit(data2)                                    #KMeans 自动分类
ad_s_kmeans_2=adjusted_rand_score(target2,result_kmeans_2.labels_)  # 计算聚类模型的准确性
fig, (ax1, ax2) = plt.subplots(nrows=1,ncols=2,figsize=(12,5))
ax1.scatter(data2[:,0],data2[:,1],c=result_kmeans_2.labels_, marker='*')  #result.labels_ 每个样本对应的标签（所属簇）
```

```
# 对 data2 构建 DBSCAN 密度聚类
dbscan = cluster.DBSCAN(eps=0.1, min_samples=5)
result_dbscan_2 = dbscan.fit(data2)                                    #KMeans 自动分类
plt.scatter(data2[:,0],data2[:,1],c=result_dbscan_2.labels_, marker='*')    #result.labels_ 每个样本对应的
标签（所属簇）
plt.title(" 环形数据集 ",x=-0.1,y=1.05)
ax1.text(0.5,1.1,"(a)k- 均值聚类 ",fontsize=12)
ax2.text(0.3,1.1,"(b)DBSCAN 密度聚类 ",fontsize=12)
plt.show()
ad_s_dbscan_2=adjusted_rand_score(target2,result_dbscan_2.labels_)    # 计算 DBSCAN 密度聚类模型
的准确性
# 输出 k- 均值聚类和 DBSCAN 聚类算法的准确性
print(" 对环形数据 data2 进行 k- 均值聚类和 DBSCAN 聚类，算法的准确性分别为 %.1f 和
%1f"%(ad_s_kmeans_2,ad_s_dbscan_2))
```

对 data2 环形数据使用 *k*– 均值聚类和 DBSCAN 聚类，得到结果的可视化图如图 9–17 所示。

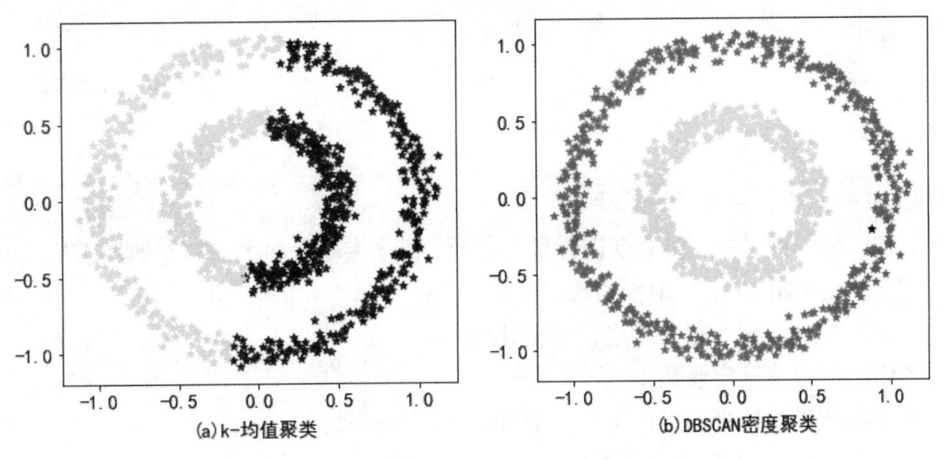

图 9–17　两种算法在环形数据集上聚类的结果

输出结果为：

```
对环形数据 data2 进行 k- 均值聚类和 DBSCAN 聚类，算法的准确性分别为 -0.0 和 0.998002
```

从上述结果可以看出，对于月牙形及环形数据 DBSCAN 聚类算法的正确性非常高，远远高于 *k*– 均值聚类，因此如果数据集是非球形簇，则使用 DBSCAN 算法进行聚类可以得到较好的结果。

本章小结

本章介绍了机器学习中的一种无监督学习方法——聚类分析。聚类分析的思想是将按照数据集中点的距离来进行分组，使相同组数据之间的相似性大，不同组数据之间的差异性大。本章重点讲解了 *k*– 均值和 DBSCAN 两类聚类算法，并给出具体实现。通过本章的学习，需要掌握如何使用 Python 进行聚类分析，了解不同聚类算法之间的差异，根据分析数据的不同选择不同的聚类算法，并使用第三方库进行算法的评估。

习 题

在机器学习公开数据库UCI平台中下载seed数据集（http://archive.ics.uci.edu/ml/datasets/seeds），也可以直接调用本书配套文件资源中seed.csv文件。该数据集包含210条记录、7个属性列和1个分类属性，具体含义见表9-1。

表9-1 seed数据集的属性

名称	含义	类型
area	面积	连续值 – 实数
perimeter	周长	连续值 – 实数
compactness	比重	连续值 – 实数
length of kernel	种核长度	连续值 – 实数
width of kernel	种核宽度	连续值 – 实数
asymmetry coefficient	不对称系数	连续值 – 实数
length of kernel groove	中核槽的长度	连续值 – 实数
varieties	品种	离散值 – 分类属性

导入数据的代码如下：

```
data = pd.read_csv(r "D:\seeds.csv",header=1)
```

针对种子的不同特征，对数据进行聚类分析，将聚类结果与已知数据所属类别varieties进行比较。使用Python语言编程实现以下内容：

（1）对数据进行预处理，如进行规范化处理。

（2）使用肘方法确定簇数 k。

（3）计算准确性较高的最优半径参数和邻域密度阈值。

（4）分别进行 k– 均值聚类和DBSCAN密度聚类。

（5）评估两种聚类的质量。

第 10 章 人工神经网络与深度学习

本章导读

随着 AlphaGo 战胜世界围棋冠军，深度学习的概念风靡全球，并得到广泛应用。深度学习算法的前身是人工神经网络，本章介绍了神经网络与深度学习的发展历程、人工神经的原理、BP 神经网络，以及采用 Sklearn 实现多层神经网络的方法和人工神经网络在人脸识别中的应用。读者在理解相关概念和算法的基础上掌握人工神经网络的实现方法和优化方法，并能在实际问题中加以应用。

本章要点

- 人工神经网络和深度学习的发展历程
- 人工神经元的结构
- 多层神经网络的结构
- BP 神经网络的学习方法
- Sklearn 实现多层神经网络的方法

10.1 人工神经网络与深度学习概述

人工神经网络模型是受生物神经网络的启发构建而成的，从出现至今将近八十年的历史。从人工神经网络到深度学习经历了曲折的发展历程。

1943 年，美国神经生理学家、心理学家沃伦·麦卡洛克（Warren McCulloch）和数理逻辑学家沃尔特·皮茨（Walter Pitts）提出了人工神经网络的概念，并对生物神经元进行建模，首次提出一种脑神经元的数学模型，开启了人工神经网络研究的历史，为神经网络及深度学习的发展奠定了基础。

1949 年，加拿大心理学家唐纳德·赫布（Donald Hebb）发表论文《行为的组织（The Organization of Behavior）》描述了神经网络的学习过程，并提出了一种无监督的学习规则——赫布学习规则，该规则为神经网络的发展奠定了基础，在人工神经网络学习中也得到广泛应用，具有重大的历史意义。1958 年，美国计算机学家弗兰克·罗森布拉特（Frank Rosenblatt）基于 MP 模型和赫布学习规则提出了一种模拟人类学习过程的算法——感知器，这是世界上第一个可以自主学习的两层神经网络。感知器可以实现二分类，实现了一些英文字母的识别。感知器的提出在神经网络的发展中具有里程碑式的意义，掀起了神经网络研究的第一次热潮。但是，第一代神经网络的结构存在的缺陷制约了其发展及应用。1969 年，马文·明斯基（Marvin Mincky）和西蒙·派珀特（Seymour Papert）编写出版书籍《感知器》，书中指出了感知器的弱点，证明了单层感知器无法解决线性不可分问题。鉴于当时计算机计算能力不足又没有有效的学习算法，该书认为从理论上还不能证明多层网络的研究意义。马文·明斯基的悲观论点极大地影响了人工神经网络的研究，人工神经网络进入第一个寒冬期。

尽管人工神经网络的研究陷入了前所未有的低谷，仍有为数不多追寻真理的科学家在坚持研究。1982 年，约翰·霍普菲尔德（John Hopfield）将物理学相关思想引入神经网络，发明了一种新的人工网络——Hopfield 神经网络。Hopfield 神经网络是一种可以模拟人类记忆循环的神经网络，该网络从输出到输入均有反馈连接，因此是一种递归神经网络。Hopfield 神经网络是一种全互联网络，每个神经元跟其他所有神经元相互连接。1983 年，霍普菲尔德利用该网络解决了旅行商这个 NP 难题，在学术界引起较大轰动，也在一定程度上推动了人工智能的第二次快速发展。但是因为该神经网络容易陷入局部极小值，一定程度限制了其发展。1984 年,杰弗里·辛顿(Geoffrey Hinton)和特伦斯·谢诺夫斯基(Terrence Sejnowski）等合作提出了第一个受统计力学启发的大规模并行多层网络学习机——玻尔兹曼机。1986 年误差反向传播算法——BP（Back Propagation）算法被辛顿等不同学者分别独立提出，并用于训练人工神经网络，有效解决了非线性分类和学习问题，解决了多层神经网络学习问题，使神经网络再次引起人们的广泛关注，掀起了神经网络的第二次高潮。现在，BP 算法被广泛应用于各种神经网络和深度学习网络的训练中。

20 世纪 90 年代中期，支持向量机算法——SVM 快速发展，并成功应用于人脸识别、文本分类等问题中。SVM 算法结构简单、速度快、容易实现，成为当时的主流算法。SVM 的成果淹没了神经网络的进步，20 世纪末至 21 世纪初期是统计学习方法的春天，人工神经网络再一次陷入冰河时期。

2006 年，辛顿提出了一种深层网络模型——深度置信网络。区别于传统的人工神经网络，深度学习具有更深的网络结构，通过逐层特征变换自动学习数据的特征。这些通过深度学习网络自动提取的特征比传统方法提取的特征更能刻画数据的丰富内在信息，从而使分类或预测更加容易。2006 年被称为深度学习的元年。2010 年深度学习项目受到美国国防部项目的资助。2011 年微软研究院和谷歌先后将深度学习技术应用于语音识别，取得 10 年来的重大突破，将语音识别错误率降低 20% ~ 30%。2012 年，辛顿课题组参加 ImageNet 图像识别比赛，其基于深度学习构建的 AlexNet 一举夺冠，将图片分类错误率降低至 15%，吸引了众多研究者的注意。同年，谷歌大脑（Google Brain）项目搭建的深度学习网络在语音识别和图像识别领域取得突破性进展。2014 年，Google 基于深度学习将语音识别精度提高至 98%。同年 Google 人脸识别系统达到 99.63% 的准确率。2015 年微软采用深度神经网络将 ImageNet 的分类错误率降低至 3.57%，低于同类实验的人眼识别的错误率 5.1%。2016 年深度学习围棋软件 AlphaGo 战胜人类围棋冠军李世石。2017 年基于强化学习算法的 AlphaGo 升级版 AlphaGo Zero 采用“从零开始”“无师自通”的学习模式，以 100 : 0 的比分轻松打败之前的 AlphaGo。除了围棋,它还精通国际象棋等其他棋类游戏，是真正的棋类天才。此后，深度学习相关算法在医疗、金融、艺术、无人驾驶等多个领域取得了显著的成果。深度学习已经深入到人类生活的方方面面，正潜移默化地改变着人们的生活方式。神经网络的发展历程如图 10-1 所示。

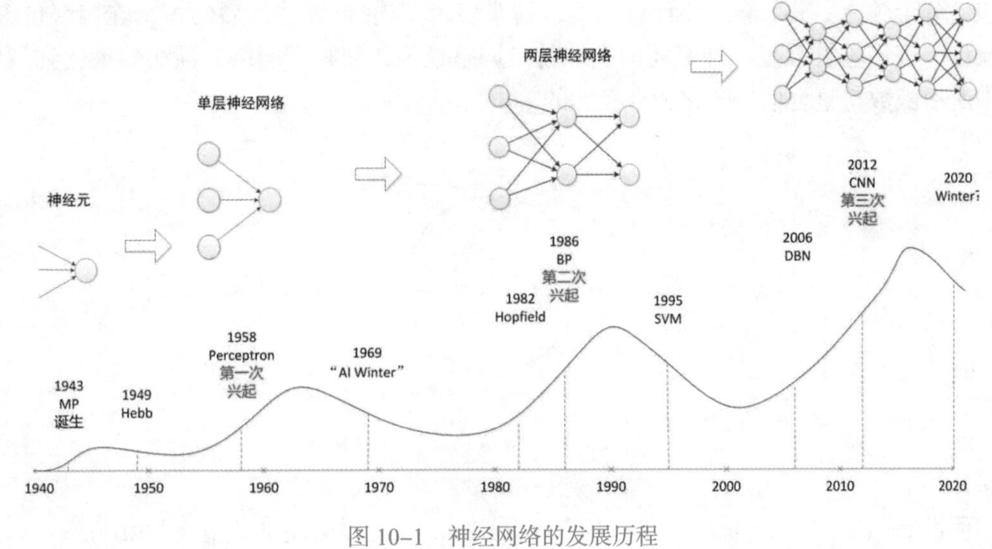

图 10-1　神经网络的发展历程

10.2　人工神经网络的原理

10.2.1　人工神经元模型

人工神经网络是模拟人脑的神经网络而发展起来的。人脑中的神经网络是一个非常复杂的组织。成年人的大脑是由约 1000 亿个神经元互相链接而构成的。神经元是神经系统最基本的单位，具有独立的接受、处理和传递信息的能力。神经元是由树突、细胞核和轴突构成的。树突负责接收其他神经元传递来的信息；细胞核将其他神经元传递来的信息进行整合；轴突负责将整合后的信息传递到其他神经元。一个神经元通常有多个树突，而轴突只有一条，轴突尾端有许多轴突末梢，可以将信息传递给多个其他的神经元。轴突末梢与其他神经元的树突连接传递信息，连接的位置称为“突触”。神经元模型如图 10-2 所示。

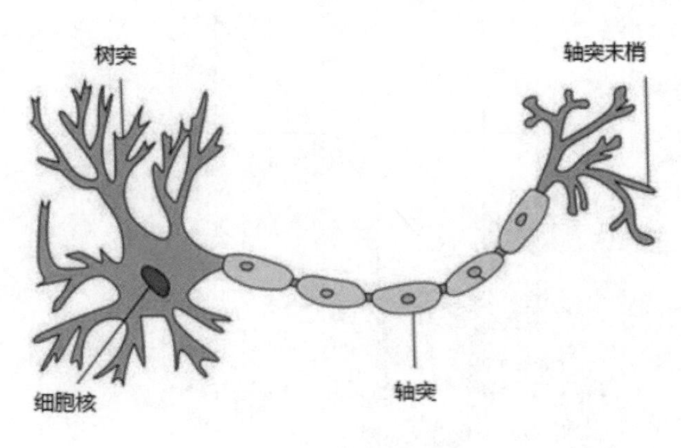

图 10-2　生物神经元

沃伦 · 麦卡洛克和沃尔特 · 皮茨参考生物神经元的结构，提出一种抽象神经元的数学模型——MP 模型。MP 模型包含输入、计算和输出功能。输入模拟神经元的树突，计算则模拟神经元的细胞核，输出模拟神经元的轴突。图 10-3 为一个典型的神经元模型。图

中包含 n 个输入、1 个输出和计算功能，箭头表示“连接”，输入后的每个连接都包含一个权值，表示连接强度。神经元的训练就是调整权值，使整个网络的预测效果达到最好。图中激活函数将整合信号转化为神经元的输出。

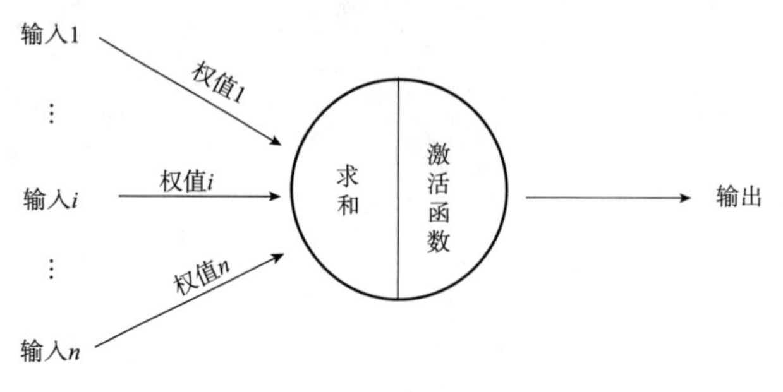

图 10–3 神经元模型

假设$X=(x_1,x_2,\cdots,x_n)$表示n个输入，$\omega=(\omega_1,\omega_2,\cdots,\omega_n)$表示它们对应的联结权重。

故神经元所获得的输入信号累计结果为：

$$u(x)=\sum_{i=1}^{n}\omega_i x_i \tag{10.1}$$

神经元获得网络输入信号后，经过加权求和得到累计信号。累计效果大于某阈值θ时，神经元处于激发状态；反之，神经元处于抑制状态。可以采用构造激活函数φ模拟这一转换过程。要求激活函数φ是 [–1, 1] 之间的单调递增函数。常用的激活函数有以下几种。

1. 线性激活函数

线性激活函数又称恒等函数（Identity），是最简单的激活函数。激活函数如下：

$$\varphi(\mu)=\mu \tag{10.2}$$

线性激活函数的输入和输出呈正比，如图 10–4 所示。

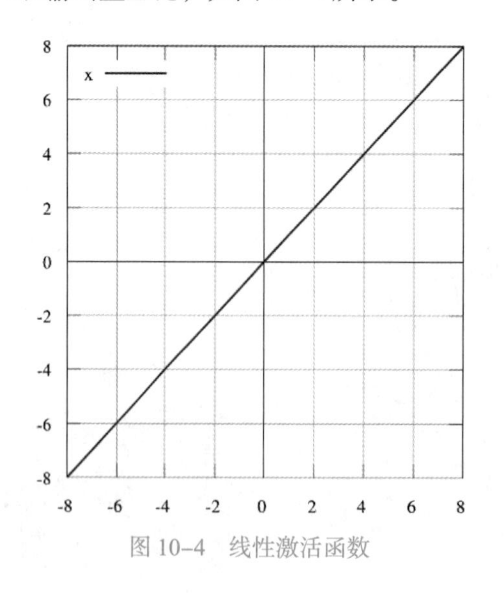

图 10–4 线性激活函数

2. 阶跃激活函数

阶跃激活函数如下：

$$\varphi(\mu)=\operatorname{sgn}(\mu)=\begin{cases}+1, & \mu \geqslant 0 \\ 0, & \mu<0\end{cases} \tag{10.3}$$

激活函数φ为阶跃函数时，当信号累计和大于 0 时，输出为 1，神经元被激活；反之信号累计和小于 0 时，输出为零，神经元被抑制。阶跃函数如图 10–5 所示。

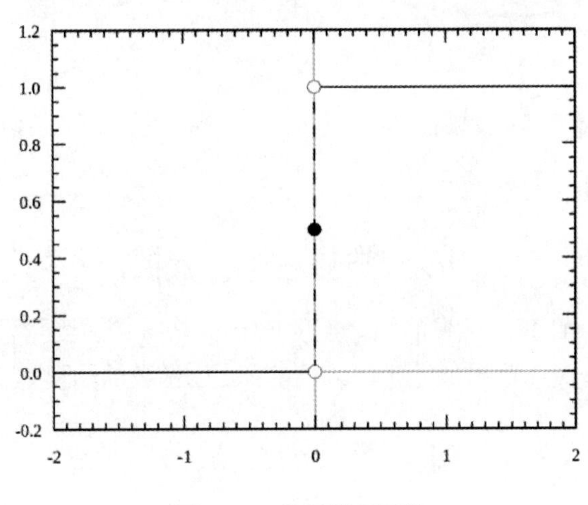

图 10–5 阶跃激活函数

3. Sigmoid 激活函数

Sigmoid 激活函数如下：

$$\varphi(\mu)=\frac{1}{1+\mathrm{e}^{-\mu}} \tag{10.4}$$

Sigmoid 激活函数如图 10–6 所示。

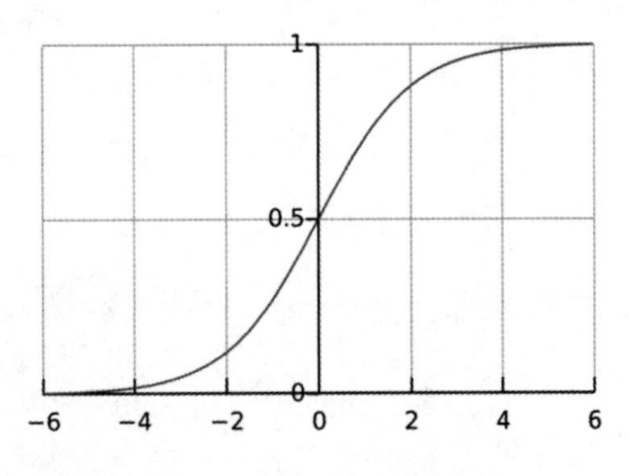

图 10–6 Sigmoid 激活函数

Sigmoid 函数也称逻辑激活函数，函数单调递增、光滑、具有渐近值，且具有解析上的优点和神经生理学特征，常用于分类问题。

4. tanh 双曲正切激活函数

tanh 双曲正切激活函数如下：

$$\varphi(\mu)=\tanh(\mu)=\frac{2}{1+\mathrm{e}^{-2x}}-1 \tag{10.5}$$

tanh 激活函数是拉伸过的 Sigmoid 函数，以零为中心，导数更陡峭，比 Sigmoid 函数收敛速度更快。tanh 函数如图 10–7 所示。

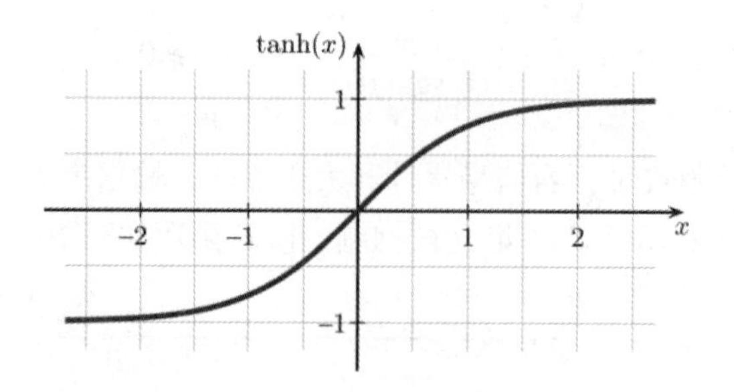

图 10–7 tanh 双曲正切激活函数

5. 校正线性单元 ReLU 激活函数

$$\varphi(\mu)=\max(0,\mu)=\begin{cases}0, & \mu<0\\ \mu, & \mu>0\end{cases} \tag{10.6}$$

校正线性单元 ReLU 激活函数的训练速度比 tanh 快 6 倍，当输入值小于 0 时，输出值为 0；当输入值大于 0 时，输出值等于输入值。ReLU 函数的图形如图 10–8 所示。

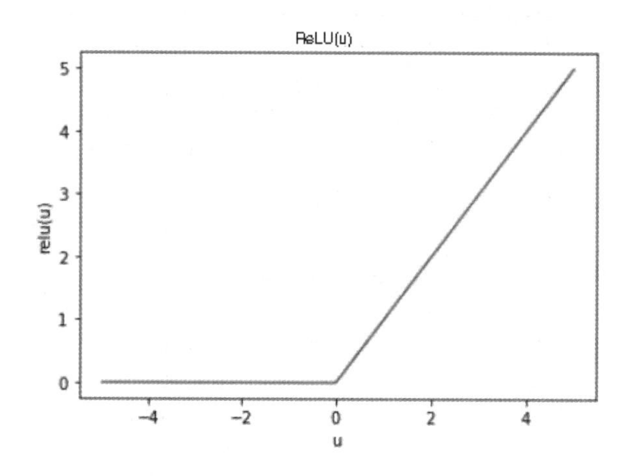

图 10–8 校正线性单元 RelU 激活函数

将人工神经元的基本模型与激活函数φ结合，即 MP 模型：

$$y=\varphi(\mu(x)-\theta)=\varphi\left(\sum_{i=1}^{n}\omega_i x_i-\theta\right) \tag{10.7}$$

根据神经元的结构和特点，人工神经元的模型如图 10–9 所示。

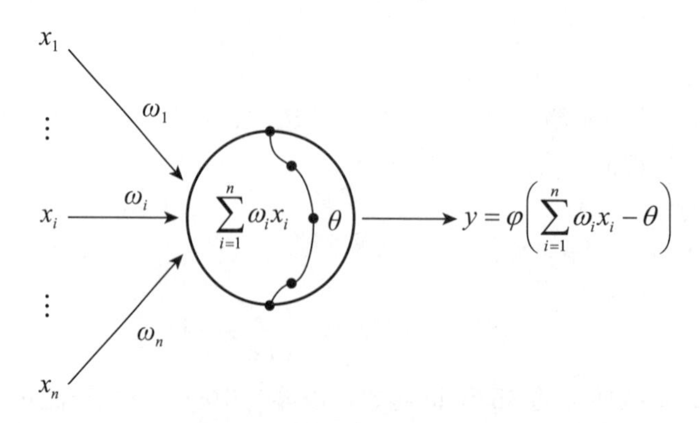

图 10–9 人工神经元 MP 模型

10.2.2 人工神经网络模型

神经网络就是将多个单一的人工神经元联结起来，一个神经元的输出是另一个神经元的输入。例如图 10–10 就是一个典型的神经网络。一个典型的人工神经网络通常包括输入层、隐藏层和输出层。

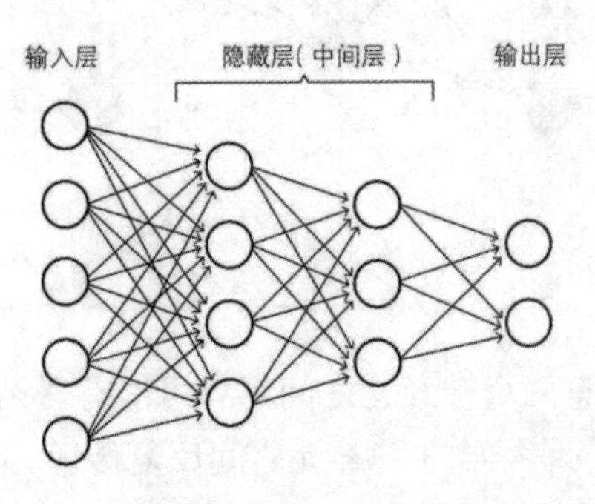

图 10–10 人工神经网络案例

人工神经网络根据神经元之间互联模式不同，性质和功能也不相同。互联模式种类很多，常见的人工神经网络拓扑结构有无反馈前向网络、有反馈前向网络、层内有联结的前向网络、有向网等。

1. 无反馈前向网络

无反馈前向网络也称为前馈网络。组成前馈网络的神经元分层排列，分别组成输入层、隐藏层和输出层。每层的神经元只接受前一层神经元的输入，后面层对前面层没有反馈信号。无反馈前向网的结构示意如图 10–11 所示。感知器和 BP 神经网络属于典型的前向网络类型。

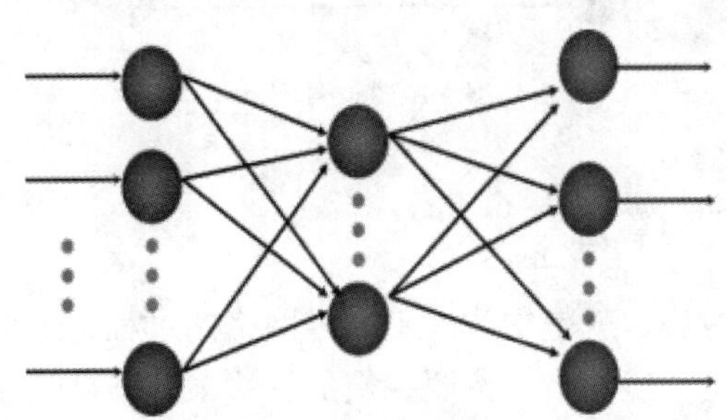

图 10–11 无反馈前向网络

2. 有反馈前向网络

有反馈前向网络是输出层到输入层有信息反馈的前向网，其结构示意如图 10–12 所示。

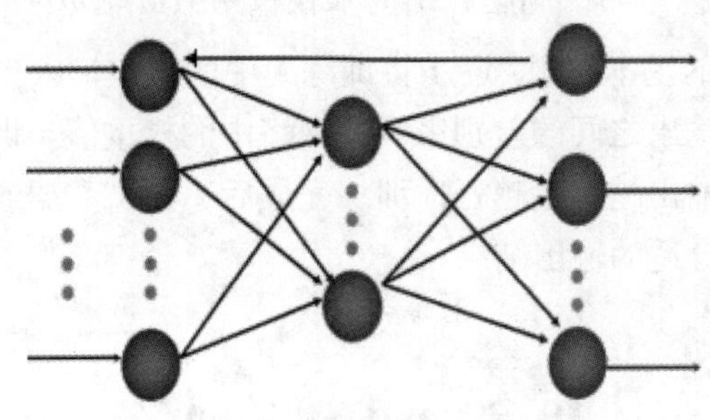

图 10–12 有反馈前向网络

3. 层内有联结的前向网络

层内有联结的前向网络通过层内神经元的互相联结，可以实现同一层内的神经元之间的横向抑制或兴奋机制，可以限制每层内同时动作的神经元数目，或者可以把每层内的神经元分组，实现组内整体运作。其结构示意图如图 10-13 所示。

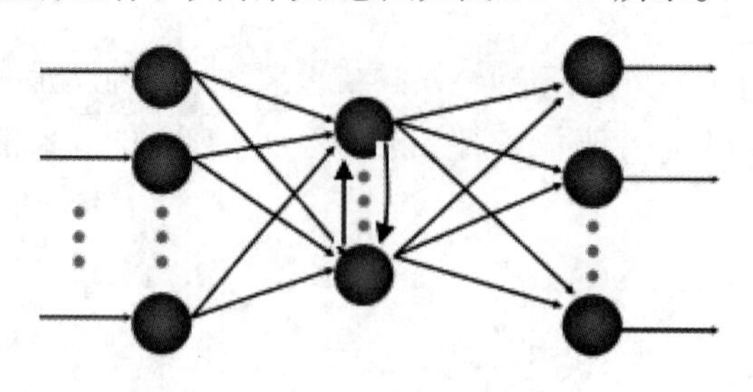

图 10-13 层内有联结的前向网络

4. 有向网

有向网的神经网络中任意两个神经元之间都有可能有联结，包括全联结网络和部分互连网络。相互结合的网络中，信号要在神经元之间反复传递，网络处于不断动态变化之中，直至达到某种平衡状态。其结构示意图如图 10-14 所示。根据网络的结构和神经元的特性，网络的运行还可能进入周期振荡或者混沌等状态。Hopfield 网络和 Boltzmann 机均属于这种类型。

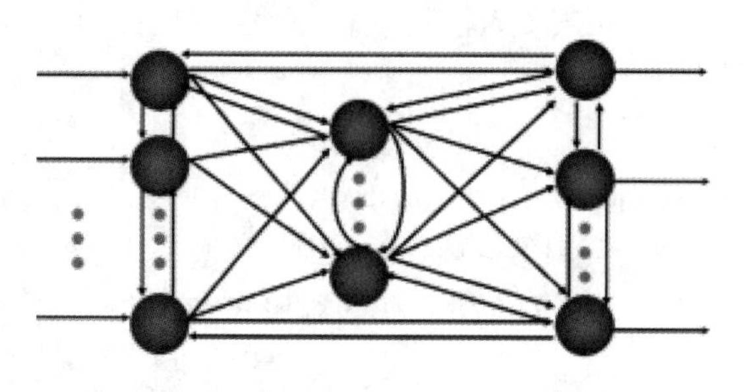

图 10-14 有向网

10.2.3 人工神经网络算法

人工神经网络的学习过程就是构建人工神经网络的过程，也称为训练过程。在训练过程中将训练集输入到人工神经网络，按照一定的方式来调整神经元之间的联结权重值，使得网络能够根据输入的训练数据有适当的输出结果，将这些权重和参数存储起来，从而使得网络在接受新数据输入时，能够给出适当的输出。

人工神经网络的学习分为有监督的学习（Supervised Learning）和无监督的学习（Unsupervised Learning）。学习的问题归结为求权重系数$\omega=(\omega_1,\omega_2,\cdots,\omega_n)$和阈值$\theta$的问题。

人工神经网络算法的基本思想：逐步将训练集中的样本输入到网络中，根据人工神经网络的输出结果和理想输出之间的差别来调整网络中的权重值。训练的目标是构建的人工神经网络的输出和实际输出越接近越好，训练完成后，测试数据或者真实环境的输入能通过训练好的网络预测出合适的输出结果。

10.3 BP 神经网络

BP 神经网络是一种按照误差反向传播算法训练的多层前馈神经网络，其基本思想是梯度下降法，是应用最广泛的神经网络模型之一。

10.3.1 BP 神经网络的模型

BP 神经网络的本质是多层感知器，其拓扑结构和多层感知器的拓扑结构相同。该神经网络是由输入层、隐藏层和输出层组成。典型的三层 BP 神经网络模型如图 10–15 所示。BP 神经网络采用非线性变换函数 Sigmoid 作为激活函数。Sigmoid 函数的特点是函数及其导数都是连续的，在处理上十分方便。

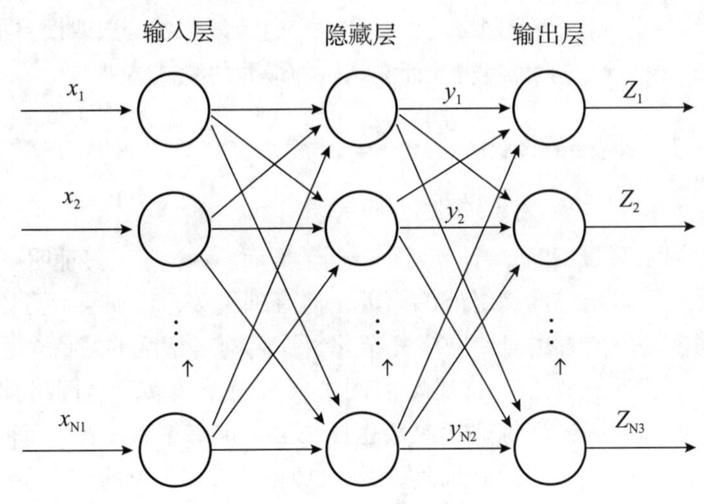

图 10–15　三层 BP 神经网络模型

10.3.2 BP 神经网络的学习算法

BP 神经网络的学习算法基于 BP 算法，其学习原理是：基于适当定义的误差函数，利用梯度下降算法在网络中调整权重和阈值等参数，使得网络实际输出值和期望输出的误差达到最小。该算法包括信号的前向传播和误差的反向传播两个过程，这两个过程反复进行，直到误差小于一定阈值（预测准确率达到一定值）或者循环迭代达到一定的次数。信号的前向传播和误差的反向传播过程的具体内容如下：

（1）信号正向传播。输入样本信号从输入层经各个隐藏层逐层处理传向输出层。网络输出层的实际输出与期望输出误差较大时，转向误差的反向传播。

（2）误差反向传播。将误差通过隐藏层向输入层逐层反向传播，并将误差分摊给各层的所有单元，从而获得各层单元的误差信号，以此为依据采用梯度下降算法调整个单元权值。

BP 神经网络的具体流程如下：

（1）初始化神经网络，初始化每个神经元的ω和θ，通常采用随机值赋值。

（2）输入训练集，对于集合中的每个样本，将输入信号输入到神经网络的输入层，经过隐藏层到达输出层，进行一次从输入到输出的正向传播，得到输出层各个神经元的输出值。

（3）将网络输出与期望输出对比，计算误差，求出输出层的误差。

（4）通过从输出层到输入层的反向传播算法，向后求出每一层每个神经元的误差。

（5）基于误差采用梯度下降方法调节权值，通过误差更新每个神经元的 ω 和 θ，以此更新网络使误差最小。

重复以上第二步至第五步的过程，直到算法达到结束条件。

通常上述 BP 神经网络训练过程停止的条件为：

（1）网络误差小于某个指定的阈值。

（2）预测正确率大于某个阈值。

（3）超过预先指定的循环迭代次数。

如果网络的收敛不明显，也不知道当前网络是否已经达到最优的状态，可以采用交叉验证判断是否停止迭代。具体做法是：将数据集分为 3 个独立的数据集（训练集、测试集、验证集），如：分别为原始样本的 70%、15%、15%。采用训练集训练神经网络，迭代到一定次数后，用测试集去测试当前网络的误差和。经过反复测试，选取误差最小的那个网络作为最终的网络，最后通过验证集去验证测试，即最后的测试结果。

10.3.3 BP 神经网络的设计

1. 网络结构

网络结构是指网络层数和隐层神经元个数两个方面。理论上已经证明一个包含 Sigmoid 激活函数和一个线性输出层的网络能够逼近任何有理函数，增加层数可以进一步降低误差，提高预测精度，但同时也会使网络复杂化。提高网络精度的另一个途径是采用一个隐层，增加隐层神经元的个数，这比增加网络层数简单很多。当网络神经元个数太少时，网络不能很好地学习，训练迭代次数也比较多，训练精度不高；而神经元数目太多时，网络功能更强大，精度也更高，训练迭代次数也比较多，可能会出现过拟合问题。神经网络隐层神经元个数选取的原则是在解决问题的前提下，添加一两个神经元，以加快学习的速度。

2. 初始化网络的设置

一般初始值设置为 -1~1 之间的随机数。另一个需要设置的参数是学习率，学习率设置太低，会使收敛速度降低，网络训练时间较长；而学习率太高，可能导致系统的不稳定，学习率一般选取 0.01 ~ 0.8。在比较复杂的网络中可以采用自适应学习率，使网络在不同阶段设置不同大小的学习率。

3. 误差的选取

BP 神经网络中采用误差调整网络的参数，误差的计算经常采用数学中的损失函数来表示。通过采用不同的损失函数对网络进行训练，最后综合预测正确率和训练时间等因素确定损失函数。常见的损失函数有以下几种：

（1）平均绝对误差。

$$Loss = \frac{1}{n}\sum_{i=1}^{n}\left|f_i - y_i\right| \tag{10.8}$$

平均绝对误差（Mean Absolute Error，MSE）直观地表达网络输出结果和真实结果之间的偏差，因此可以将 MSE 作为损失函数。

（2）均方误差。

$$Loss = \frac{1}{n}\sum_{i=1}^{n}(f_i - y_i)^2 \tag{10.9}$$

均方误差（Mean Squared Error，MSE）能更好地评价数据的变化程度。

4. BP 神经网络的优缺点

BP 神经网络在理论上和性能上都已经比较成熟，具有出色的非线性映射能力、泛化能力和容错能力。但是，BP 神经网络有时会存在如下问题：

（1）学习速度慢，训练时间长，即使一个简单的问题也需要几百甚至上千次的学习。

（2）网络结构的优化没有相应的理论指导。

（3）容易陷入局部最小值。

已经有很多学者针对如何加快网络的学习速率和避免陷入局部极小值展开研究，并提出改进措施。

10.4 人工神经网络的实现方法

人工神经网络已经广泛应用于分类和回归中。目前有很多实现人工智能算法的工具，如 Tensorflow、Sklearn 等。接下来，我们以 Sklearn 为例介绍一下人工神经网络的实现方法。

10.4.1 MLPClassifier 介绍

通过 sklearn.neural_network 中 MLPClassifier 实现多层感知器算法，该算法用后向传播算法进行训练。使用以前，首先通过以下语句导入：

```
from sklearn.neural_network import MLPClassifie
```

1. MLPClassifier 函数常用参数

- hidden_layer_size：设置隐藏层神经元的个数，是一个元组类型的数据。默认表达为 hidden_layer_sizes=(100,)，表示包含一个隐藏层，隐藏层包含 100 个神经元的网络。
- activation：设置隐藏层的激活函数类型。取值可以是 {'identity', 'logistic', 'tanh', 'relu'}，默认值是 relu。
- solver：设置权重优化方法，取值可以是 {'lbfgs', 'sgd', 'adam'}，默认值为 adam。其中，lbfgs 是拟牛顿方法家族中的一个优化器；sgd 指随机梯度下降方法；adam 指由 Kingma、Diederik 和 Jimmy Ba 提出的基于随机梯度的优化器。默认优化器 adam 适合较大的数据集；lbfgs 适用于小数据集，收敛速度更快，性能更好。
- alpha：浮点型参数，默认值为 0.0001。L2 惩罚正则化参数，可以预防过拟合。
- learning_rate：权重更新的学习率方法，取值可以是 {'constant', 'invscaling', 'adaptive'}，默认值为 constant。该参数只有在 solver='sgd' 时进行设置。
- learning_rate_init：初始学习率，该参数控制更新权重的步长，默认值为 0.001。只在 solver='sgd' 或 'adam' 时使用。
- max_iter：表示最大循环次数，整型数据，默认值为 200。优化过程会一直循环直到算法收敛或者达到最大循环次数。对于随机优化器 sgn 和 adam，最大循环次数是由每个数据点被使用的次数决定的，而不是由梯度步数决定的。

2. MLPClassifier 常用的方法

（1）训练模型函数。采用训练数据 X,y 训练 MLP 分类模型，程序如下：

```
fit(X, y)
```

（2）预测相关函数。采用已经训练好的 MLP 分类模型预测测试数据 X 的类别，返回预测的类别，程序如下：

```
predict(X)
```

预测测试样本 X 属于每一类的概率估计，程序如下：

```
Predict_proba（X）
```

预测测试样本 X 属于每一类的概率估计的对数，程序如下：

```
predict_log_proba(X)
```

（3）评价函数。采用测试 X,y 评价 MLP 分类模型，返回平均正确率，程序如下：

```
score(X, y[, sample_weight])
```

（4）参数设置和获取函数。获取模型参数，程序如下：

```
get_params([deep])
```

设置模型参数，程序如下：

```
set_params(**params)
```

10.4.2 MLPClassifier 案例

接下来，我们以模拟数据集为例，来看一下 MLP 分类器的实现过程。

1. 生成数据

为了测试 MLP 的性能，我们采用 Scikit-learn 内置的三种不同方式生成不同特点的数据。代码如下：

```
from sklearn.datasets import make_blobs
from sklearn.datasets import make_classification
from sklearn.datasets import make_moons,make_circles
import numpy as np
data, target = make_blobs(n_samples=600, centers =3,random_state=100)
linear_data_class3 = (data, target)
X, y = make_classification(n_features=2, n_redundant=0, n_informative=2,
              random_state=0, n_clusters_per_class=1)
rng = np.random.RandomState(2)
X += 2 * rng.uniform(size=X.shape)
linearly_separable = (X, y)
datasets = [make_moons(noise=0.3, random_state=0),
        make_circles(noise=0.2, factor=0.5, random_state=1),
        linearly_separable,linear_data_class3]
```

本程序分别采用 make_moons、make_classification、make_blobs 和 make_circles 分别生成了四个不同特点的数据集。前两个数据集属于非线性数据集，数据分别有两个类别。最后两个属于线性数据集，前者是包含噪声的两类数据集，后者是没有添加噪声的三类数据集。为了直观了解数据特点，将数据显示出来，代码如下：

```
import matplotlib.pyplot as plt
%matplotlib inline
i = 1
for Data, target in datasets:
  Data = StandardScaler().fit_transform(Data)
  plt.figure(figsize=(10,10))
  plt.subplot(2,2,i)
  plt.scatter(Data[:,0], Data[:,1], c=target)
  plt.show()
  i=i+1
```

程序运行结果如图 10-16 所示。

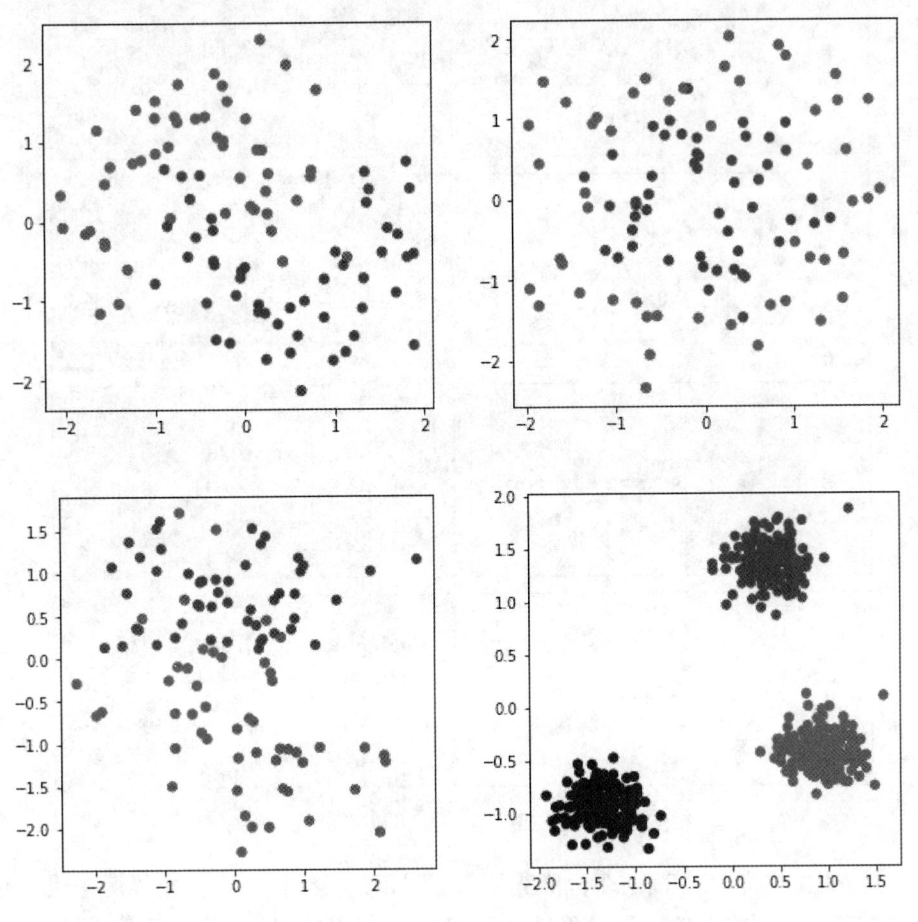

图 10-16 数据集

2. 使用 MLPClassifier 对模拟数据进行建模

下面采用 MLPClassifier 对上面生成的模拟分类数据进行建模。实现的程序代码如下：

```
from sklearn.model_selection import train_test_split
# 导入分类器的函数 MLPClassifier
from sklearn.neural_network import MLPClassifier
i = 1
for data, target in datasets:
    X_train,X_test,y_train,y_test=train_test_split(data,target,test_size = 0.3,random_state = 0)
    # 用 MLPClassifier 方法生成初始化模型
    mlp = MLPClassifier()
    # 基于训练数据 t 对模型进行训练
    mlp.fit(X_train, y_train)
    i =  i + 1
```

程序采用默认的参数进行建模，生成了一个包含一个隐藏层和 100 个隐节点的神经网络，激活函数为 relu 。生成的 MLP 分类器的分界面如图 10-17 所示。

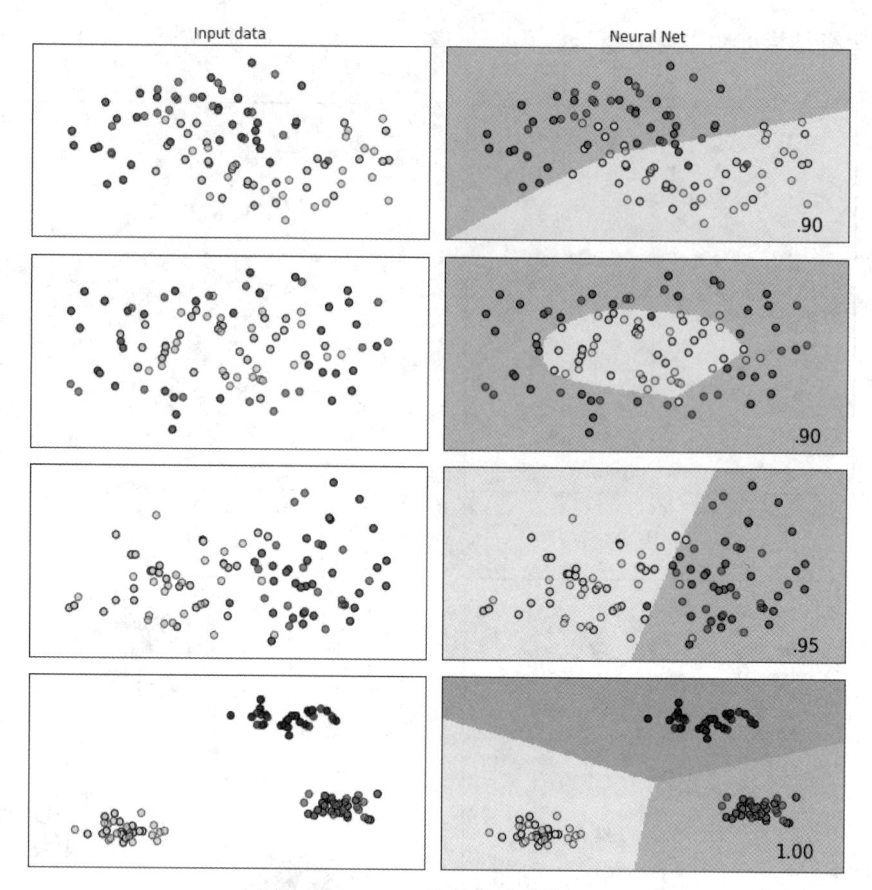

图 10-17 MLP 分类器的分类界面

从分类界面可以看出，前两个分类界面是非线性的，后面两个分类界面是线性的。

为了进一步提高模型的预测准确性，我们对神经网络的隐藏层个数、激活函数类型、正则化参数进行调整。

（1）设置隐藏层个数。除了默认模型参数，也可以调整参数的设置，例如生成一个包含 1 个隐藏层、5 个隐节点的网络初始化语句为：

```
clf = MLPClassifier(hidden_layer_sizes=(5, ))
```

生成两个隐藏层，第一个隐藏层有 3 个节点、第二个隐藏层有 2 个节点的网络初始化语句为：

```
clf = MLPClassifier(hidden_layer_sizes=(3, 2))
```

（2）激活函数的设置。默认的激活函数是 relu，也可以采用其他类型的激活函数。例如，生成激活函数为 logistic 函数的网络初始化语句如下：

```
clf = MLPClassifier(,activation= ' logistic')
```

当激活函数不同时，分类界面也有很大不同，因此性能也就会不一样。激活函数是 identity 时，基本上是线性分类器；当激活函数是 logistic、tanh 或 relu 时，分类器的分界面相对比较平滑。图 10-18 显示了对于上面四组数据，采用不同激活函数的分类界面。从图中可以看出，对于上面四组实验数据同一组数据集中采用激活函数 tanh 和 relu 的正确率普遍高于另外两类激活函数，其中对于非线性数据集 2 和含噪声的数据集 3 尤其明显。

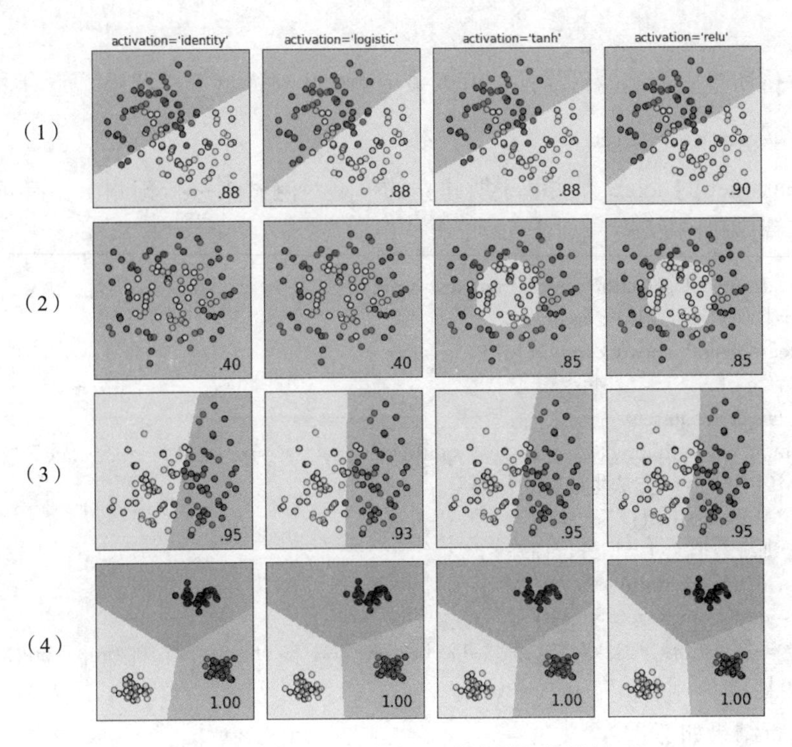

图 10-18 不同激活函数 MLP 分类器的分类界面

（3）设置正则化参数 alpha。调整参数 alpha 可以约束权重的尺寸从而避免过拟合。增加 alpha 值，会产生较小的权重，避免过拟合，产生曲率较小的决策平面。同样，减小 alpha 会产生较大的权重，能产生较大偏差，这是过拟合的迹象，这可能导致较复杂的决策平面。图 10-19 中显示设置的 alpha 值分别为 0.001、0.01、0.1、1、10 时不同特征数据集的分界面及正确率，从图中可以看出 alpha 值对非线性数据的分类结果的影响比较显著。

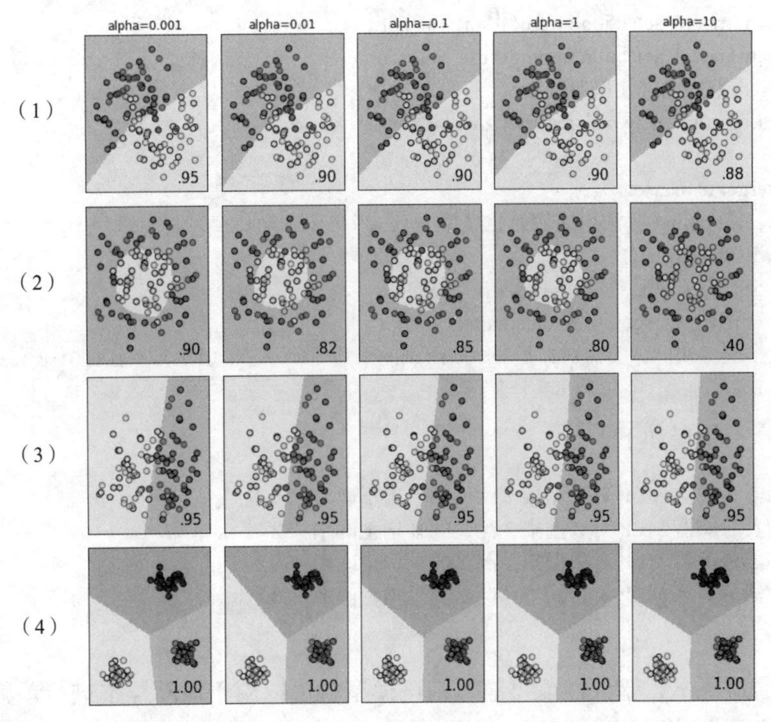

图 10-19 不同 alpha 值的 MLP 分类器界面

3. 模型评价

为了评价所建立模型的可靠性，可以采用测试集对模型进行评价。语句如下：

```
clf.score(test_data,test_target)
```

MLPClassifier 的 score 方法基于所建立的模型对测试集进行预测，并返回预测的正确率。实现的程序代码如下：

```
from sklearn.model_selection import train_test_split
# 导入分类器的函数 MLPClassifier
from sklearn.neural_network import MLPClassifier
i = 1
for data, target in datasets:
    X_train,X_test,y_train,y_test=train_test_split(data,target,test_size = 0.3,random_state = 0)
    # 用 MLPClassifier 方法生成初始化模型
    mlp = MLPClassifier()
    # 基于训练数据 t 对模型进行训练
    mlp.fit(X_train, y_train)
    score = mlp.score(X_test, y_test)
    print(" 多层感知器分类器对数据集 %d 测试的正确率：%.0f %%"%(i,100*mlp.score(X_test,y_test)))
    i = i + 1
```

程序运行结果如下：

```
多层感知器分类器对数据集 1 测试的正确率：90 %
多层感知器分类器对数据集 2 测试的正确率：90 %
多层感知器分类器对数据集 3 测试的正确率：95 %
多层感知器分类器对数据集 4 测试的正确率：100 %
```

从运行结果可以看出，MLP 对线性数据分类正确率较高。

上面程序是对样本一次划分得到的测试结果，为了提高测试的可靠性，可以采用交叉验证的方法进行测试。实现代码如下：

```
from sklearn.model_selection import train_test_split
from sklearn.model_selection import cross_val_score
# 导入分类器的函数 MLPClassifier
from sklearn.neural_network import MLPClassifier
i = 1
for data, target in datasets:
    # 用 MLPClassifier 方法生成初始化模型
    mlp = MLPClassifier()
    # 采用 5 折交叉验证对模型进行测试
    scores = cross_val_score(mlp,data,target,cv=5)
    print(" 多层感知器分类器对数据集 %d 测试的平均正确率：%.0f %%"%(i,100*scores.mean()))
    i = i + 1
```

程序的运行结果如下：

```
多层感知器分类器 MLP 对数据集 1 测试的平均正确率：86 %
多层感知器分类器 MLP 对数据集 2 测试的平均正确率：82 %
多层感知器分类器 MLP 对数据集 3 测试的平均正确率：88 %
多层感知器分类器 MLP 对数据集 4 测试的平均正确率：100 %
```

4. 模型的预测

当模型通过测试，验证性能可靠，则该模型就可以用于对新样本进行预测了。每个数据集随机生成 10 个样本进行预测，预测程序如下：

```
import random
import numpy as np
n = 1
for data, target in datasets:
    X_train,X_test,y_train,y_test=train_test_split(data,target,test_size = 0.3,random_state = 0)
# 用 MLPClassifier 方法生成初始化模型
    mlp = MLPClassifier()
# 基于训练数据 t 对模型进行训练
    mlp.fit(X_train, y_train)
    x_min, x_max = X_train[:, 0].min() - 1, X_train[:, 0].max() + 1
    y_min, y_max = X_train[:, 1].min() - 1, X_train[:, 1].max() + 1
    for i in range(10):
        new_sample = [[random.uniform(x_min,x_max), random.uniform(y_min,y_max)]]
        class_predict = mlp.predict(new_sample)
        print(" 数据集 {} 样本 {} 属于 {} 类 ".format(n,new_sample,class_predict))
    n += 1
```

程序随机生成 10 个样本，并采用 predict 函数进行预测。因为样本较多，鉴于篇幅有限，运行结果详见资源文件 10-1。

因为样本是随机生成的，所以每次生成样本也会不同。将预测样本显示在分类器界面中，类似图 10-20 所示，其中星为测试样本，填充颜色标识类别，从图中可以看出这些样本预测结果完全正确。

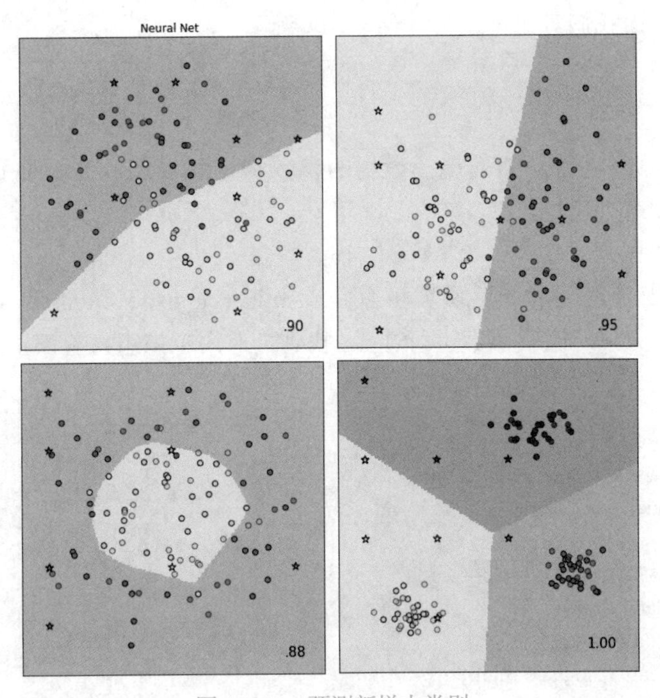

图 10-20 预测新样本类别

10.5 人工神经网络算法实战——人脸识别

本节采用多层神经网络算法进行人脸识别。数据集采用 7.5 节介绍的人脸数据集——Olivetti。

10.5.1 导入数据集并进行数据集划分

读入及显示人脸数据

采用 sklearn.datasets 中的 fetch_olivetti_faces 函数从 AT&T 下载 Olivetti 数据集并读取该数据。然后对该人脸数据集进行划分，70% 的样本作为训练集，30% 样本作为测试集。训练集和对应类别分别保存在 X_train 和 y_train，测试集和对应类别分别保存在 X_test 和 y_test。训练集对 MLP 模型进行训练，测试集对 MLP 模型进行测试，程序实现代码如下：

```
from sklearn.model_selection import train_test_split
from sklearn.neural_network import MLPClassifier
from sklearn.datasets import fetch_olivetti_faces
face_data,face_id= fetch_olivetti_faces(return_X_y=True)
# 将样本划分为训练集和测试集，其中训练集占 70%，测试集占 30%
X_train, X_test, y_train, y_test = train_test_split(face_data, face_id, test_size=0.3, random_state=0)
mlp = MLPClassifier()
mlp.fit(X_train, y_train)
y_pred = mlp.predict(X_test)
print(" 采用 MLP 进行人脸识别，分类正确率：%.0f %%"%(100*mlp.score(X_test,y_test)))
```

程序运行结果如下：

```
采用 MLP 进行人脸识别，分类正确率为：72 %
```

从运行结果可以看出采用默认的 MLP 算法得到的正确率远远低于第 7 章采用 SVM 得到的正确率，下面我们对模型进行优化。

10.5.2 优化 MLP 分类器模型

划分样本，训练并测试 MLP 分类器

MLP 模型有很多参数，如何选择最优的参数来构建模型呢？下面我们从激活函数、网络结构几个方面进行建模。

1. 激活函数的优化

MLP 模型中，神经元的激活函数可以是 identity、logistic、tanh 和 relu。接下来我们就采用交叉验证的方法对激活函数进行选择，找到最适用于该组人脸识别问题的激活函数。程序代码如下：

```
from sklearn.neural_network import MLPClassifier
from sklearn.datasets import fetch_olivetti_faces
from sklearn.model_selection import cross_val_score
import time
olivet_face_datasets= fetch_olivetti_faces()
X=olivet_face_datasets.data
y=olivet_face_datasets.target
active_fun = ['identity','logistic','tanh','relu']
print("%30s%15s%17s"%("Activation function","Accuracy","runtime(s)"))
for af in active_fun:
    mlp = MLPClassifier(activation=af)
    start_time = time.time()
    scores = cross_val_score(mlp,X,y,cv=5)
    end_time = time.time()
    run_time = end_time - start_time
    print("%30s   %10.2f%%     %10.2f "%(af,(100*scores.mean()),run_time))
```

程序运行结果如图 10-21 所示。

Activation function	Accuracy	runtime(s)
identity	95.50%	14.83
logistic	96.25%	15.29
tanh	93.75%	15.52
relu	64.00%	15.28

图 10-21 激活函数的优化

从程序运行结果可以看出，当采用 logistic 激活函数进行人脸识别时分类正确率为 96.25%，在几个激活函数中正确率最高；identity 激活函数正确率为 95.5%，仅次于 logistic 激活函数，但是其运行时间在四个激活函数里是最短的，所以效率最高。因此对该组数据进行建模时如果考虑准确率可以选择 logistic 函数，如果考虑效率可以选择 identity 激活函数。优化后的模型性能显著提高。

2. 单隐藏层 MLP 网络隐藏节点个数的优化

MLP 包含不同个数的隐藏层，每个隐藏层包含不同数目的隐藏节点，从而构成了不同结构的多层神经网络。对于网络结构的优化比较复杂，下面我们采用交叉验证法，对包含不同隐藏节点的单隐藏层网络进行模型测试，以找出最优的隐藏节点个数。上面已经选择出两个最优的激活函数，下面分别对这两个激活函数进行网络结构的优化，程序如下：

```
from sklearn.neural_network import MLPClassifier
from sklearn.datasets import fetch_olivetti_faces
from sklearn.model_selection import cross_val_score
import matplotlib.pyplot as plt
face_data,face_id = fetch_olivetti_faces(return_X_y=True)
test_score = []
active_fun = ['identity','logistic']
times_all =[]
print("%30s%30s%15s%17s"%("Activation function","The number of hidden nodes", "Accuracy",
"runtime(s)"))
for af in active_fun:
    test_score1 = []
    run_time_highest = []
    num_node = []
    for i in range(5,101,5):
        mlp = MLPClassifier(activation=af,hidden_layer_sizes=(i,))
        start_time = time.time()
        scores = cross_val_score(mlp,face_data,face_id,cv=5)
        end_time = time.time()
        run_time = end_time - start_time
        run_time_highest.append(run_time)
        times_all.append(run_time_highest)
        test_score1.append(scores.mean())
        test_score.append(test_score1)
    print("%30s   %15d     %20.2f%%      %11.2f"%(af,(5 * (1+test_score1.index(max(test_score1)))),(100*
max(test_score1)),run_time_highest[test_score1.index(max(test_score1))]))
    plt.plot(range(5,101,5),test_score1,label=af)
plt.legend()
plt.title(" 包含一个隐藏层的 MLPClassifier 分类正确率 ")
plt.xlabel(" 隐藏节点个数 ")
plt.ylabel(" 分类正确率 ")
```

程序运行结果如图 10–22 所示。

Activation function	The number of hidden nodes	Accuracy	runtime(s)
identity	70	96.00%	11.87
logistic	95	96.50%	14.88

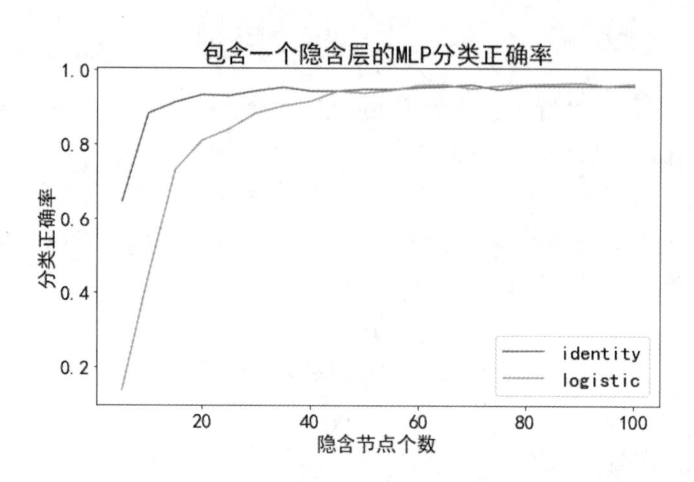

图 10–22 不同个数的隐藏节点的单隐藏层 MLP 人脸识别正确率

从运行结果可以看出。采用 identity 激活函数、70 个隐藏节点可以取得 96% 的正确率，运行时间为 11.87 秒；其结果高于上小节采用默认 100 个隐藏节点、identity 函数的 MLP 模型的正确率 95.5%，而且速度更快；同样，采用 logistic 激活函数、95 个隐藏节点可以取得 96.5% 的正确率，运行时间为 14.88 秒；其结果高于上小节采用默认 100 个隐藏节点，logistic 激活函数的 MLP 模型的正确率 96.25%，而且速度更快；由此可见，通过优化模型正确率和效率都得到了提高。

从运行结果的曲线图可以看出：随着隐藏节点的个数增加，两类模型正确率大致呈上升趋势，当隐藏节点数目大于一定值时，正确率趋于稳定。在隐藏节点个数比较少时，采用 identity 激活函数的 MLP 模型优于同数目隐藏节点采用 logistic 激活函数的 MLP 模型，隐藏节点较大时，两者差别不是太大。

3. 正则化参数的优化

除了通过调整每层节点的个数，优化分类器性能以外，正则化参数也影响着分类器的性能。下面研究不同 alpha 参数的 MLP 的分类结果性能，程序如下：

```
from sklearn.neural_network import MLPClassifier
from sklearn.datasets import fetch_olivetti_faces
from sklearn.model_selection import cross_val_score
import matplotlib.pyplot as plt
import time
face_data,face_id = fetch_olivetti_faces(return_X_y=True)
test_score = []
active_fun = ['identity','logistic']
times_all =[]
al = []
print("%30s%15s%15s%17s"%("Activation function","alpha","Accuracy","runtime(s)"))
for af in active_fun:
    test_score1 = []
    run_time_highest = []
```

```
        al = []
        for i in range(1,100):
            al.append(i/1000)
            if af == 'identity':
                mlp = MLPClassifier(activation=af,alpha=i/1000,hidden_layer_sizes=(70,))
            else:
                mlp = MLPClassifier(activation=af,alpha=i/1000,hidden_layer_sizes=(95,))
            start_time = time.time()
            scores = cross_val_score(mlp,face_data,face_id,cv=5)
            end_time = time.time()
            run_time = end_time - start_time
            run_time_highest.append(run_time)
            times_all.append(run_time_highest)
            test_score1.append(scores.mean())
            test_score.append(test_score1)
        print("%30s   %15f     %20.2f%%     %11.2f"%(af,(al[test_score1.index(max(test_score1))]), (100*max(test_score1)),run_time_highest[test_score1.index(max(test_score1))]))
        plt.plot(al,test_score1,label=af)
    plt.legend()
    plt.title(" 不同 Alpha 值的 MLPClassifier 分类正确率 ")
    plt.xlabel("alpha")
    plt.ylabel(" 分类正确率 ")
```

程序运行结果如图 10–23 所示。

Activation function	alpha	Accuracy	runtime(s)
identity	0.084000	96.75%	11.70
logistic	0.076000	97.25%	14.83

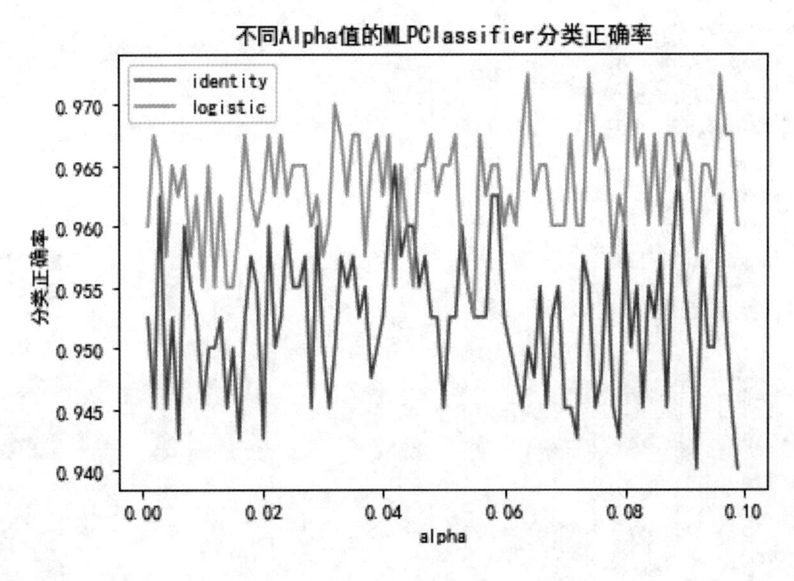

图 10–23 不同 alpha 的 MLP 正确率

从程序运行结果可以看出，通过对模型 alpha 的进一步优化，identity 激活函数的正确率由 96% 提高到 96.75%，运行时间也从 11.87 秒减少到 11.7 秒，节约 0.17 秒；logistic 激活函数的正确率由 96.5% 提高到 97.25%，运行时间也从 14.88 秒减少到 11.83 秒。由此可见，通过 alpha 的进一步优化模型的正确率和效率都得到了提高，没有明显规律。

通过上面对 MLP 算法隐藏节点个数、激活函数、正则化参数 alpha 的优化，我们得到应用于人脸识别最优的模型参数是激活函数为 identity，包含一个隐藏层，隐藏层节点的个数是 95 个，alpha 值是 0.076，优化模型相对于最初的模型，正确率从 74% 提高到 97.25%，正确率和效率大大提高，优化模型的正确率已经超过了第 7 章 SVM 的正确率。接下来，我们采用该优化模型对人脸数据进行预测。

10.5.3 MLP 分类器模型预测

为了直观了解分类器的预测情况，对测试图像和预测结果进行显示，程序代码如下：

```
import matplotlib.pyplot as plt
import random
from sklearn.datasets import fetch_olivetti_faces
from sklearn.neural_network import MLPClassifier
image_shape = (64, 64)
plt.figure(figsize=(20,5))
faces = fetch_olivetti_faces()
face_data = faces.data
face_id = faces.target
mlp_classifier = MLPClassifier(activation='identity',hidden_layer_sizes=(95,),alpha=0.076)
mlp_classifier.fit(face_data,face_id)
for i in range(0,10):
  j = random.randint(0,9)
  face_id = 10 * i + j
  true_face = faces.images[face_id,:,:]
  predict_id = mlp_classifier.predict(true_face.reshape(1,-1))
  predict_face = faces.images[10 * predict_id]
  sub = plt.subplot(2, 10, i+1)
  sub.axis("off")
  sub.imshow(true_face.reshape(64,64),
        cmap=plt.cm.gray,
        interpolation="nearest")
  sub = plt.subplot(2, 10, 10+ i + 1)
  sub.axis("off")
  sub.imshow(predict_face.reshape(64,64),
        cmap=plt.cm.gray,
        interpolation="nearest")
```

程序运行结果如图 10–24 所示。

图 10–24 MLP 模型预测结果

运行结果中第一行为测试图像，第二行为预测结果对于类别所代表的图像，从运行结果可以看出通过优化的 MLP 模型在人脸识别中对于不同拍摄角度、不同表情、戴不戴眼镜都可以准确识别。

本章小结

本章介绍了人工神经网络和深度学习算法的发展历史、基础原理、BP 神经网络以及在分类问题中的实现和应用。主要包括以下几个部分：

（1）人工神经网络和深度学习发展历程。介绍人工神经网络从最初的单个神经元模型到当今的主流算法——深度学习的艰辛发展历程。

（2）人工神经网络的原理。介绍了人工神经元模型、人工神经网络的结构和学习方法。

（3）BP 神经网络。介绍了 BP 神经网络的拓扑结构、激活函数、学习算法和训练 BP 神经网络的具体流程。

（4）Sklearn 中人工神经网络的实现。介绍了多层神经网络 MLPClassifier 的主要参数、方法和模型应用方法。

（5）MLP 在人脸识别中的应用案例。以剑桥大学 AT&T 实验室拍摄的人脸图像——Olivetti 人脸数据集为例，介绍了采用 MLP 实现人脸识别的各个环节以及模型关键参数的选择与优化的方法。

练　习

一 . 选择题

1. BP 算法属于（　　）算法。

A. 监督学习　　　　B. 非监督学习

C. 半监督学习　　　　D. 强化学习

二、填空题

1. 人工神经网络常用的激活函数有________、________、________和________。

2. 一个典型的人工神经网络通常包括________、________和________。

3. 常见的人工神经网络拓扑结构有________、________、________、________、________等。

三、设计题

采用 MLP 模型对 Sklearn 数据集中的乳腺癌数据进行建模、优化和预测，并评价模型的正确率和效率。

第 11 章　数据可视化

本章导读

数据可视化主要旨在借助于图形化手段，清晰有效地传达与沟通信息。本章主要介绍数据可视化的概念及分类、可视化的主要工具、图表绘制流程及方法。图表绘制是本章的重点，主要讲授简单图表，如折线图、曲线图、散点图、饼图等，以及复杂图表等的绘制方法。读者应在理解相关概念的基础上重点掌握使用 Matplotlib 库绘制图表的方法和使用该库进行图表元素的设置。

本章要点

- 数据可视化的概念
- 数据可视化的工具
- 图表元素和图表绘制流程
- 使用 Matplotlib 库绘制图表

11.1　数据可视化的概念及分类

有人说一张图包含的信息可能超过一千个文字，如果用图形的方式将数据中包含的信息清晰地呈现出来，将大大缩减人们理解与分析繁杂数据的时间，提高获取信息的效率。因此数据可视化是借助图形方式将数据展示出来的一种手段，它可以直观地传达数据中关键的信息与特征，实现对复杂数据集的深入洞察。数据可视化是机器学习中重要的组成部分，有助于人们深层解读数据、准确分析数据、清晰呈现数据。

数据可视化有众多展现方式，可以采用不同的依据来对数据可视化工具进行分类，具体包括：

1. 根据表现方式不同进行分类

按照数据可视化的表现方式不同可以将其分成两类，即静态图表可视化工具和动态图表可视化工具。

（1）静态图表可视化工具。静态图表可视化工具是将数据直接以静态方式呈现，与用户没有交互。它是基本的数据可视化样式，可以使用 Excel 等可视化工具生成。静态图表包括柱状图、散点图、饼图、盒形图、条形图、折线图等。

（2）动态图表可视化工具。动态图表可视化工具是以动态形式呈现数据，用户可以通过拖拽鼠标绘制个性化图表，图表内容可以随时改变。典型的动态可视化图表有 Tableau、Google Chart、IBM Many Eyes、Spotfire、Data-Driven Documents 等。如图 11-1 所示使用可视化工具 Tableau 可以生动地分析实际存在的任何结构化数据，利用便捷的拖拽式界面，可以对视图、布局、形状、颜色等进行设置，展现独特的数据视角，在几分钟内生成美观的图形。可以通过访问 Tableau 的官方网站（https://www.tableau.com/）进行数据可视化，也可以从网站下载软件进行可视化。

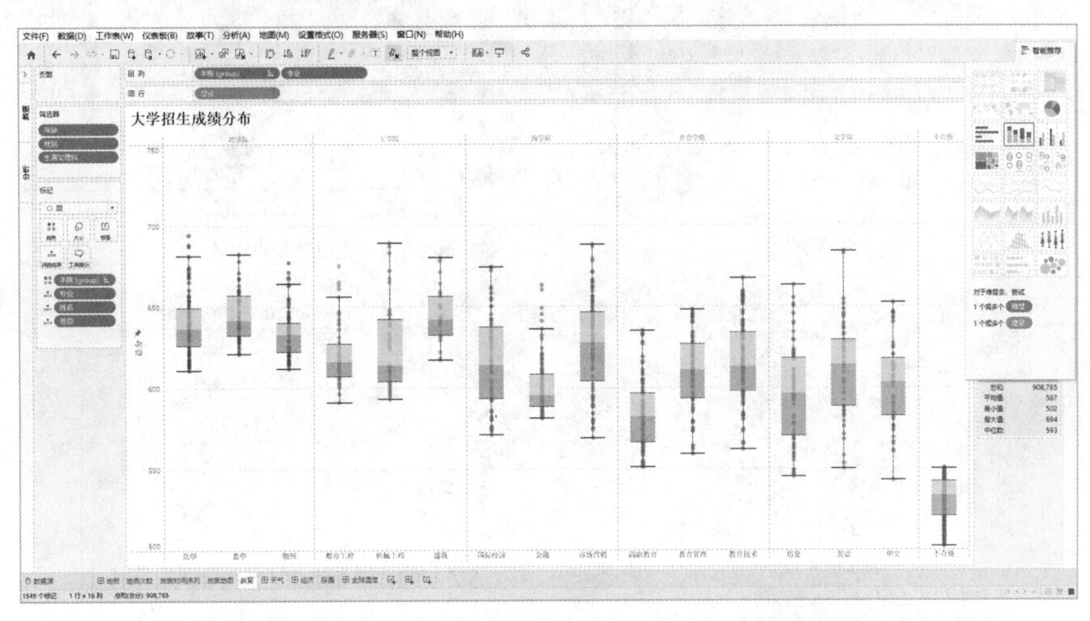

图 11-1 利用 Tableau 可视化工具以仪表盘的形式显示数据

2. 根据图表生成方式不同进行分类

根据图表生成方式不同，数据可视化工具可以分成两类——图形化界面可视化工具和编程类可视化工具。

（1）图形化界面可视化工具。该工具的优点是“所见即所得”，用户只需在界面中选定需要可视化的数据，然后选择图表类型，即可快速地进行数据可视化。但是其缺陷也很明显，由于图表样式已经设定好，因此大部分图表展示效果类似，很难做出个性化的图形。同时如果想要进行图形的多次修改，则每次都需要重复繁杂的步骤。

（2）编程类可视化工具。图形化界面的可视化工具仅需要通过简单拖拽就可以实现数据可视化，除此之外，如果想根据自己的需求绘制定制化的复杂图表，则需要使用编程工具实现数据可视化。主要的编程工具有 R、Python、Gephi 等，这些工具通过运行程序生成图表，如需要修改图表，只需修改代码的相应部分即可。例如：在 Python 中，Matplotlib 库是一个绘图综合库，用于创建静态、动画和交互式 2D 图形。用户只需编写几行代码就可以生成出版级的绘图，如图 11-2 所示就是使用该库绘制的图形。

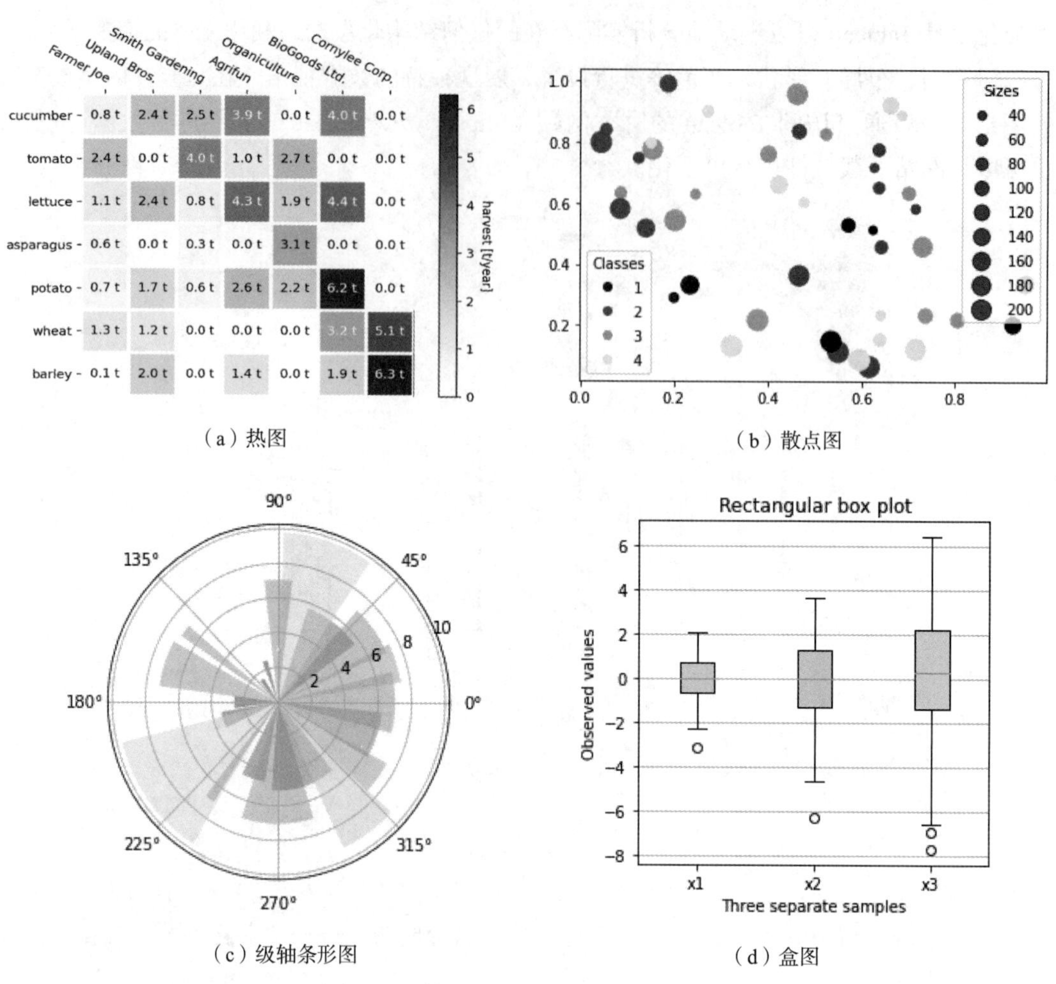

（a）热图

（b）散点图

（c）级轴条形图

（d）盒图

图 11–2 使用 Matplotlib 库绘制的图形

11.2 使用 Matplotlib 库进行图表的绘制

Matplotlib 库可以让使用者很轻松地将数据图形化，并且提供多样化的输出格式，该库中各种模块的使用方法可以在网站（https://matplotlib.org/）上进行查阅。Matplotlib 库可以完全控制图表中的每一个元素，例如线条样式、字体属性、轴属性等，该库中使用最多的模块是 Pyplot，我们可以采用以下代码导入该模块：

```
import matplotlib.pyplot as plt
```

11.2.1 图表的主要元素及绘制步骤

Matplotlib 库中的图表由两部分构成，画布（Figure）和子图（Axes），其各部分主要结构如图 11–3 所示。Figure 为绘图提供了画布区域，为图中粗实线所示区域，Axes 则包括了图表的组成元素，如坐标轴、标签、线和标记等，为图中细实线所示区域。Axis 为坐标轴对象，图中虚线框表示的部分。

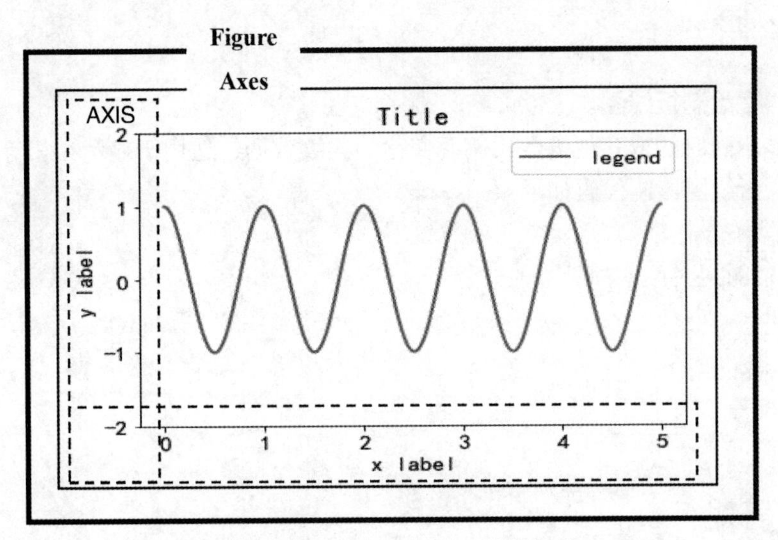

图 11-3 Matplotlib 库中图表的结构

图表中的主要元素包括：

（1）标题：title()。

（2）图例：legend()。

（3）X 轴标签和 Y 轴标签：xlabel、ylabel()。

（4）X 轴的上下限和 Y 轴的上下限：xlim、ylim()。

（5）网格线：grid()。

（6）水平线和垂直线：axhline()、axvline()。

（7）区间：axvspan()、axhspan()。

（8）注释：annotate()。

其主要分布如图 11-4 所示。

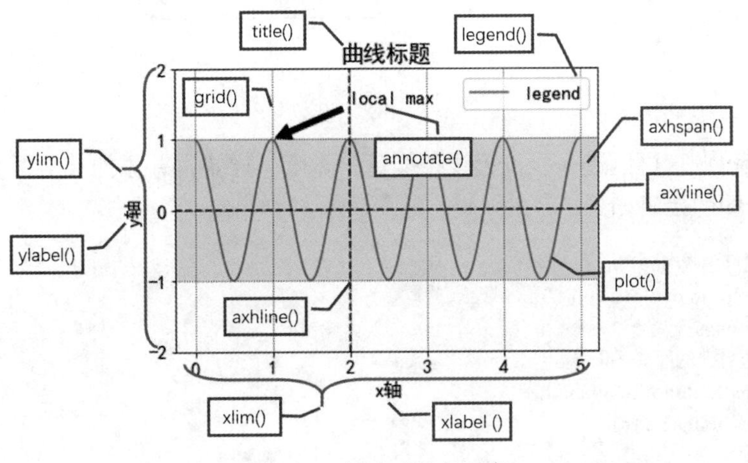

图 11-4 图表中的各元素

图表绘制的主要步骤如下：

（1）创建画布（Figure）。

（2）创建一个或者多个子图 / 坐标系（Axes）。

（3）设置各种元素，如标题（Title）、标签（Label）、图例（Legend）等。

（4）添加其他修饰性元素，如网格线（Grid）、注释（Annotate）等。

11.2.2 简单图表绘制

【例 11–1】绘制折线图。

折线图显示随时间或其他参数比例而变化的连续数据，适用于显示在相等时间间隔下数据的趋势。折线图绘制代码如下：

绘制折线图

```
# 导入绘图库
import matplotlib.pyplot as plt
plt.figure()
#x 和 y 轴坐标
x=[1,2,3,4,5,6]
y=[7,3,8,2,6,4]
# 绘图
plt.plot(x, y)
# 设置图表标题
plt.title(' 折线图 ')
# 设置 x 轴和 y 轴标题
plt.xlabel('x 轴 ')
plt.ylabel('y 轴 ')
# 输出图表
plt.show()
```

运行上述代码，生成简单的折线图如图 11–5 所示。

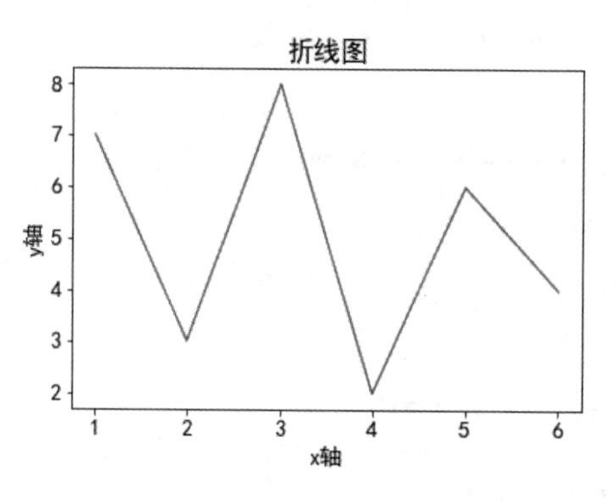

图 11–5　简单折线图

该图比较单调，可以进一步设置线条颜色、宽度、样式，并添加其他图表元素，生成更复杂的拆线图的代码如下：

```
# 导入绘图库和数据分析库
import matplotlib.pyplot as plt
import numpy as np
# 统一设置图表的字体和字号
plt.rcParams['font.family']=['simhei']
plt.rcParams['font.size']=15
# 绘制画布
color=[0.9,1,0.9]
plt.figure(figsize=(8,6),facecolor=color)
plt.figure(figsize=(4,3),facecolor=color)
# 设置两组数据点
x=[1,2,3,4,5,6]
y=[7,3,8,2,6,4]
# 绘制折线图
plt.plot(x, y,linestyle='--',color='b', linewidth=1.0,marker='o',label=' 图例 1')
# 设置图表标题和坐标轴标题
```

```
plt.title(' 折线图 ')
plt.xlabel('x 轴 ')
plt.ylabel('y 轴 ')
# 设置坐标轴的取值范围
plt.xlim(0,7)
plt.ylim(0,10)
# 设置 x 轴刻度
plt.xticks([0,2,4,6])
# 设置 y 轴刻度
s=np.linspace(0,9,10)
plt.yticks(s)
# 设置图例
plt.legend(loc='upper right')
# 设置水平和垂直的网格线
plt.grid( axis='x',linestyle='--',color='k', linewidth=1.0,alpha=0.3)
plt.grid( axis='y',linestyle='--',color='r', linewidth=1.0,alpha=0.3)
plt.axhline(y=2,c='g',ls='-',lw=2,alpha=0.4)
plt.axvline(x=3,c='g',ls='-',lw=2,alpha=0.4)
plt.axvspan(xmin=2, xmax=4, facecolor='y',alpha=0.2)
plt.annotate("maximum", xy=(2.9,8), xytext=(1,8), weight='bold',color='k',arrowprops=dict(arrowstyle='-
>',connectionstyle='arc3',color='k'))
# 将图表保存为图片
plt.savefig(" 折线图 .jpg")
plt.savefig(" 折线图 .pdf",dpi=72)
# 输出图表
plt.show()
```

结果如图 11–6 所示。

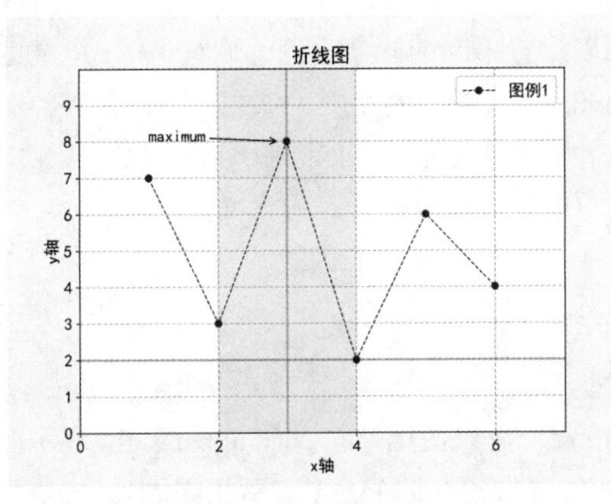

图 11–6 添加其他元素的折线图

上述代码主要包含以下几部分。

1. 设置统一格式

如果想统一设置图表中的元素样式，可以使用 Matplotlib 库中的对象 rcParams。但 Matplotlib 默认不支持中文显示，如果想实现在图中显示中文字符，可以使用 rcParams 对字体、字号等参数进行统一设置，其代码如下：

```
import matplotlib.pyplot as plt
plt.rcParams['font.family'] = ['simhei']
plt.rcParams['font.size'] = 20
plt.rcParams['axes.unicode_minus']=False
```

其中 rcParams 包含属性的具体含义如下：

- font.family：设置字体。在示例代码中 simhei 为黑体，也可以使用系统中的其他字体样式，只需要将系统 Fonts 文件夹中字体的名称代替示例代码中 simhei 即可。
- font.size：设置字号。
- axes.unicode_minus：设置坐标轴显示负号。

2. 绘制画布

figure 函数的格式及其参数含义如下：

```
figure(num=None, figsize=None, dpi=None, facecolor=None, edgecolor=None, frameon=True)
```

- num：图像编号或名称，数字为编号，字符串为名称。
- figsize：指定 figure 的宽和高，单位为英寸。
- dpi：指定绘图对象的分辨率，即每英寸多少个像素，默认值为 80。
- facecolor：背景颜色。
- edgecolor：边框颜色。
- frameon：是否显示边框。

3. 绘制折线图

plot 函数的格式及其参数含义如下：

```
plt.plot(x,y,*format)
```

- x：x 轴数据，列表或数组。
- y：y 轴数据，列表或数组。

其中 format 表示线条、点的样式，具体参数含义如下：

- 线型（linestyle）：可以设置为实线（－）、破折线（－－）、点划线（－.）等。
- 颜色（color）：可以设置不同的线条颜色，如红色（r）、黄色（y）、蓝色（b）等。
- 线的宽度（linewidth）：设置线的宽度，该数值可以是浮点型。
- 点（marker）：绘制数据点的样式，如圆圈（o）、星形（*）、菱形（d）等。
- 标签（label）：在图例中设置线条代表的含义。

4. 设置图例

legend 函数的格式及其参数含义如下：

```
plt.legend(loc='upper right')
```

- loc：设置图例的位置，可以使用字符，如 upper right 表示图例所在位置为右上角，也可以使用对应的位置编码，即 loc=1 表示相同的含义。

5. 设置网格线

grid 函数的格式及其参数含义如下：

```
plt.grid( axis='x',linestyle='--',color='k', linewidth=1.0,alpha=0.3)
```

- axis：设置网格线方向，'x' 为垂直于 x 轴，'y' 为垂直于 y 轴。
- linewidth：显示网格线的线条宽度。
- alpha：设置颜色的不同明度，1 为完全显示，0 为颜色不显示，0 到 1 区间内的小数值表示线条颜色显示的不透明度。

6. 设置参考线

axhline() 函数为绘制平行于 x 轴的水平参考线，axvline() 函数为绘制平行 y 轴的垂直参考线函数，这两个函数的格式及参数类似。以 axhline() 函数为例，其绘制格式如下：

```
plt.axhline(y=2,c='g',ls='-',lw=2,alpha=0.4)
```

该函数的具体参数含义为：

- y：水平参考线的出发点。
- c：参考线的线条颜色。
- ls：参考线的线条风格。
- lw：参考线的线条宽度。

7. 绘制参考区域

在绘制图像时，我们有时需要对某些区域加上背景色来突出显示，以便让图像更加美观。这时候就需要用到添加参考区域的命令，axvspan() 函数为垂直 x 轴的参考区间，axhspan() 函数为垂直 y 轴的参考区间，这两个函数的格式及参数类似，函数的格式及参数的具体含义如下：

```
plt.axvspan(xmin=2, xmax=4, facecolor='y',alpha=0.2)
```

- xmin：参考区域的起始位置。
- xmax：参考区域的终止位置。
- facecolor：参考区域填充的颜色。
- alpha：参考区域填充颜色的透明度。

8. 注释文字

可以使用两种方式为图表添加注释性文字，一种为带指向箭头的函数 annotate()，另一种为无指向箭头的函数 text()，函数的具体格式及其参数的含义如下：

```
plt.annotate(string,xy,xytext,weight,arrowprops)
```

- string：注释文字的内容。
- xy：被注释图表内容的位置坐标。
- xytext：注释文本的位置坐标。
- weight：注释文本的字体粗细风格。
- arrowprops：指示被注释内容的箭头的属性字典。

```
plt.text(x,y,string)
```

- x,y：注释文字内容所在的横、纵坐标。
- string：注释文字的内容。

【例 11-2】绘制曲线图。

绘制曲线图

曲线图和折线图的代码含义完全一样，只是曲线中数据点是连续变化的，因此使用光滑曲线表示该图表。具体代码及生成图（图 11-7）如下：

```
import matplotlib.pyplot as plt
import numpy as np
plt.rcParams['font.family']=['SimHei']
plt.rcParams['axes.unicode_minus']=False
x = np.linspace(0,4*np.pi, 200)
y = np.sin(x)
plt.plot(x, y)
plt.title(' 正弦曲线图 ')
plt.xlabel('x 轴 ')
plt.ylabel('y 轴 ')
plt.axhline(y=0,c='k',ls='--',lw=1)
plt.savefig(' 正弦曲线图 .jpg',dpi=72)
plt.show()
```

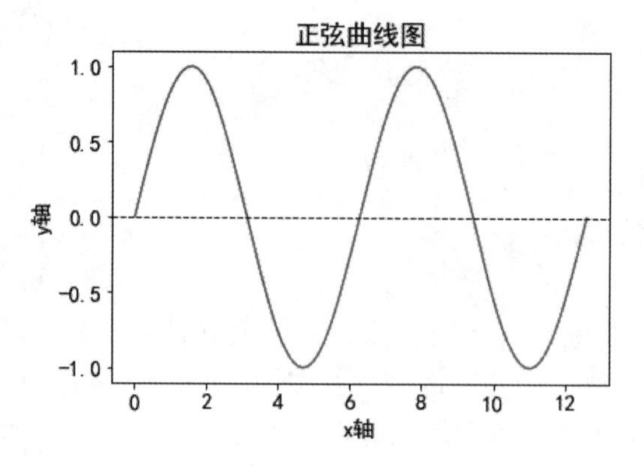

图 11-7 绘制曲线图

【例 11-3】绘制柱形图。

柱形图又称长条图、柱状图，是一种以长方形的长度为变量的统计图表。柱形图用来比较两个或以上的数据差异。柱形图一般纵向排列，也可以采用横向排列。具体实现的代码及生成图（图 11-8）如下：

```
import matplotlib.pyplot as plt
plt.rcParams['font.family']=['SimHei']
# 数据 data 是字典类型，将其关键字 names 作为 x 轴坐标
data = {'apple': 10, 'orange': 15, 'lemon': 5, 'lime': 20}
names = list(data.keys())
values = list(data.values())
# 绘制柱形图
plt.bar(names,values,label='fruits')
# 设置图例
plt.legend(loc='upper left')
# 设置 x 轴和 y 轴的标签
plt.xlabel(' 水果名称 ')
plt.ylabel(' 总重量 (kg)')
# 设置标题
plt.title(' 柱形图 ')
# 输出图表
plt.show()
```

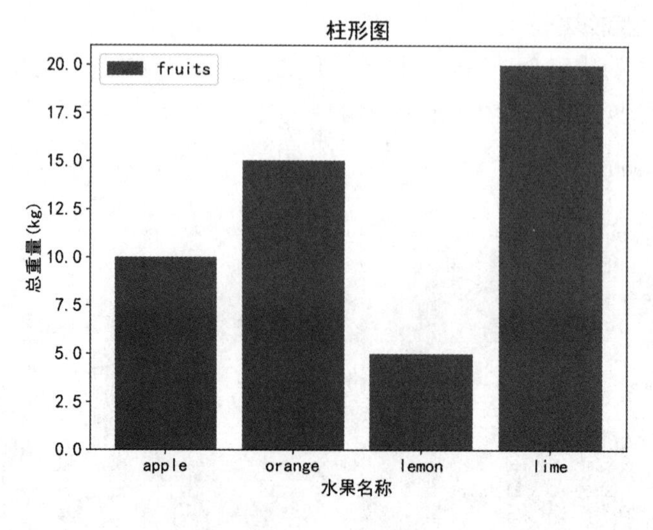

图 11-8 柱形图

【例 11-4】绘制直方图。

直方图是一种统计报告图，是展现连续型数据的概率分布估计。从可视化角度来看直方图和柱形图类似，但两种图形所展现数据的含义完全不同。直方图展示的是数据的分布，而柱形图是数据的大小。直方图柱子之间没有间隔，柱子宽度可以不一致，而柱形图柱子之间有间隔，柱子宽度必须一致。具体实现的代码及生成图（图 11-9）如下：

```
import numpy as np
import matplotlib.pyplot as plt
# 设置随机种子数
np.random.seed(1)
# 生成 10000 个服从正态分布的随机数
mu, sigma = 100, 15
x = mu + sigma * np.random.randn(10000)
# 对数据进行可视化显示，绘制直方图
plt.hist(x, 20, color='g')
plt.xlabel(' 身高 (cm)')
plt.ylabel(' 人数 ')
plt.title(' 儿童身高直方图 ')
plt.xlim(40, 160)
plt.ylim(0, 1800)
plt.grid(True)
plt.show()
```

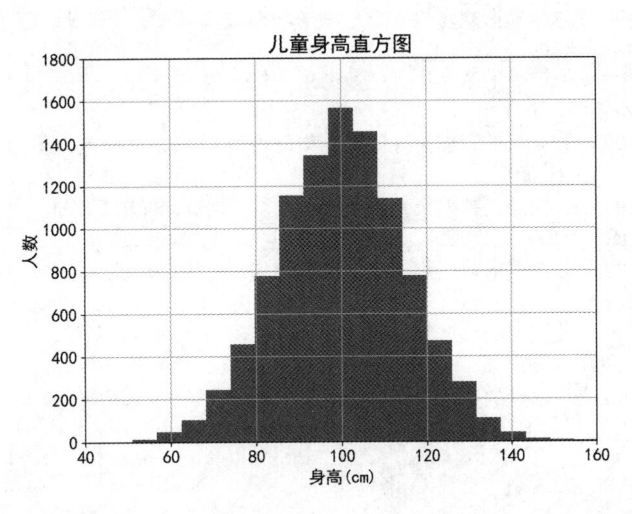

图 11-9　直方图

生成直方图的函数 hist() 的具体格式如下：

```
hist(x, bins=None, histtype='bar', align='mid', color=None, label=None)
```

其中参数含义为：

- x：n 维数组或序列。
- bins：如果其值为整数，则表示等宽柱子的个数；如果该值为序列，则表示每个柱子的边界。
- histtype：柱子的类型，默认为条形。
- align：对齐方式，包括左对齐、居中对齐、右对齐，默认为居中对齐。
- color：柱体的颜色。
- label：设置图例。

【例 11–5】绘制散点图。

散点图是指在回归分析中，数据点在直角坐标系平面上的分布图，散点图表示因变量随自变量而变化的大致趋势，通过考察坐标点的分布，判断两变量之间是否存在某种关联或分布模式。散点图通常用于比较跨类别的聚合数据。

生成散点图的函数 scatter(x,y) 的具体格式如下：

```
scatter(x,y,s,c,marker)
```

其中参数含义为：

- x,y：x 轴和 y 轴的数据值。
- s：数据点的大小。
- c：数据点的颜色。
- marker：标记。

通过设置以上参数，可以实现图 11–10 所示的效果，该图的实现代码如下：

```
import matplotlib.pyplot as plt
import numpy as np
plt.rcParams['font.family'] = ['simhei']
plt.rcParams['font.size'] = 15
plt.rcParams['axes.unicode_minus']=False
# 设置 x1 为包含 100 个数据点的数据集，该数据集的均值为 -1，标准差为 1
x1=np.random.normal(-1,1,100)
# 设置 y1 为包含 100 个数据点的数据集，该数据集的均值为 1，标准差为 1
y1=np.random.normal(1,1,100)
# 设置 x2 为包含 100 个数据点的数据集，该数据集的均值为 -1，标准差为 1
x2=np.random.normal(-1,1,100)
# 设置 y2 为包含 100 个数据点的数据集，该数据集的均值为 -1，标准差为 1
y2=np.random.normal(-1,1,100)
# 设置 x3 为包含 100 个数据点的数据集，该数据集的均值为 1，标准差为 1
x3=np.random.normal(1,1,100)
# 设置 y3 为包含 100 个数据点的数据集，该数据集的均值为 1，标准差为 1
y3=np.random.normal(1,1,100)
# 设置 x4 为包含 100 个数据点的数据集，该数据集的均值为 1，标准差为 1
x4=np.random.normal(1,1,100)
# 设置 y4 为包含 100 个数据点的数据集，该数据集的均值为 -1，标准差为 1
y4=np.random.normal(-1,1,100)
# 绘制散点图
plt.scatter(x1,y1,c='r', alpha=0.5)
plt.scatter(x2,y2,c='b', alpha=0.5)
plt.scatter(x3,y3,c='g', alpha=0.5)
plt.scatter(x4,y4,c='k', alpha=0.5)
# 设置图表标题
plt.title(' 散点图 ')
# 设置 x 轴和 y 轴标题
plt.xlabel('x 轴 ')
plt.ylabel('y 轴 ')
# 输出图表
plt.show()
```

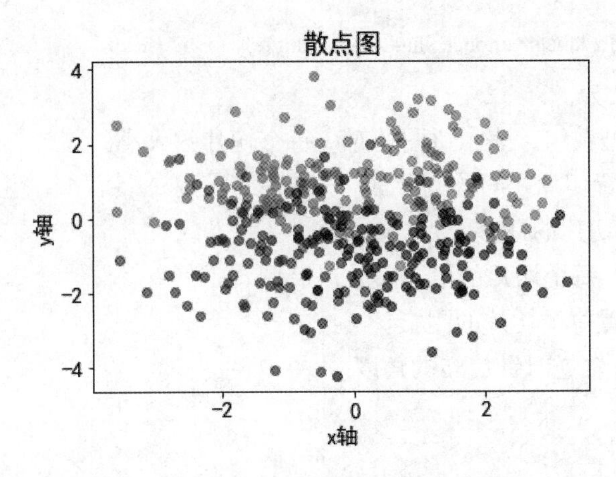

图 11-10 具有不同颜色数据点的散点图

【例 11-6】绘制饼图。

饼图显示一个数据系列中各项的大小与各项总和的比例，常用于统计学模块。具体实现代码如下：

```
import matplotlib.pyplot as plt
plt.rcParams['font.family']=['SimHei']
plt.rcParams['font.size']=15
# 设置切片的大小，切片将按逆时针方向排列和绘制
sizes = [50,40,30,20]
# 设置饼的标签
labels =[' 琴 ',' 棋 ',' 书 ',' 画 ']
# 设置切片偏移量
explode = [0.1, 0, 0, 0]
# 设置颜色
c=["pink","gold","tomato","seashell"]
# 绘制饼
plt.pie(sizes, explode=explode, colors=c,labels=labels, autopct='%1.1f%%', shadow=True, startangle=90)
# 设置图表标题
plt.title(" 饼图 ")
# 输出图表
plt.show()
```

结果如图 11-11 所示。

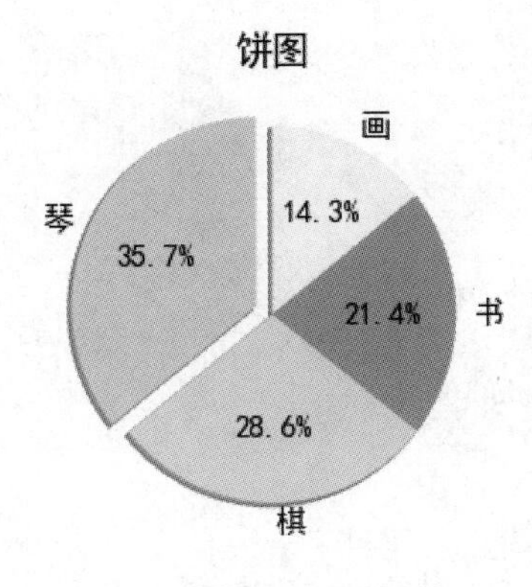

图 11-11 饼图

饼图的绘图函数格式为：

```
plt.pie(sizes, explode, labels, autopct, shadow, startangle)
```

具体参数的含义为：

- sizes：数值型数组，表示饼图的对应每个切片的大小。
- explode：设置切片之间的偏移量。
- labels：设置切片的标签。
- autopct：设置每个切片的格式。
- shadow：设置每个切片的阴影。
- startangle：x 轴逆时针旋转的角度。

11.2.3 多图组合绘制

多图组合绘制

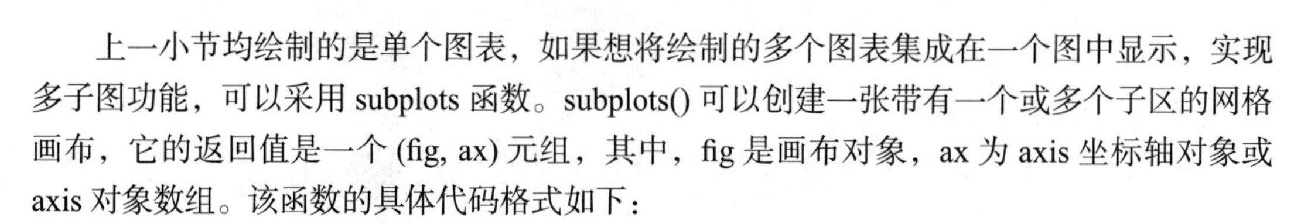

上一小节均绘制的是单个图表，如果想将绘制的多个图表集成在一个图中显示，实现多子图功能，可以采用 subplots 函数。subplots() 可以创建一张带有一个或多个子区的网格画布，它的返回值是一个 (fig, ax) 元组，其中，fig 是画布对象，ax 为 axis 坐标轴对象或 axis 对象数组。该函数的具体代码格式如下：

```
plt.subplots(nrows=1, ncols=1, sharex=False, sharey=False)
```

参数的具体含义为：

- nrows：表示子图网格的行数，默认值为 1，数据类整型。
- ncols：表示子图网格的列数，默认值为 1，数据类整型。
- sharex 或 sharey：表示坐标轴 x 或 y 的属性是否相同，可选的参数：True、False、none、all、row、col。默认值均为 False。具体取值的含义如下：

➢ True 或者 all：x 或者 y 轴属性将在所有子图中共享。

➢ False 或者 none：每个子图的 x 或者 y 轴都是独立的。

➢ row：每一行的子图会共享 x 轴或者 y 轴。

➢ col：每一列的子图会共享 x 轴或者 y 轴。

（1）使用 subplots() 函数只生成一个子图。subplots() 函数可以生成只有一个子图的图表，只需设置其参数为空，其格式为：

```
fig, ax = plt.subplots()
```

使用 subplots() 函数绘制一个带拟合曲线的直方图，具体程序如下：

```
import numpy as np
import matplotlib.pyplot as plt
plt.rcParams['font.family']=['SimHei']
# 设置样本数据，设置随机种子数
np.random.seed(1)
# 生成 10000 个服从正态分布的随机数
mu, sigma = 100, 15
x = mu + sigma * np.random.randn(1000)
num_bins = 50                                                    # 设置柱子个数
fig, ax = plt.subplots()
# 绘制直方图
n, bins, patches = ax.hist(x, num_bins, density=True)
# 加入拟合曲线
y = ((1 / (np.sqrt(2 * np.pi) * sigma)) *np.exp(-0.5 * (1 / sigma * (bins - mu))**2))
ax.plot(bins, y, '--')                                           # 设置拟合曲线格式
ax.set_xlabel(' 身高 (cm)')                                      # 添加 x 轴标题
```

```
ax.set_ylabel(' 概率密度 ')                                    # 添加 y 轴标题
ax.set_title(r' 儿童身高直方图 : $\mu=100$, $\sigma=15$')      # 添加图表标题
# 调整图表大小
fig.tight_layout()
plt.show()
```

结果如图 11–12 所示。

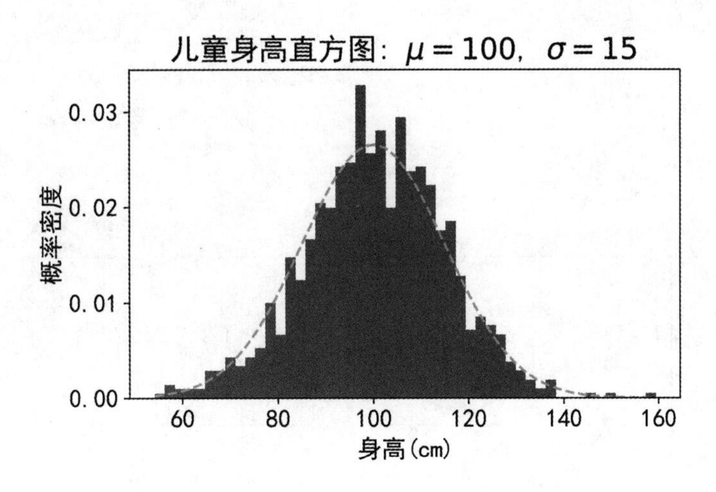

图 11–12 带曲线的直方图

（2）使用 subplots() 函数生成多个子图。如果想生成多个子图，可以使用以下命令在画布 figure 上一次性创建 3 行 2 列的多子图。

```
fig, axes = plt.subplots(3,2)
```

通过以下实例来绘制一个多子图复杂图表，具体代码及生成图（图 11–13）如下：

```
import matplotlib.pyplot as plt
import numpy as np
plt.rcParams['font.family']=['SimHei']
plt.rcParams['font.size']=10
plt.rcParams['axes.unicode_minus']=False
an = np.linspace(0, 2 * np.pi, 100)
# 绘制 2 行 2 列的多子图图表，其中每一行的子图会共享 x 轴坐标
fig, axs = plt.subplots(2, 2,sharey='row')
# 绘制第一幅子图
axs[0, 0].plot(3 * np.cos(an), 3 * np.sin(an))
axs[0, 0].set_title(' 椭圆 ', fontsize=15)
# 绘制第二幅子图
axs[0, 1].plot(3 * np.cos(an), 3 * np.sin(an))
axs[0, 1].axis('equal')
axs[0, 1].set_title(' 正圆 ', fontsize=15)
# 绘制第三幅子图
x = np.linspace(0,2*np.pi, 200)
y = np.sin(x)
axs[1, 0].plot(x,y)
axs[1, 0].set_title(' 正弦曲线 ', fontsize=15)
# 设置辅助线
axs[1, 0].axhline(y=0,c='k',ls='--',lw=1)
# 设置 y 轴取值范围
axs[1, 0].set(ylim=(-1.2, 1.2))
# 设置 x 轴坐标刻度值
```

```
axs[1, 0].set_xticks([0,np.pi,2*np.pi])
axs[1, 0].set_xticklabels(['0',r'$\pi$',r'$2\pi$'])
# 绘制第四幅子图
x = np.linspace(0,2*np.pi, 200)
y = np.cos(x)
axs[1, 1].plot(x,y)
axs[1, 1].set_title(' 余弦曲线 ', fontsize=15)
axs[1, 1].set(ylim=(-1.2, 1.2))
axs[1, 1].axhline(y=0,c='k',ls='--',lw=1)
axs[1, 1].set_xticks([0,np.pi,2*np.pi])
axs[1, 1].set_xticklabels(['0',r'$\pi$',r'$2\pi$'])
fig.tight_layout()
plt.show()
```

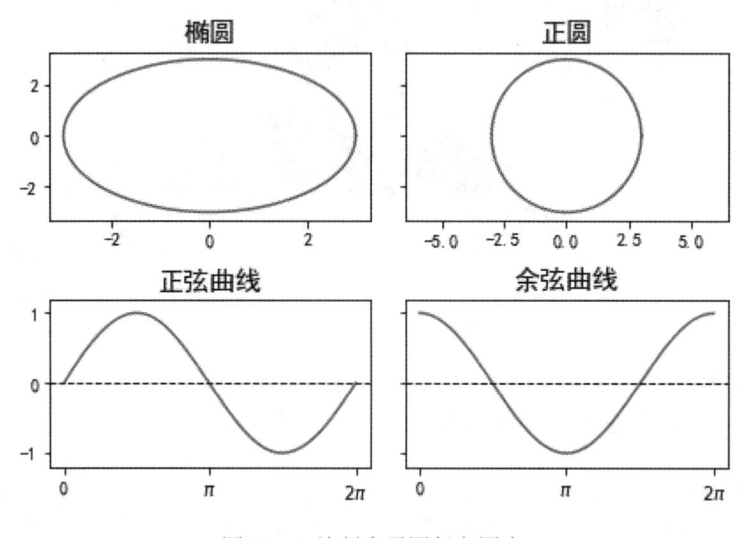

图 11-13 绘制多子图复杂图表

本章小结

本章从介绍数据可视化的概念及工具入手，主要介绍了数据可视化的 Matplotlib 库的使用，包括以下几个方面的内容：

（1）数据可视化概念及主要分类。

（2）目前常用的数据可视化软件及工具。

（3）图表绘制的步骤及图表包含的主要元素。

（4）利用 Matplotlib 库绘制简单图表。

（5）利用 Matplotlib 库绘制多图图表。

数据可视化与信息图形、信息可视化、科学可视化以及统计图形密切相关。当前，在研究、教学和开发领域，数据可视化仍是一个极为活跃而又关键的方面。通过数据可视化可以向用户有效地表示数据，让成千上万的数据在转瞬之间变成众人可以快速理解的各项指标，让决策者在庞大的数据面前进行更深入的观察和分析。

习 题

编程题

1. 使用 Matplotlib 库绘制图 11-14 所示的简单图表。

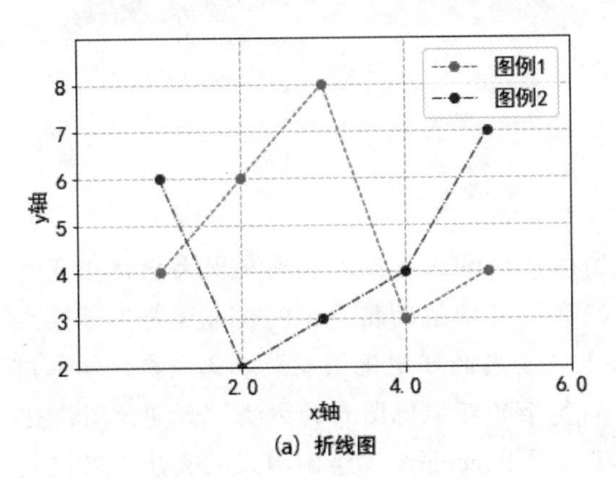

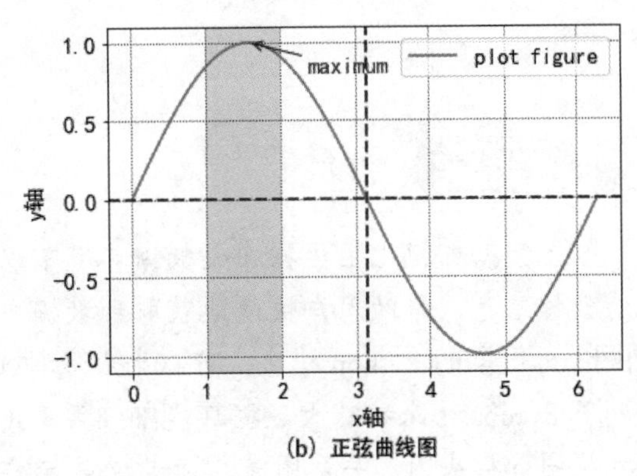

图 11-14 简单图表

2. 使用 Matplotlib 库绘制图 11-15 所示的多图图表。

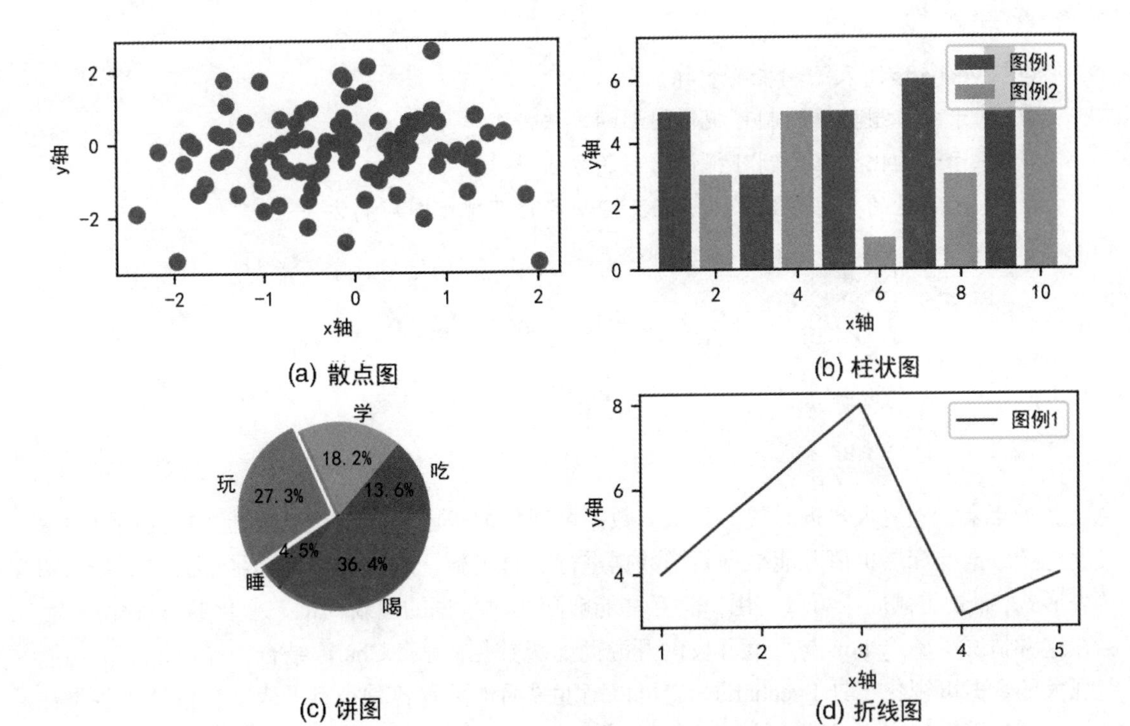

图 11-15 多图图表

第 12 章　基于 Pyecharts 的大数据可视化图表

本章导读

大数据可视化主要指在大数据环境下以图形化的方式形象准确地展现大数据中蕴含的数据信息，帮助用户快速地获取到数据中隐含的有价值的信息。Pyecharts 是用于生成 Echarts 图表的 Python 模块，可以生成多种交互式动态的可视化图表。本章主要介绍如何利用 Pyecharts 来构建大数据环境下经常采用的复杂的可视化图表的方法，如词云图、3D 柱状图、桑基图、关系图等。读者应重点掌握使用 Pyecharts 库绘制图表的方法以及使用该库进行相关图表配置项的设置。

本章要点

- Pyecharts 图表绘制主要步骤
- 基于文本型数据绘制可视化图形的方法
- 基于结构化数据绘制可视化图形的方法
- 基于常见的数据交换格式 JSON 绘制实时可视化图形的方法

12.1　Pyecharts 概述

12.1.1　Pyecharts 的简介

近年来，随着大数据时代的到来，数据可视化需求已经转到在复杂的大数据环境中深度挖掘数据的深层价值并能根据新增数据进行实时更新。用户也不再满足于固定不变的图表形式，而是更倾向于可以与用户交互并能够随实时数据的更新而动态变化的可视化图表。在这种情况下，Python 与百度开发的开源商业级数据图表 ECharts 结合，提供了一个功能强大的数据可视化工具 Pyecharts。它可以高度灵活地配置各种类型图表，轻松地与各类数据平台搭配构建出实时精美的交互式动态图表。

Pyecharts 支持 30 多种常见的动态图表，可以轻松集成到 Flask、Django 等主流 Web 框架，让用户能够快速构建基于大数据平台的实时交互式动态图表。目前在 Pyecharts 官网（https://pyecharts.org/）上提供 v0.5.X 和 v1 两个版本。但这两者并不兼容，建议读者使用最新的 V1 版本，该版本支持 Python 3.6 以上版本。

12.1.2　Pyecharts 的主要绘制步骤

在绘制图形前，需要先安装 Pyecharts 才可以使用。用户可以在 Anaconda Prompt 中执行 pip install pyecharts 命令，即可一键安装完成。如果需要完成地图的制作，则需要另外安装对应的地图文件包。完成安装的准备工作之后，我们就可以开始图表的绘制。使用 Pyecharts 绘制动态图形的主要步骤如下：

（1）导入 pyecharts 库并定义图表的类型。Pyecharts 库主要包括两个部分，一个是 Eharts 图表对象，另一个就是与图表相关的配置项设置。用以下代码导入这两部分：

```
# 导入 Pyecharts 中图对象
from pyecharts.charts import 图对象名称
# 导入配置项子模块
from pyecharts import 配置项模块名称 as 别名
```

（2）创建具体图表的实例对象。Pyecharts 提供了很多种常用的图表对象，并允许用户通过灵活的配置项设置绘制多种动态酷炫的图表，常见的图表类型见表 12–1。

表 12–1 Pyecharts 常见图表类型

图表类型	图表对象名称	图表名称
基本图表	Pie	饼图
	Radar	雷达图
	Calendar	日历图
	Funnel	漏斗图
	Gauge	仪表盘
	Liquid	水球图
	Parallel	平行坐标系
	Polar	极坐标系
	Graph	关系图
	WordCloud	词云图
	Sankey	桑基图
	Sunburst	旭日图
	ThemeRiver	主题河流图
直角坐标系图	Bar	柱状图 / 条形图
	PictorialBar	象形柱状图
	Line	折线 / 面积图
	Boxplot	箱型图
	Kline/Candlestick	K 线图
	Scatter	散点图
	EffectScatter	涟漪特效散点图
	HeatMap	热力图
	Overlap	层叠多图

续表

图表类型	图表对象名称	图表名称
树型图	Tree	树图
	TreeMap	矩形树图
地理图表	Geo	地理坐标系
	Map	地图
	BMap	百度地图
3D 图表	Bar3D	3D 柱状图
	Line3D	3D 折线图
	Scatter3D	3D 散点图
	Surface3D	3D 曲面图
	Map3D	三维地图

定义图表实例代码如下：

```
图表实例名称 = 图表名称 ()                # 定义一个图表实例
```

（3）制作图表所用的数据。Pyecharts 中图表的输入数据都需要做成列表类型数据。有两种类型列表数据，一种是只包含数据值的列表，如 [" 周一 "," 周二 ", " 周三 ", " 周四 ", " 周五 ", " 周六 ", " 周日 "], [100,200,300,400,500,600,700] 等；一种是包含标签项和对应数值项的列表数据，如 [(" 上衣 ",200), (" 鞋类 ",500) , (" 外套 ",600)], [{"name": " 上衣 "}, {"name": " 羊毛衫 "}, {"name": " 羽绒服 "}]。

（4）添加图表中主要配置项的数据值。可以通过如下代码添加：

```
图表对象实例名称 .add()
# 在 add 中可以配置系列名称、系列数据项、最小 / 最大数值、标签颜色与配置、图形样式配置、线样式配置等。大部分配置项是多种图表共用的，一些特殊的图表有其相应独特的配置项。
```

直角坐标系类的图表由于需要设置坐标轴数据，可以通过如下代码添加 x 轴和 y 轴数据与配置项：

```
图表对象实例名称 .add_xaxis()
图表对象实例名称 .add_yaxis()
```

（5）添加图表全局配置项。全局配置项通过如下代码添加：

```
图表对象实例名称 .set_global_opts()
# 通过 set_global_opts 来设置图表的画布、标题项、图例项、动画、区域缩放、提示框、视觉配置、坐标轴、图形元素、工具箱等。
```

（6）生成动态图形结果。Pyecharts 可以将动态图表生成为 HTML 或图片文件，推荐采用生成 HTML 的方式，实现代码如下：

```
图表实例名称 .render("HTML 文件路径 ")
# 生成 HTML 文件
Make_snapshot( 驱动名称 , 图表实例名称 .render()," 图形文件路径 ")
# 生成图片与生成 HTML 不同，需要额外安装 selenium、snapshot_selenium 包，还需要下载浏览器驱动（Chromedriver）
```

12.2 基于文本数据生成词云图

文本数据是当前主要的数据类型之一，是大数据时代非结构化数据类型的典型代表。对文本类数据进行可视化能够将文本中蕴含的语义特征形象化表达。文本数据挖掘就是从自然语言写成的文本数据中挖掘出其中有价值的信息或知识。词云图是文本挖掘中经常会用到的一种可视化图。词云中包含了从自然语言文本中抽取出的词语，并对这些词语统计其出现频率，词频越大的词语在图中显示的字体越大，颜色也越明显，用户通过词云图可以直观快速地把握一组文本数据中主要阐述的内容。

12.2.1 利用 Pyecharts 绘制英文词云图

本节依据上述介绍的基于 Pyecharts 绘制图表的步骤，针对一篇英文机器学习的文章来绘制词云图，案例代码以及生成的词云效果图（图 12-1）如下所示。

【例 12-1】绘制英文词云图。

```
# 导入所需库
import re
from pyecharts import options as opts                    # 导入 Pyecharts 中 options 配置项
from pyecharts.charts import WordCloud                   # 导入 Pyecharts 中的词云图对象
# 读取文本文件
file= open("machine_learning.txt", "r", encoding="utf-8").read() # 其中 r 表示以只读方式打开文件，encoding 设置文本文件的字符编码集
# 设置停用词表
stop=['and','which','so','that','the','of','to','for','by','or','with', 'is','on','in','a','at','from','be','are','as','can','this','it','if','but']
# 利用标点符号来分词
array=re.split('[ ,.();]',file)
# 遍历分词数组并统计词频，准备列表数据
dic={}
for i in array:
  if i not in stop:
    if i not in dic :
      dic[i]=1
    else:
      dic[i]+=1
items=list(dic.items())
# 绘制词云图
Wordcloud= (
  WordCloud()                                            # 定义 WordCloud 实例对象
  .add("",items,word_size_range=[10,360],shape="diamond",mask_image="tree.jpg") # 设置词云的字号范围（word_size_range），云图形状（shape），词云背景图（mask_image）
  .set_global_opts(toolbox_opts=opts.ToolboxOpts())# 设置全局配置项：工具箱配置项
# 生成 HTML 文件
WordCloud.render(path='html 文件名 ')
```

图 12-1 英文树状词云图

12.2.2 利用 jieba 绘制中文词云图

如果要制作中文词云图，则需要对中文自然语言进行分词。中文的行文特点与英文不同，不能根据空格等标点符号来直接分词，而是根据语义及上下文的关系进行中文词汇的提取。下面我们使用 Python 的第三方 jieba 库进行分词。该库需要先在 Anaconda Prompt 中输入如下安装命令进行库的安装：

```
pip install jieba
```

使用 jieba 库中的 lcut 方法进行分词，具体格式及参数说明如下：

```
jieba.lcut(s)
```

- s：需要分词的字符串或文本文件。
- 返回值：返回一个列表类型的分词结果。

【例 12-2】绘制中文词云图。

绘制中文词云图

```
# 导入所需库
from pyecharts import options as opts
from pyecharts.charts import WordCloud
import jieba
# 读取中文文本文件
file= open(" 老年肿瘤患者就医调查 .txt", "r", encoding="utf-8").read()
# 利用 jieba 进行中文分词
words=jieba.lcut(file)
# 统计大于一个字的词语的出现频率，并准备列表数据
counts={}
for word in words:
   if(len(word)>1):
      counts[word]=counts.get(word,0)+1
items=list(counts.items())
# 画中文词云图
Wordcloud=WordCloud()
```

```
    .add("",items,word_size_range=[10,160],shape="diamond")
    .set_global_opts(title_opts=opts.TitleOpts(title=' 中文关键词云图 '),toolbox_opts=opts.ToolboxOpts()))
# 生成 HTML 文件
Wordcloud.render(path='html 文件名 ')
```

图 12-2　中文词云图

12.3　基于结构化数据生成立体交互式图表

除了文本数据这种非结构化数据以外，当前最常见的大数据类型还是以结构化数据为主。目前有海量的数据存储在各种结构化的电子表格、关系型数据库、大数据集群等平台中。Pyecharts 对于这种结构化数据的可视化展示的支持是非常便捷的。本节以 Excel 电子表格数据为例，说明如何使用 Pyecharts 来绘制立体交互式图表。

【例 12-3】绘制 3D 柱状图。

3D 柱状图可以显示目标数据在两个维度上的分布情况，适用于需要在两个维度上展示数据变化趋势的场景。本节以一个人在一周时间内每小时心率数据为样本数据来进行 3D 柱状图展示，样例数据存储在 Excel 表中，其中表单“X”为在 X 轴上显示的数据标签（一天 24 小时），表单“Y”为在 Y 轴上显示的数据标签（从周一到周日），表单 data 为某天整点时的心率数，部分数据见表 12-2。

基于 Excel 表
绘制 3D 柱状图

表 12-2　3D 柱状图样例数据（data 表单）

星　期	整点时间	心率值
0	0	65
0	1	62
0	2	70
…	…	…
6	22	75
6	23	68

3D 柱状图绘制代码如下：

```
# 导入 3D 柱状图表以及配置项
import pyecharts.options as opts
```

```
from pyecharts.charts import Bar3D
# 导入 Pandas 模块用于从 Excel 表中读取数据
import pandas as pd
# 使用 read_excel() 函数读取 Excel 表中的 3 个表单数据，并转换成 list 类型，其中 sheet_name 为指
定的 sheet 名称，index_col=None，header=None 表示读取的表没有列名
df_x=pd.read_excel(r'd:\test3ddata.xlsx',sheet_name='X',index_col=None,header=None).values.tolist()
df_y=pd.read_excel(r'd:\test3ddata.xlsx',sheet_name='Y',index_col=None,header=None).values.tolist()
df_data=pd.read_excel(r'd:\test3ddata.xlsx',sheet_name='data',index_col=None,header=None).values.
tolist()
# 将三个维度的数据导入到一个变量中，其中 d[1] 表示 X 轴显示数据，d[0] 表示 Y 轴显示数据，
d[2] 表示数值。
data = [[d[1], d[0], d[2]] for d in df_data]
# 定义 3D 柱状图实例对象并设置画布的宽度和高度
Bar3d= Bar3D(init_opts=opts.InitOpts(width="1600px", height="800px"))
# 通过 add() 添加图表中主要配置项的数据值
Bar3d.add(
    series_name="",
    data=data,                    # 赋值图表数据
    xaxis3d_opts=opts.Axis3DOpts(type_="category", data=df_x),
    # 设定 X 轴显示数值
    yaxis3d_opts=opts.Axis3DOpts(type_="category", data=df_y),
    # 设定 Y 轴显示数值
    zaxis3d_opts=opts.Axis3DOpts(type_="value"),
  )
# 通过 set_global_opts() 设置图表视觉配置项 VisualMapOpts，视觉映射项如图 12-3 左下角所示
.set_global_opts(
    visualmap_opts=opts.VisualMapOpts(
      max_=120,                   # 设定最大值
      min_=40,                    # 设定最小值
      # 设置组件过渡颜色
      range_color=["#313695","#4575b4","#74add1","#abd9e9","#e0f3f8", "#ffffbf",
      "#fee090","#fdae61","#f46d43","#d73027","#a50026",],)
  )
# 生成 HTML 文件
Bar3d. render("HTML 文件路径 ")
```

运行上述代码，生成的 3D 柱状图如图 12-3 所示。

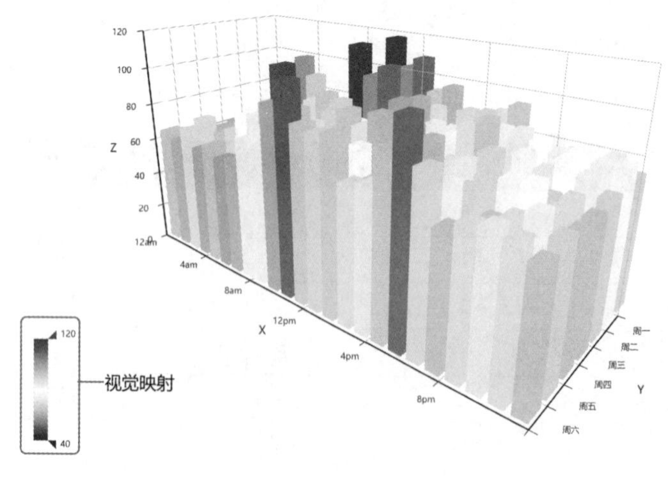

图 12-3　3D 柱状图

通过上述步骤只需要几十行代码即可得到针对 Excel 表中数据展现出的具有 3D 效果

的可视化图形。该3D柱状图有多种交互式效果，如允许用户拖拽左下方视觉映射项的箭头，可以改变柱状图中显示数据范围；将鼠标指针移动到各个数据柱上，会出现颜色的高亮改变并同时显示鼠标指针所在位置对应 X 轴和 Y 轴上的数值与连接线。

Pyecharts 支持多种图表配置项的设置，用户灵活运用这些配置项设置可以绘制出多样的交互式图表，具体图表配置项内容可以查询 Pyecharts 官网给出的文档。

12.4 基于 JSON 格式文件绘制桑基图

大数据具有多层数据结构，会呈现出多变复杂的形式和类型。大数据的管理平台多是基于专业数据库管理软件来进行存储与管理的。在大数据时代用户更关注的是数据的相关关系，并基于相关关系的分析来进行预测。大数据可视化是通过生动形象的图形方式使杂乱的数据之间的关联关系呈现在用户面前，让用户能够从多角度来深入直观地了解到数据背后隐藏的某种有价值的关联关系。因此，要实现动态的、实时的可视化展示，必须要建立在直接将数据库中的数据作为可视化展现的数据来源的基础上。为了得到更好的兼容性，很多大数据管理平台都会以 JSON 作为数据交换格式。本节以 JSON 文件为数据样例来源，说明如何利用 Pyecharts 从 JSON 数据文件中获取实时数据来进行桑基图的绘制。

桑基图(Sankey diagram)是用于描述一组数值向另一组或多组数值流向的可视化图表，又叫桑基能量分流图。它最重要的特点是始末端的数值总和相等，保持能量的平衡，不能在中间过程新增数据，也不能在中间流失数据。桑基图经常被用来分析能源、金融、人口等领域的数据流向情况，是在大数据场景下经常会被使用的可视化图形。本节以个人生活消费开支流向为例说明如何从 JSON 数据文件中获取数据并实时生成桑基图。

【例 12-4】绘制桑基图。

绘制桑基图先要准备好对应的 JSON 格式文件，JSON 文件中主要包含两个数组：Nodes 和 Links。Nodes 数组包含桑基图中所有节点的名称，Links 数组则表示从一个节点流向目标节点的数组，其每组包含三个值：source、target 和 value。source 为数据流动的起始节点名称，target 为数据流动的目的节点名称，value 为具体流动的数值。样例数据如下：

基于 JSON 数据文件绘制桑基图

```
{"nodes":[
{"name": " 上衣 "},
{"name": " 羊毛衫 "},
{"name": " 羽绒服 "},
......
{"name": " 体育 "},
{"name": " 衣食住行 "},
{"name": " 娱乐教育 "},
{"name": " 医疗健身 "},
{"name": " 总收入 "}
],
"links":[
{"source": " 上衣 ", "target": " 服饰 ", "value": 600},
{"source": " 羊毛衫 ", "target": " 服饰 ", "value": 1000},
{"source": " 羽绒服 ", "target": " 服饰 ", "value": 1500},
......
{"source": " 衣食住行 ", "target": " 总收入 ", "value": 9600},
```

```
{"source": " 娱乐教育 ", "target": " 总收入 ", "value": 3380},
{"source": " 医疗健身 ", "target": " 总收入 ", "value": 3630}
]}
```

在准备 JSON 数据文件时需要注意以下几点：

（1）Nodes 中的节点名称不能重复。

（2）Links 中 source 和 target 对应值的节点名称一定与 Nodes 中的节点名称相对应。

（3）Links 中 source 和 target 的节点名称不能相同，即流出节点和目的节点不能为同一节点。

准备好 JSON 文件后，即可着手开始绘制桑基图，绘制代码如下：

```
# 导入所需的相关库
import json                                          # 读取 JSON 文件所需导入的库
from pyecharts.charts import Sankey                  # 用于画桑基图，Sankey 代表桑基图
from pyecharts import options as opts                # 用于画图的配置
# 打开 JSON 文件并读取到 list 类型变量中
with open("d:\ sangjidata.json","r",encoding="utf-8") as f:
  j=json.load(f)
nodes=j['nodes']
links=j['links']
# 定义桑基图实例对象
sankey =Sankey()
# 配置相关配置项
sankey = (
    Sankey(init_opts=opts.InitOpts(width="1200px", height="600px"))          # 设置画布的宽度和
高度，值可以采用像素也可以采用百分比
    .add(
      nodes,                                         # 传入桑基图中所需的节点名称数据
      links,                                         # 传入桑基图中所需的节点流向描述数据
      pos_top="10%",                                 # 设置图例组件距离上侧的距离
      node_width = 30,                               # 每个桑基图矩形的宽度
      node_gap= 12,                                  # 桑基图中每一列任意两个矩形节点之间的间隔
      itemstyle_opts=opts.ItemStyleOpts(border_width=2, border_color="#aaa"), # 设置节点边框宽度
以及边框颜色
      tooltip_opts=opts.TooltipOpts(trigger_on="mousemove"),                 # 设置在鼠标移动到
图中组件时显示提示框，trigger_on 为设置触发条件
      linestyle_opt=opts.LineStyleOpts(opacity=0.5,curve=0.5, color='source')  # 设置节点间数据流
的相关参数，opacity 为透明度，curve 为数据流曲线的弯曲度，color 为数据流颜色，其值为 source 表示
数据流使用流出节点的颜色
    )
    .set_global_opts(
      title_opts=opts.TitleOpts(title="Sankey Diagram"))
  )
sankey.render(path='testsangji.html')                # 生成 HTML 文件
```

运行上述代码，生成的桑基图如图 12-4 所示。

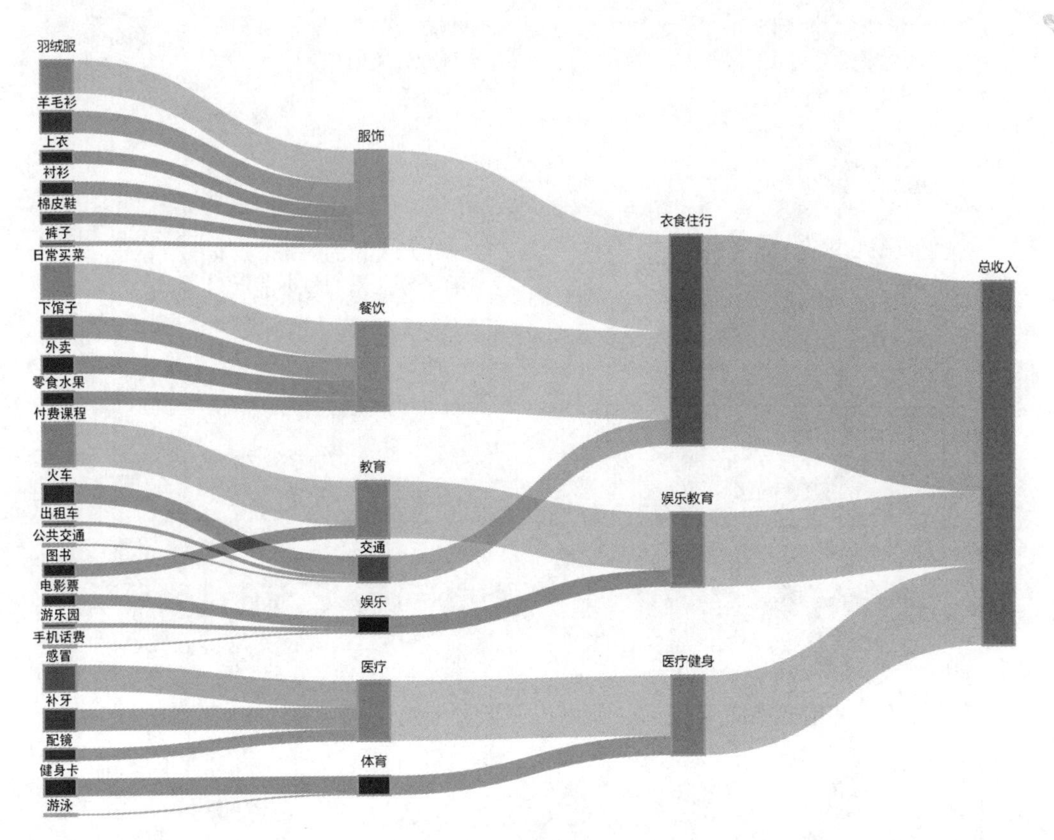

图 12-4 桑基图

从图 12-4 中可以一目了然地看出个人消费的资金流向情况。本例是从 JSON 文件中读取的数据来绘制动态可视化图形，只要 JSON 文件中的数据更新，桑基图的显示也会随之改变，这样就可以实现与大数据实时关联的动态可视化图形。

12.5 绘制圆形关系图

关系图也是经常使用的图形，它是用来表示事物之间相互关联情况的一种可视化图形，一般采用实心圆形表示节点，节点间的关系通过节点间的连线来表示。关系图经常用于文献集合中关键词关联关系展示、多个人物之间的复杂关联关系等。

【例 12-5】绘制圆形关系图。

本例仍以 JSON 文件为数据来源。绘制关系图与绘制桑基图类似，也需要 Nodes 和 Links 两个数组，本例对节点做了分类，因此加上 categories 数组。Nodes 数组中包含节点的相关信息，Links 数组中每组包含起始节点和目的节点，categories 数组标明对节点分类的类目信息。数据样例（样例数据来自 Echarts 官网上的悲惨世界人物关系 JSON 文件）和对应解释如下：

```
"nodes": [{
  "id": "0",                          # 节点 id 号
  "name": "Myriel",                   # 节点名称
  "symbolSize": 19.12381,             # 设置节点圆形大小值
  "x": -266.82776,                    # 设置节点坐标 x 轴值
  "y": 299.6904,                      # 设置节点坐标 y 轴值
```

```
        "value": 28.685715,                    # 节点数值
        "category": 0                          # 节点分类的 id 号
      },
      ……
    ],
    "links": [
      {
        "source": "1",                         # 有关联关系的起始节点 id 号
        "target": "0"                          # 有关联关系的目标节点 id 号
      },
      ……
    ],
    "categories": [                            # 节点分类名称数组
      {
        "name": "A"
      },
      ……
      {
        "name": "I"
      }
    ]}
```

准备好 JSON 格式数据文件后，就可以开始绘制圆形关系图，代码如下：

```
# 导入所需库
import json
from pyecharts import options as opts
from pyecharts.charts import Graph
# 读取 JSON 文件内容并将内容对应赋值给 nodes，links，categories 三个列表数据
with open(r"d:\yinsm\beicansj.json","r",encoding="utf-8") as f:
  j=json.load(f)
  nodes=j['nodes']
  links=j['links']
  categories=j['categories']
# 定义关系图实例对象
g=( Graph(init_opts=opts.InitOpts(width="1000px", height="600px"))    # 设置画布大小
  .add(
    nodes=nodes,
    links=links,
    categories=categories,
    layout="circular",                                               # 设置图例形状
    is_rotate_label=True,                                            # 设置是否旋转标签
    linestyle_opts=opts.LineStyleOpts(color="source", curve=0.3),
  )
  .set_global_opts(
    legend_opts=opts.LegendOpts(orient="vertical",pos_left="2%", pos_top="20%"),        # 设置图例
配置项，其中 orient 用来设置图例列表的布局朝向，vertical 表示垂直；post_top 为设置图例组件距离画布
上侧的距离
  ))
g.render("testguanxi.html")                                          # 生成 HTML 文件
```

运行上述代码，即可得到图 12-5 所示的圆形关联关系图。

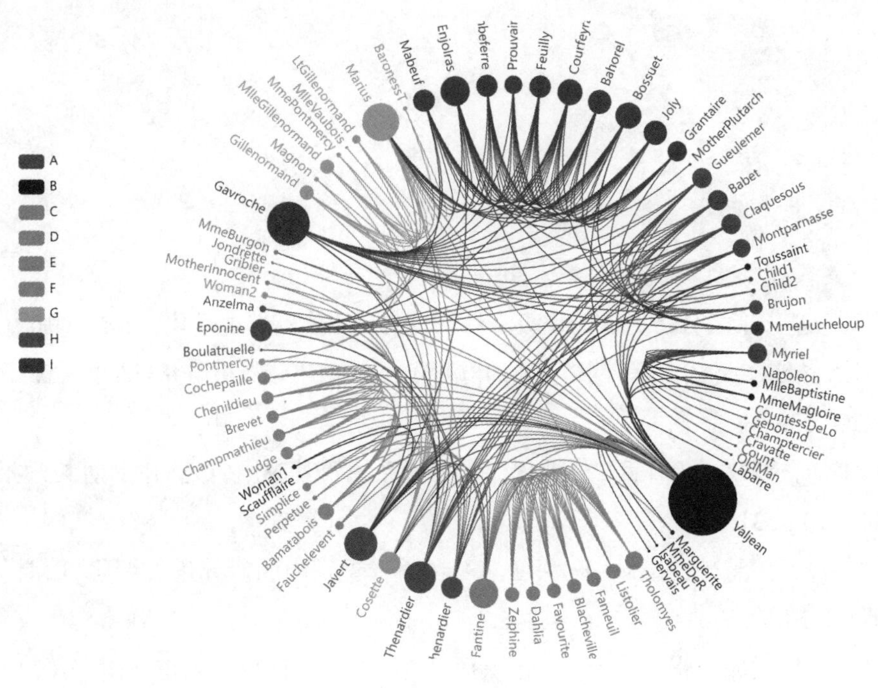

图 12-5 圆形关系图

本章小结

本章主要介绍了使用 Pyecharts 来构建大数据环境下经常采用的复杂的可视化图表的方法，包括以下几个方面的内容：

（1）利用 Pyecharts 绘制图形的基本步骤。

（2）Pyecharts 支持绘制常见图表的种类。

（3）基于文本数据的词云图绘制方法以及相关数据的准备。

（4）基于 Excel 表数据的立体可视化图表的绘制方法。

（5）桑基图和关系图等复杂大数据实时可视化图形的绘制方法。

习 题

编程题

1. 在文献数据库中搜索一篇关于“数据可视化”的中文文章，使用 jieba 库对它进行中文的分词，并基于分词结果使用 Pyecharts 绘制该篇文章的词云图。

2. 用 Excel 表统计本学院 / 系近 5 年入学学生来自不同省份区域的数量变化，并基于 Excel 表结果绘制 3D 柱状图（X 轴为省份名称，Y 轴为年份数据，Z 轴为学生数量）。

3. 根据自己的年消费情况，绘制一年消费支出的资金流向桑基图。

参考文献

[1] 盖璇．基于聚类分析算法的垃圾邮件识别 [J]. 计算机与现代化，2020（10）：17–22.

[2] 洪赓，杨森，叶瀚，等．网络犯罪的检测分析技术 [J]. 计算机研究与发展，2021，58（10）：2120–2139.

[3] 张玉洁，董政，孟祥武．个性化广告推荐系统及其应用研究 [J]. 计算机学报，2021，44（3）：531–563.

[4] 侯一民，周慧琼，王政一．深度学习在语音识别中的研究进展综述 [J]. 计算机应用研究，2017，34（8）：2241–2246.

[5] 马晗，唐柔冰，张义，等．语音识别研究综述 [J]. 计算机系统应用，2022，31（1）：1–10.

[6] 李晓理，张博，王康，等．人工智能的发展及应用 [J]. 北京工业大学学报，2020，46（6）：583–590.

[7] 杨巨成，刘娜，房珊珊，等．基于深度学习的人脸识别方法研究综述 [J]. 天津科技大学学报，2016，31（6）：1–10.

[8] 程聪，王永根．人工智能技术的大数据分析方法探讨 [J]. 信息记录材料，2020，21（5）：128–130.

[9] 李树青，刘凌波．Python 大数据分析基础 [M]．上海：上海交通大学出版社，2020.

[10] 张俊红．Python 数据分析 [M]．北京：电子工业出版社，2019.

[11] 朱春旭．Python 数据分析与大数据处理从入门到精通 [M]．北京：北京大学出版社，2019.

[12] 赵广辉．Python 语言及其应用 [M]．北京：中国铁道出版社，2019.

[13] 齐惠颖．医学大数据分析 [M]．北京：高等教育出版社，2022.

[14] 王静，齐惠颖．基于 Python 的人工智能应用基础 [M]．北京：北京邮电大学出版社，2021.

[15] Samuel AL. Some Studies in Machine Learning Using the Game of Checkers[J]. IBM Journal of Research and Development. 1959(3):210–29.

[16] Alzubi J, Nayyar A , Kumar A. Machine Learning from Theory to Algorithms: An Overview[J]. Journal of Physics Conference Series. 2018, 1142:012012.

[17] Nagarajan G, Dhinesh B. Predictive Analytics On Big Data – An Overview[J]. Informatica, 2019, 43(4).

[18] Yuan J, Chen C, Yang W, et al. A survey of visual analytics techniques for machine learning[J]. Computational. Visual Media, 2020,7:3–36.

[19] Janiesch C, Zschech P, Heinrich K. Machine learning and deep learning[J]. Electron Markets , 2021,31:685–695.

[20] scikit–learn. Machiue Leaming in Python [ER/OL].[2021–4–6]. https://scikit–learn.org/stable/.

[21] 春雨医生 . 全国综合医院排名 [EB/OL].[2020–7–20]. https://www.chunyuyisheng.com/pc/hospitallist/0/0/.

[22] Sklern. sklearn 中文文档 [EB/OL].[2020–6–1]. https://www.scikitlearn.com.cn/.

[23] Matplotlib. Visualization with Python[EB/OL]. [2019–11–5]. https://matplotlib.org/.

[24] GC–AIDM. 常见的数据预处理—Python 篇 [EB/OL]. [2020–1–2]. https://www.cnblogs.com/shenggang/p/12133278.html.

[25] 码农教程. Python sklearn. feature_selection.RFE 实例讲解 [EB/OL]. [2022–4–7]. http://www.manongjc.com/detail/31–aybwriwrigkctsf.html.